高职高专计算机教学改革 **新体系** 教材

Linux 服务配置教程

郑锦材 编著

清華大学出版社
北京

内 容 简 介

本书在编写过程中立足于实际应用，在流行的 Linux 发行版的基础上介绍了 Linux 的相关服务配置。全书共分为 12 章，包括安装 Linux 和配置软件仓库、网络配置、远程登录、防火墙、代理服务器、网络文件系统、Samba、动态主机配置协议、域名系统、万维网、文件传输协议和电子邮件。

本书采用“章节模块—理论知识—配置实例”的结构，符合高等职业教育的培养目标、特点和要求，突出 Linux 服务配置实际技能的培养，在内容安排上力图达到“好学易教”的效果。

本书既可作为高等职业教育计算机类、电子类专业 Linux 服务配置相关课程的教材，也可作为应用型本科学生的教材或参考书，还适合作为各类 Linux 服务配置培训班的培训用书和 Linux 爱好者的自学参考书。

图书在版编目(CIP)数据

Linux 服务配置教程/郑锦材编著. —北京：清华大学出版社，2022.2(2024.9 重印)
高职高专计算机教学改革新体系教材
ISBN 978-7-302-59993-7

Ⅰ. ①L… Ⅱ. ①郑… Ⅲ. ①Linux 操作系统－高等职业教育－教材 Ⅳ. ①TP316.85

中国版本图书馆 CIP 数据核字(2022)第 020259 号

责任编辑：颜廷芳
封面设计：常雪影
责任校对：袁　芳
责任印制：杨　艳

出版发行：清华大学出版社
网　　址：https://www.tup.com.cn，https://www.wqxuetang.com
地　　址：北京清华大学学研大厦 A 座　　**邮　　编**：100084
社 总 机：010-83470000　　**邮　　购**：010-62786544
投稿与读者服务：010-62776969，c-service@tup.tsinghua.edu.cn
质量反馈：010-62772015，zhiliang@tup.tsinghua.edu.cn
课件下载：https://www.tup.com.cn，010-83470410
印 装 者：北京建宏印刷有限公司
经　　销：全国新华书店
开　　本：185mm×260mm　　**印　　张**：14　　**字　　数**：357 千字
版　　次：2022 年 3 月第 1 版　　**印　　次**：2024 年 9 月第 2 次印刷
定　　价：42.00 元

产品编号：094478-01

前言

FOREWORD

Linux 服务配置是计算机网络技术及相关专业的一门专业课程，为了更好地开展该课程的教学工作，编著者编写了本书。

如果直接在物理机器上学习 Linux 服务配置，实现起来会比较困难，不便于机房管理和课程教学，因此本书通过虚拟机环境进行介绍和演示，方便了教师的教和学生的学。

本书在组织结构上按照学习领域的课程改革思路进行编写，内容采用“章节模块—理论知识—配置实例”的结构加以叙述，共有 12 章和 9 个配置实例。在每一章的开始部分列出本章的单元和学习目标，且每个配置实例均有配置说明、拓扑结构和详细步骤，而且在网络服务部分还给出标准配置流程和故障排除案例。

就本书内容的深浅程度而言，遵循了理论够用、侧重实践、由浅入深的原则，以帮助学生分层、分步骤地掌握所学的知识。

本书内容的编排顺序为安装 Linux、配置网络、远程登录 Linux、配置 Linux 防火墙和服务。各章的主要内容如下。

第 1 章：安装 Linux 与初始化配置，YUM 本地源的搭建和管理。

第 2 章：配置主机名，配置 IP 地址、默认网关和域名服务器，管理网络连接，网卡组合，常用网络命令。

第 3 章：文本界面和图形界面的远程登录。

第 4 章：Linux 的防火墙，包括 iptables、firewalld、TCP Wrappers。

第 5 章：代理服务器相关知识、squid 及其配置实例。

第 6 章：网络文件系统的相关知识、安装和配置 NFS、配置实例和故障排除。

第 7 章：Samba 的相关知识、安装和配置 Samba、配置实例和故障排除。

第 8 章：动态主机配置协议的相关知识、安装和配置 DHCP、配置实例和故障排除。

第 9 章：域名系统的相关知识、安装和配置 DNS、配置实例和故障排除。

第 10 章：万维网的相关知识、安装和配置 Apache 及其配置实例。

第 11 章：文件传输协议的相关知识、安装和配置 vsftpd、配置实例和故障排除。

第 12 章：电子邮件的相关知识、安装和配置 Postfix 和 Dovecot、配置实例和故障排除。

虽然本书以流行的 Linux 发行版 CentOS 7 为例进行讲解，但是在规划中，力求全部的知识诠释具有通用性，遵循国际、国家和行业标准，尽可能兼容其他主流 Linux 发行版。为方便教学，本书配有电子教案和配置实例视频等教学资源。

本书由郑锦材统阅定稿，黄毅斌参与编写了第12章。本书在编写和出版过程中得到了清华大学出版社的大力支持，谨此鸣谢。

由于Linux知识涉及面很广，技术更新速度快，因此书中可能存在一定的疏漏和不足之处，敬请读者不吝指正。

编著者

2021年8月

目录

CONTENTS

第 1 章

安装 Linux 和配置软件仓库

Chapter 1

本章主要学习安装 Linux 与初始化配置，以及 YUM 本地源的搭建和管理。

本章的学习目标如下。

(1) 安装 Linux：掌握 Linux 的安装方法与初始化配置方法。

(2) 配置软件仓库：了解 YUM 和配置文件；掌握 YUM 本地源的搭建和 YUM 管理。

1.1 Linux 的安装

Linux 的安装分为两个部分：安装 Linux 和初始化设置。

1.1.1 安装 Linux

步骤 1：准备安装。首先从 CentOS 的网站获取 CentOS 7.8.2003 的安装光盘映像文件。这里以标准版(CentOS-7-x86_64-DVD-2003.iso)为例进行介绍。

如果在物理计算机上进行安装，需要将安装光盘映像文件刻录到光盘或者写入 USB 闪存盘，并在设置计算机启动时设为从光驱或者 USB 闪存盘引导。

如果在虚拟机上安装，只需要将安装光盘映像文件加载到虚拟机的光驱即可。

步骤 2：安装引导。启动计算机后，CentOS 安装光盘会引导计算机启动并提示选择 Install CentOS 7(安装 CentOS 7)或者 Test this media & install CentOS 7(测试本介质并安装 CentOS 7)。测试的目的是检测安装介质的完整性。为了稳妥起见，建议选择 Test this media & install CentOS 7 并按 Enter 键继续，如图 1.1 所示。

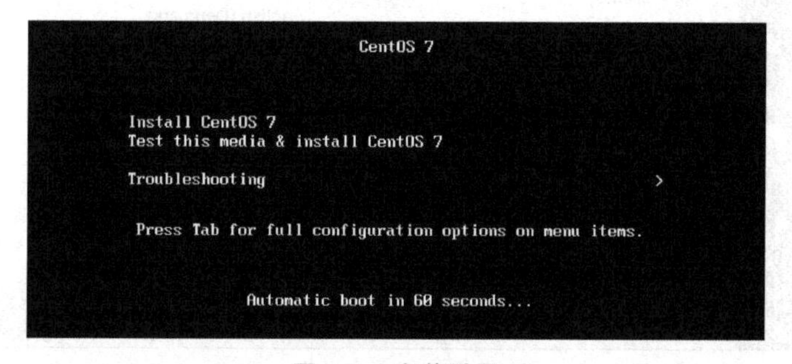

图 1.1 安装引导

步骤 3：开始安装进程。此步骤不需要任何操作，如图 1.2 和图 1.3 所示。

- Press the <ENTER> key to begin the installation process.

图 1.2 开始安装进程

```
 - Press the <ENTER> key to begin the installation process.

[    7.441902] dracut-pre-udev[327]: modprobe: ERROR: could not insert 'floppy':
 No such device
[  OK  ] Started Show Plymouth Boot Screen.
[  OK  ] Reached target Paths.
[  OK  ] Started Forward Password Requests to Plymouth Directory Watch.
[  OK  ] Reached target Basic System.
[  OK  ] Started Device-Mapper Multipath Device Controller.
         Starting Open-iSCSI...
[  OK  ] Started Open-iSCSI.
         Starting dracut initqueue hook...
[    8.714558] sd 0:0:0:0: [sda] Assuming drive cache: write through
[   11.173991] dracut-initqueue[695]: mount: /dev/sr0 is write-protected, mounting read-only
[  OK  ] Started Show Plymouth Boot Screen.
[  OK  ] Reached target Paths.
[  OK  ] Started Forward Password Requests to Plymouth Directory Watch.
[  OK  ] Reached target Basic System.
[  OK  ] Started Device-Mapper Multipath Device Controller.
         Starting Open-iSCSI...
[  OK  ] Started Open-iSCSI.
         Starting dracut initqueue hook...
[   11.173991] dracut-initqueue[695]: mount: /dev/sr0 is write-protected, mounting read-only
[  OK  ] Created slice system-checkisomd5.slice.
         Starting Media check on /dev/sr0...
/dev/sr0:   8bb338ea5436a2863746710b44ac3540
Fragment sums: 5d2292bff63cc47ee24ffbe453c08fb9276e3fda752d628b44ec514dfebe
Fragment count: 20
Press [Esc] to abort check.
Checking: 001.2%_
```

图 1.3　测试介质

步骤 4：选择安装过程中的使用语言。选择使用语言并单击 Continue 按钮继续，如图 1.4 所示。

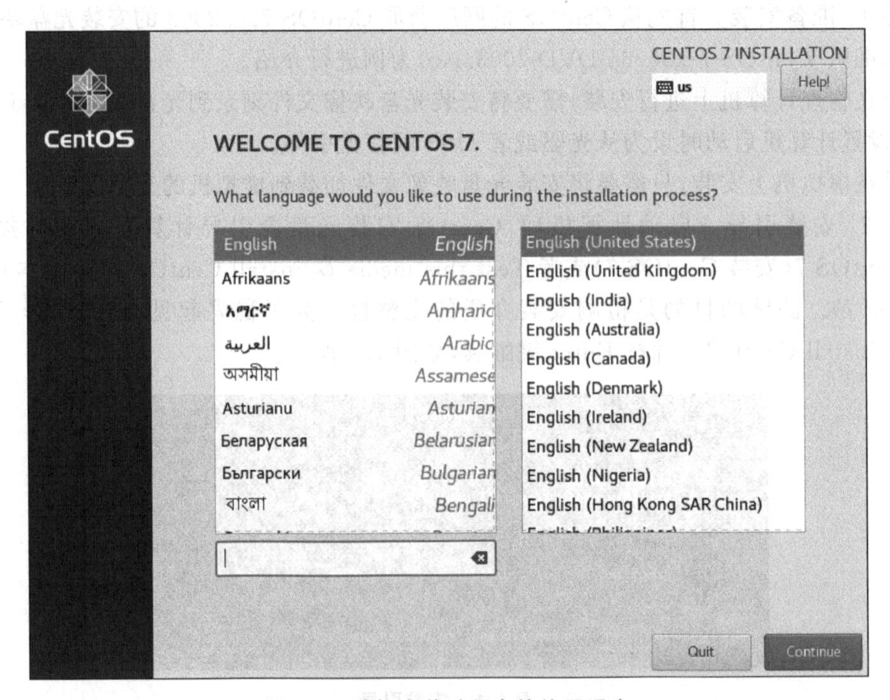

图 1.4　选择安装过程中的使用语言

步骤 5：安装信息摘要。此界面列出安装 CentOS 时的有关设置信息，包括日期和时间、键盘、语言支持、安装源、软件选择、安装位置、KDUMP、网络和主机名、安全策略，如图 1.5 所示。

步骤 6：日期和时间。单击 DATE & TIME 按钮，选择区域和城市，或者直接在地图上单

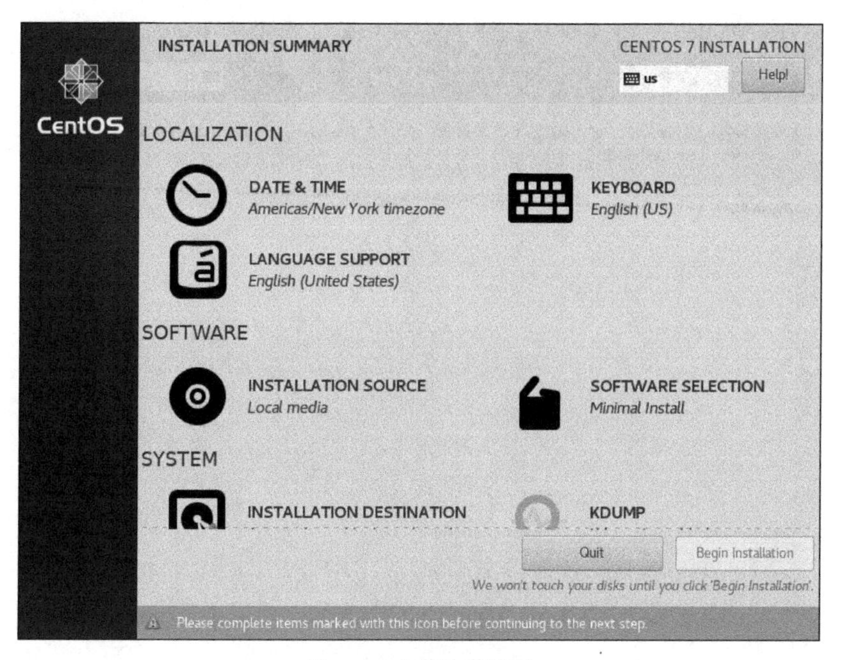

图 1.5　安装信息摘要

击进行选择，选择是否启用网络时间，设置日期和时间，选择 12 或者 24 小时制，并单击左上角的 Done 按钮返回，如图 1.6 所示。在选择启用网络时间时需要指定时间服务器。

图 1.6　日期和时间

步骤 7：键盘。单击 KEYBOARD LAYOUT 按钮，根据需要添加或者修改的键盘布局，并单击左上角的 Done 按钮返回，如图 1.7 所示。

步骤 8：语言支持。单击 LANGUAGE SUPPORT 按钮，根据需要选择额外的语言支持并单击左上角的 Done 按钮返回，如图 1.8 所示。

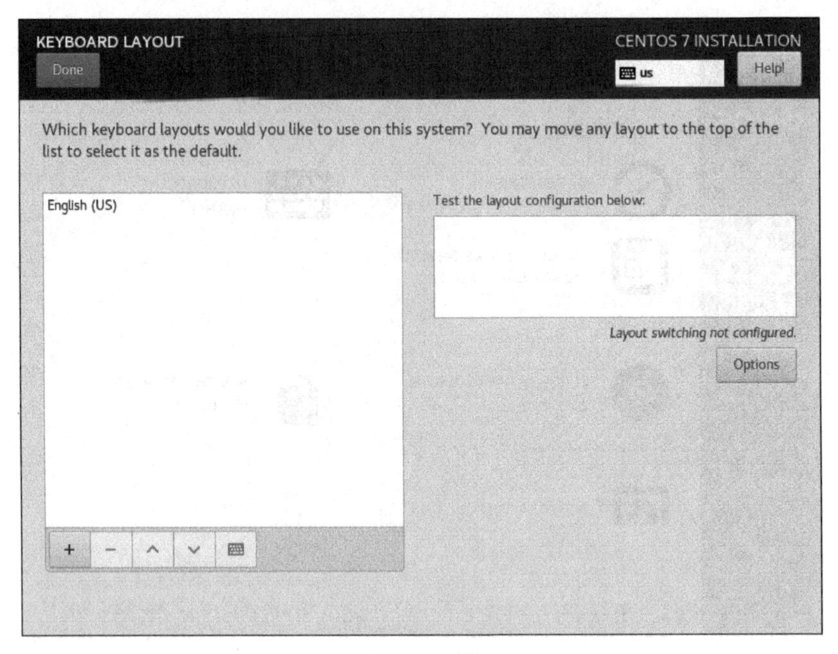

图 1.7 键盘

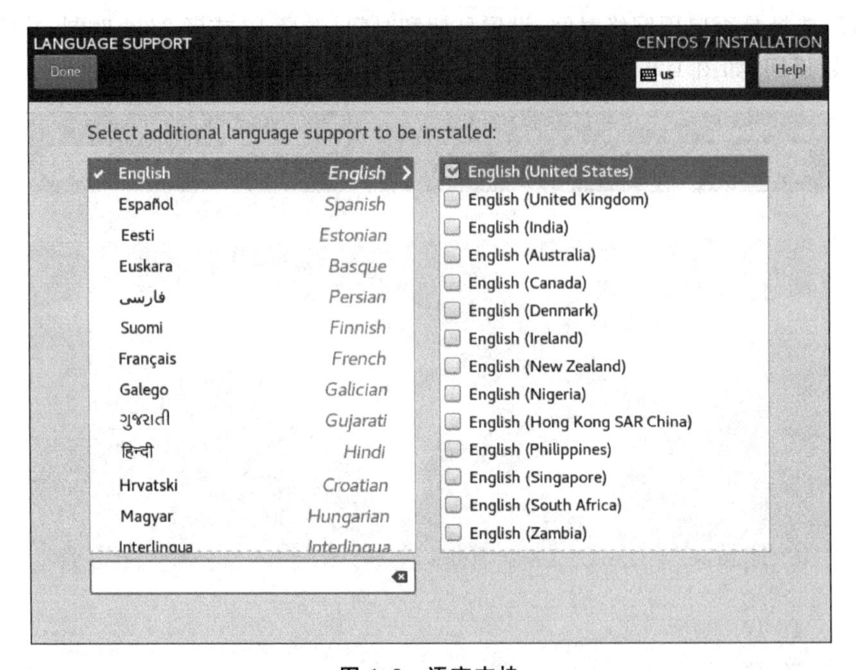

图 1.8 语言支持

步骤 9：安装源。单击 INSTALLATION SOURCE 按钮，根据需要选择安装源和额外的软件仓库，并单击左上角的 Done 按钮返回，如图 1.9 所示。

步骤 10：软件选择。单击 SOFTWARE SELECTION 按钮，根据需要选择基本环境和附加组件，并单击左上角的 Done 按钮返回，如图 1.10 所示。不同的基本环境和附加组件的软件包数量不同，所需的磁盘空间不同，安装时长也不同。

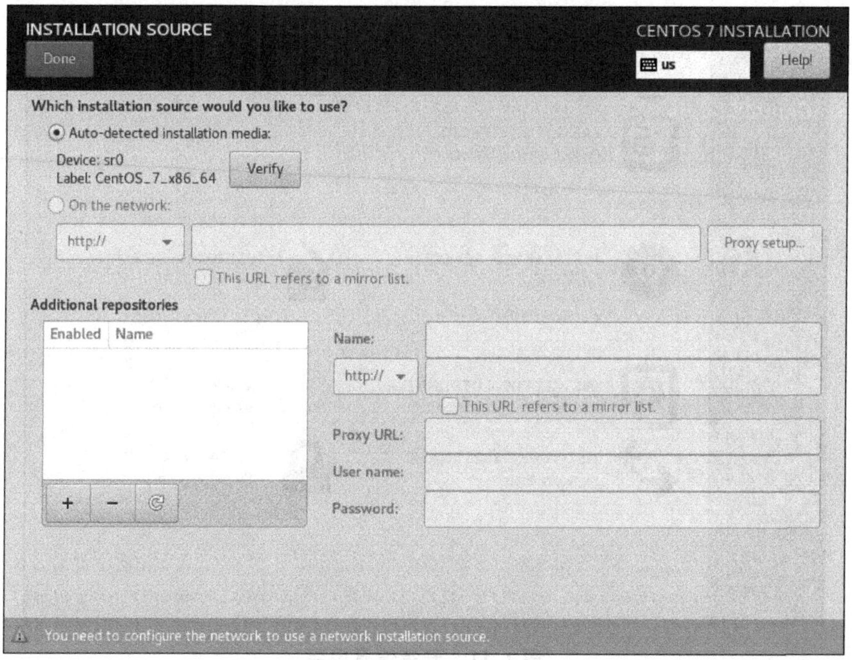

图 1.9　安装源

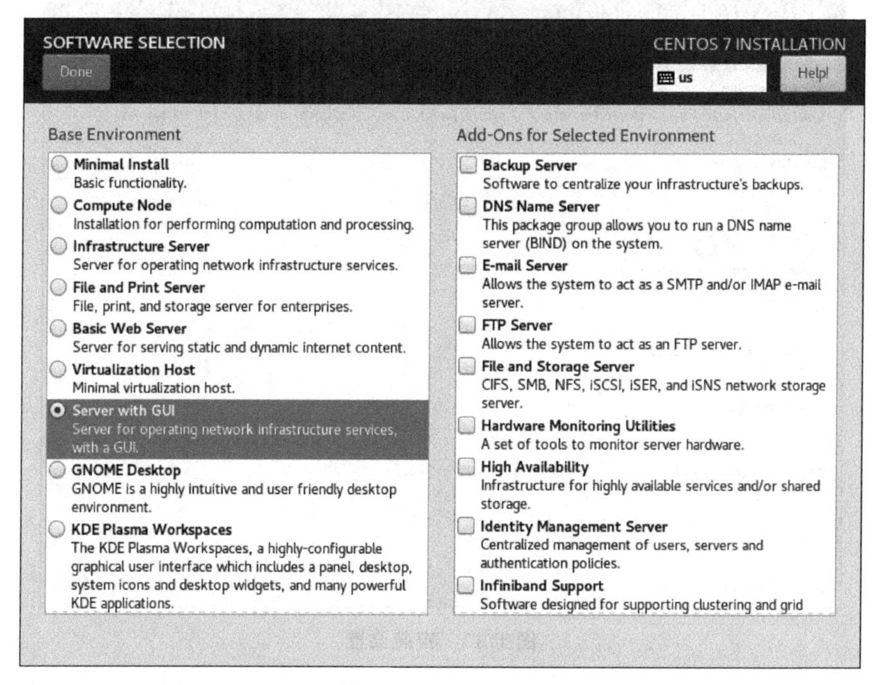

图 1.10　软件选择

步骤 11：安装位置。将“安装信息摘要”界面滚动到底部，单击 INSTALLATION DESTINATION 按钮，单击 I will configure partitioning 按钮（我要配置分区），并单击左上角的 Done 按钮打开 MANUAL PATITIONING（手动分区）对话框，如图 1.11 和图 1.12 所示。

在 New mount point will use the following partitioning scheme（新挂载点将使用以下分

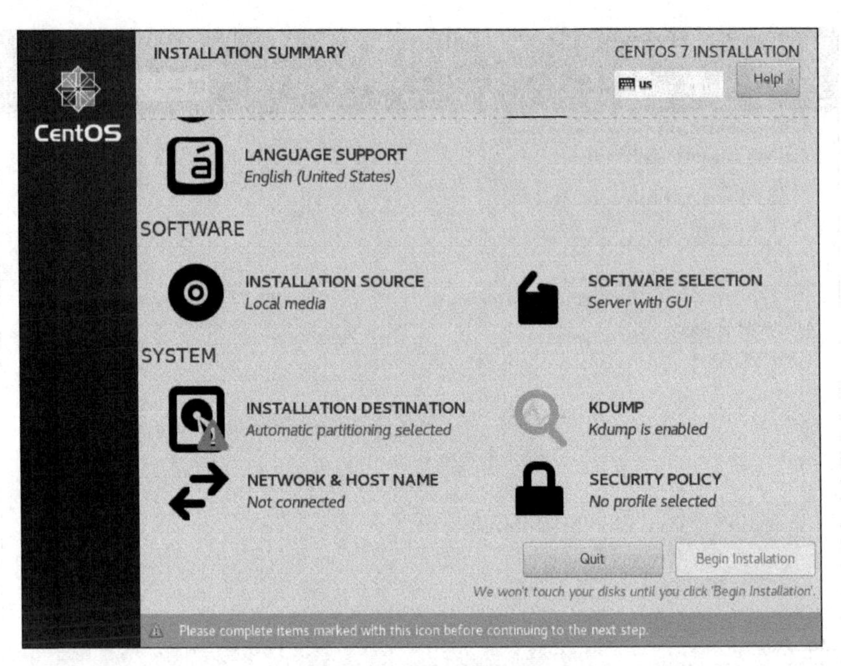

图 1.11 安装信息摘要

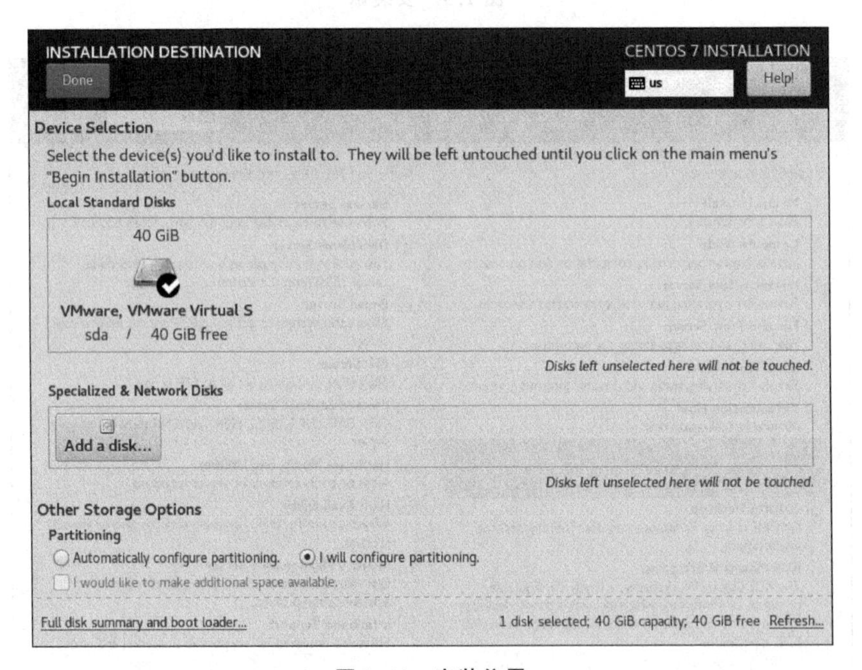

图 1.12 安装位置

区方案)处单击下拉按钮并在下拉列表框中选择 Standard Partition(标准分区),如图 1.13 所示。

单击左下角的+按钮,添加三个新挂载点,分别是/boot、/、swap,如图 1.14～图 1.16 所示。

单击左上角的 Done 按钮,将打开 SUMMARY OF CHANGES(更改摘要)对话框。确认无误后单击 Accept Changes(接受更改)按钮,如图 1.17 所示。

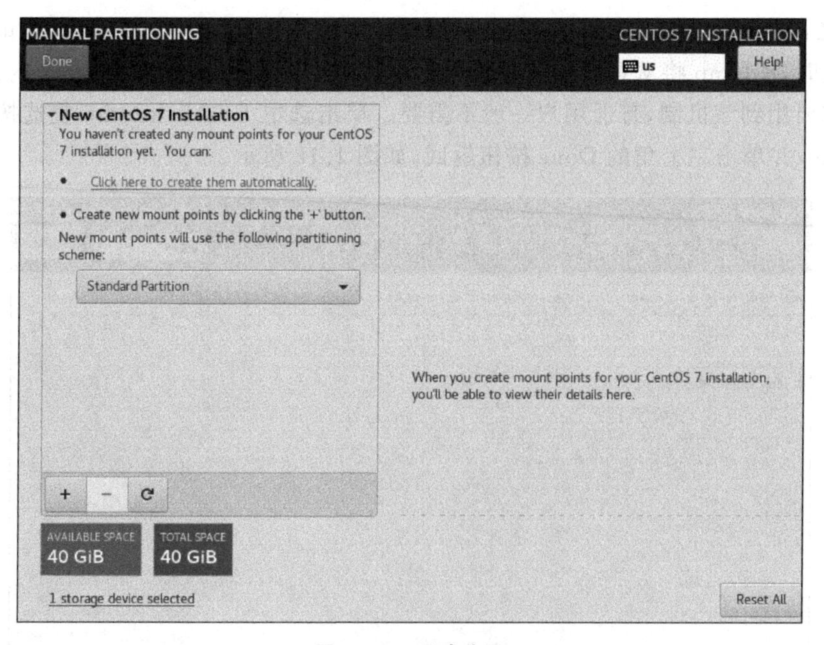

图 1.13　手动分区

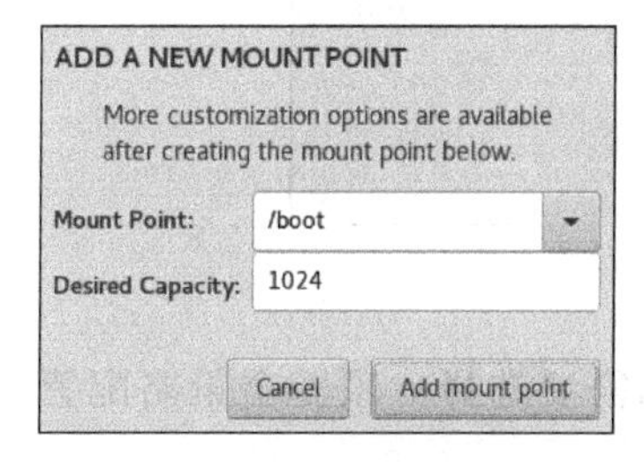

图 1.14　新挂载点/boot

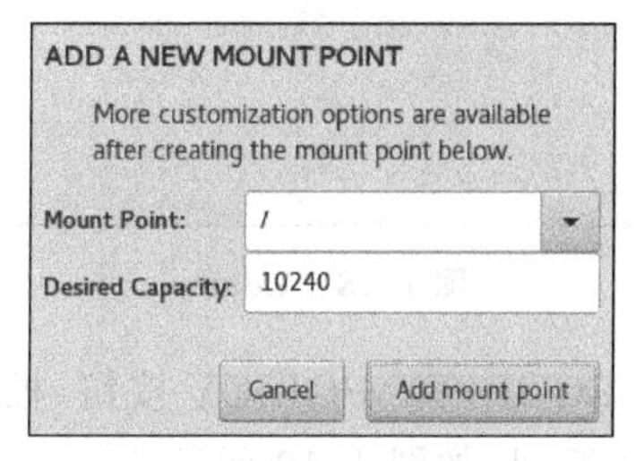

图 1.15　新挂载点/

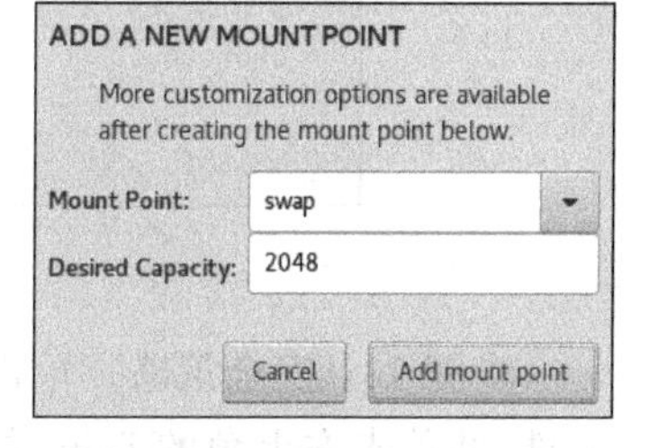

图 1.16　新挂载点 swap

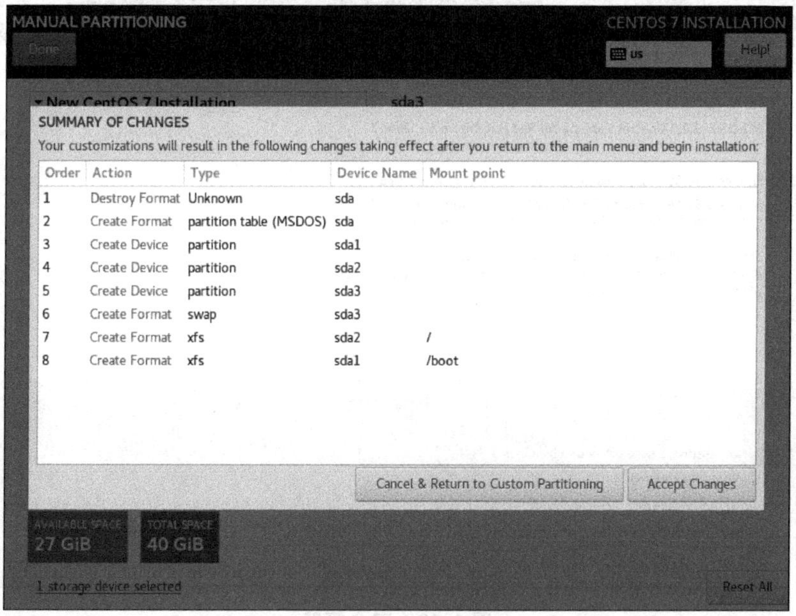

MANUAL PARTITIONING

CENTOS 7 INSTALLATION

SUMMARY OF CHANGES

Your customizations will result in the following changes taking effect after you return to the main menu and begin installation:

Order	Action	Type	Device Name	Mount point
1	Destroy Format	Unknown	sda	
2	Create Format	partition table (MSDOS)	sda	
3	Create Device	partition	sda1	
4	Create Device	partition	sda2	
5	Create Device	partition	sda3	
6	Create Format	swap	sda3	
7	Create Format	xfs	sda2	/
8	Create Format	xfs	sda1	/boot

Cancel & Return to Custom Partitioning　Accept Changes

AVAILABLE SPACE 27 GiB　TOTAL SPACE 40 GiB

1 storage device selected　Reset All

图 1.17　更改摘要

步骤12：Kdump。Kdump是一种内核崩溃转储机制，类似于Windows的调试信息转储。当系统崩溃时，Kdump将从系统捕获信息用于分析崩溃的原因。只有对Linux内核的开发和分析时才需要用到该机制，普通用户一般不需要。单击选中Enable kdump复选按钮，启用或禁用Kdump，并单击左上角的Done按钮返回，如图1.18所示。

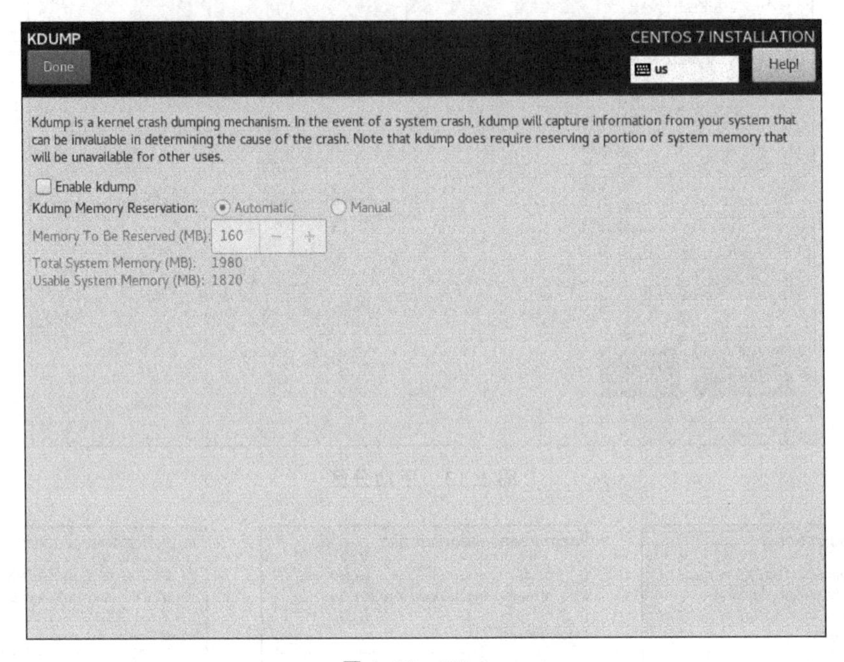

图1.18　Kdump

步骤13：安全策略。单击SECURITY POLICY按钮，根据需要选择一项安全策略配置文件，并单击左上角的Done按钮返回，如图1.19所示。

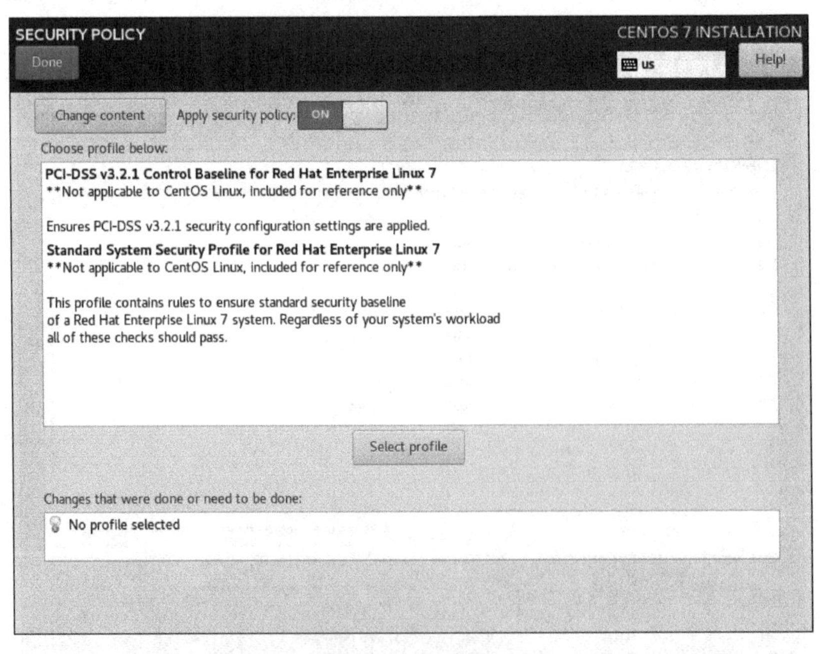

图1.19　安全策略

步骤 14：单击 Begin Installation(开始安装)按钮，开始安装进程，如图 1.20 和图 1.21 所示。

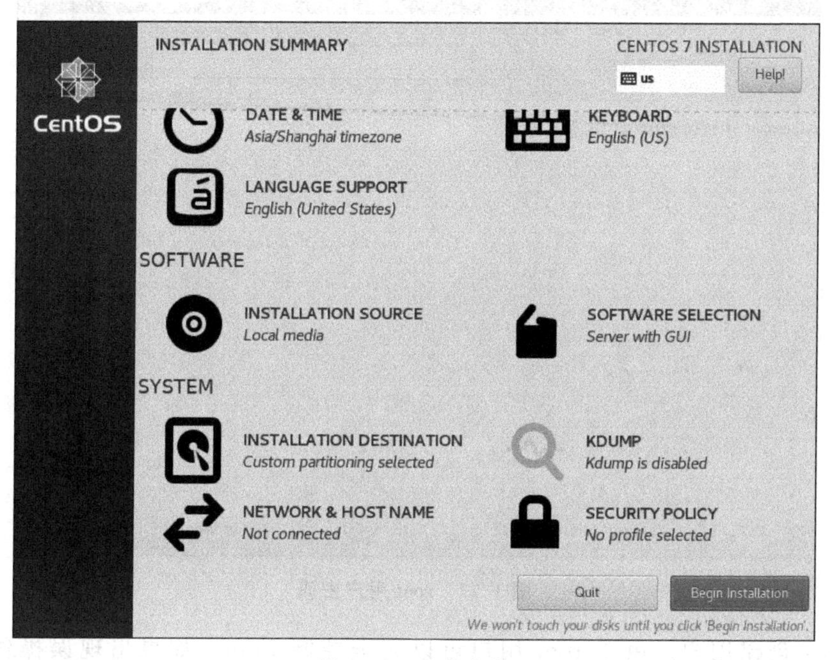

图 1.20　开始安装

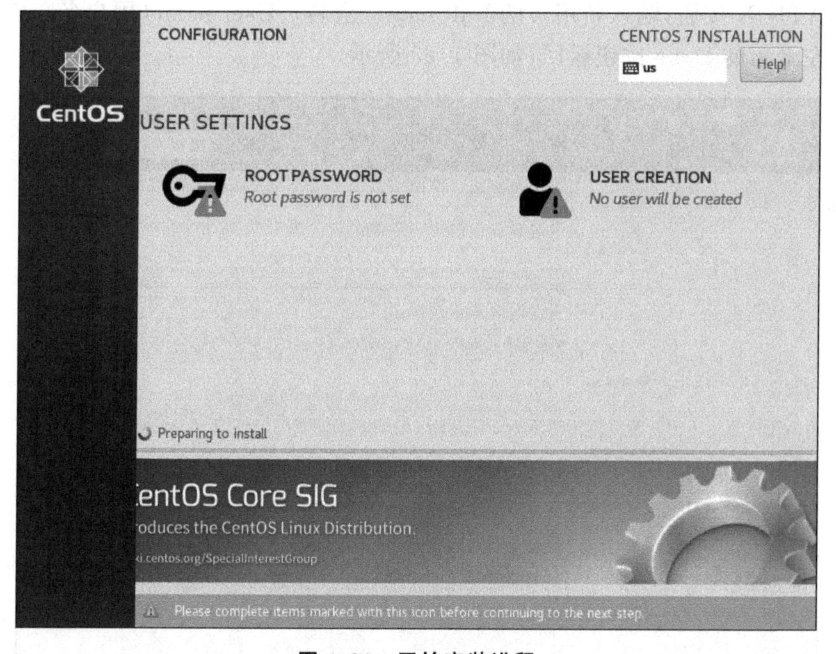

图 1.21　开始安装进程

步骤 15：root 用户密码。Linux 的 root 用户相当于 Windows 的 Administrator 用户，因此，对于生产环境中的系统，必须设置一个符合密码复杂性要求的密码。单击 Root Password 密码框，设置密码，再在 Confirm 文本框中重复输入密码，并单击左上角的 Done 按钮返回，如图 1.22 所示。

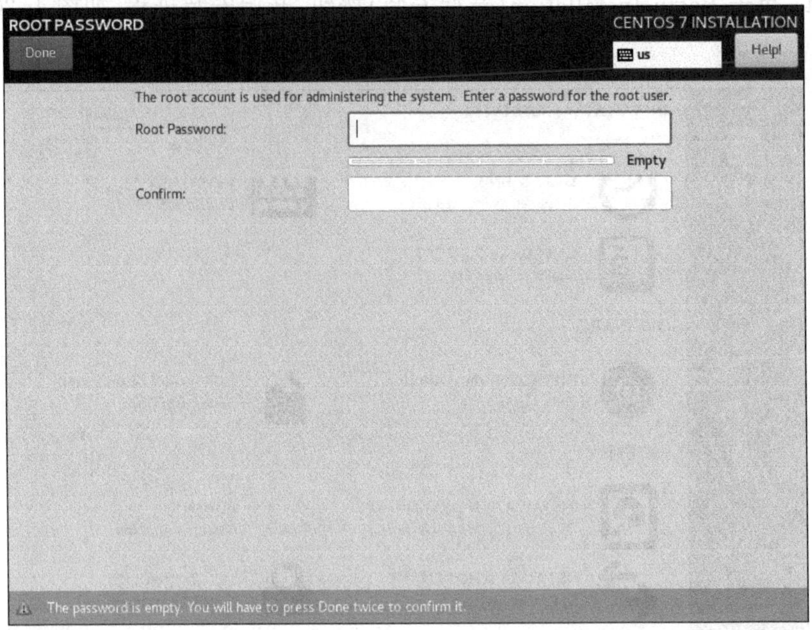

图 1.22 root 用户密码

步骤 16：创建用户。由于 root 用户可以完全控制 Linux，如果出现误操作将影响到 Linux 的稳定性，甚至破坏整个系统，所以一般会创建一个普通用户用于日常使用。单击 USER CREATION 按钮，输入新用户的 Full name（全名）、User name（用户名）、Password（密码），并单击左上角的 Done 按钮返回，如图 1.23 所示。

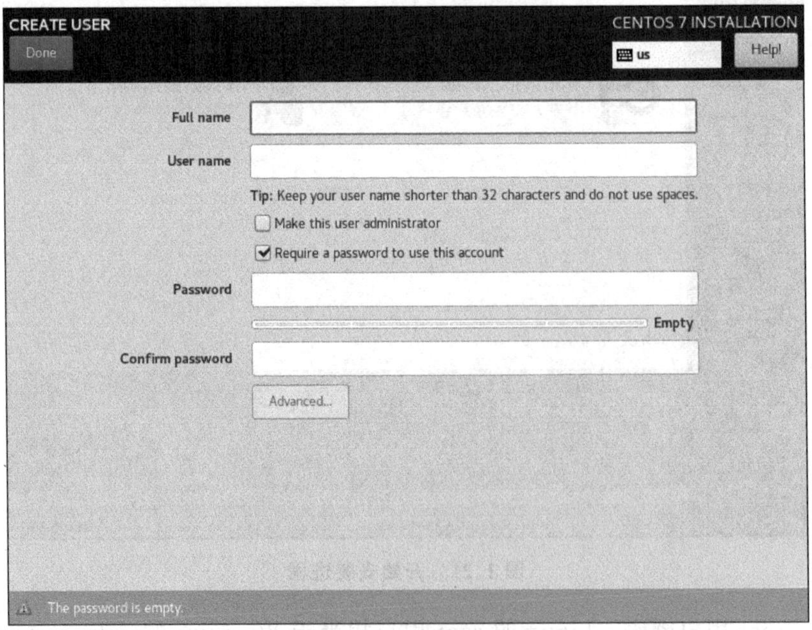

图 1.23 创建用户

步骤 17：安装完成。单击 Reboot 按钮重启系统，如图 1.24 所示。

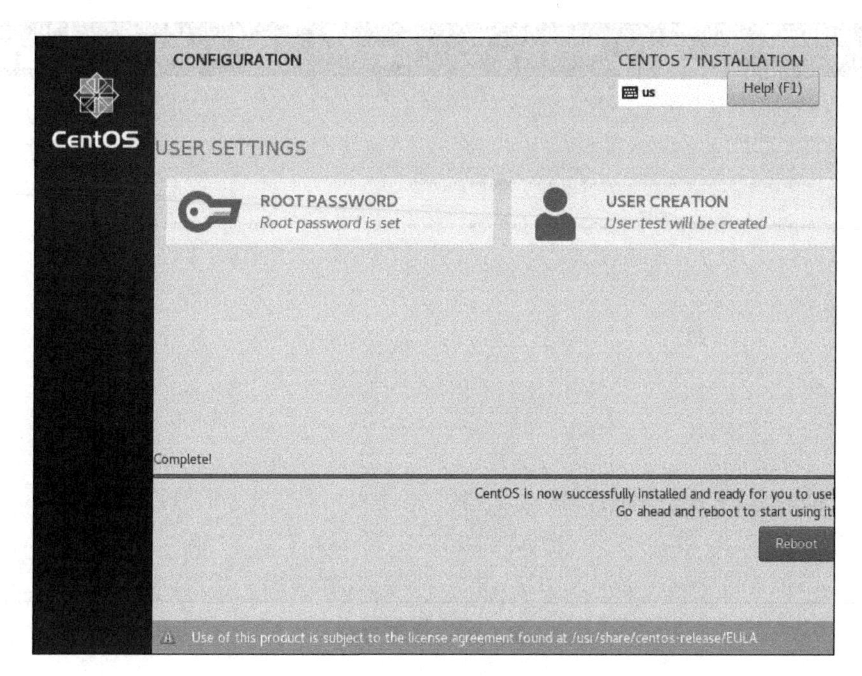

图 1.24　安装完成

1.1.2　初始化设置

Linux 安装完成后，还需要对其进行初始化设置，才能正常使用。重启系统完成后，会自动进入初始化设置，如图 1.25 所示。

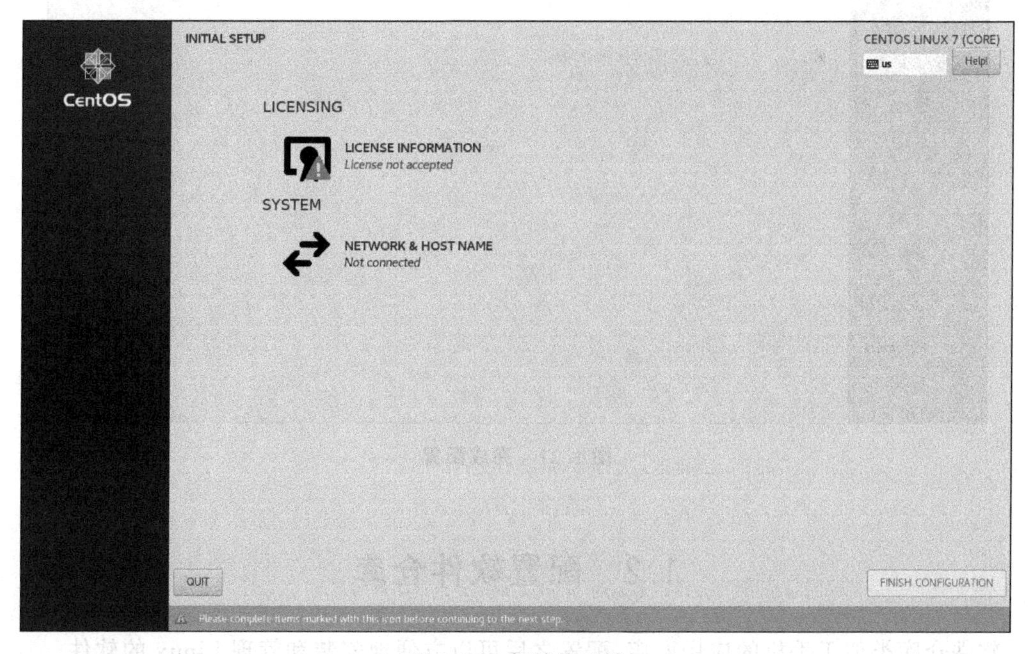

图 1.25　初始化设置

单击 LICENSE INFOFMATION 按钮，阅读并选中 I accept the license agreement（我同意许可协议）复选框，并单击 Done 按钮返回，如图 1.26 所示。

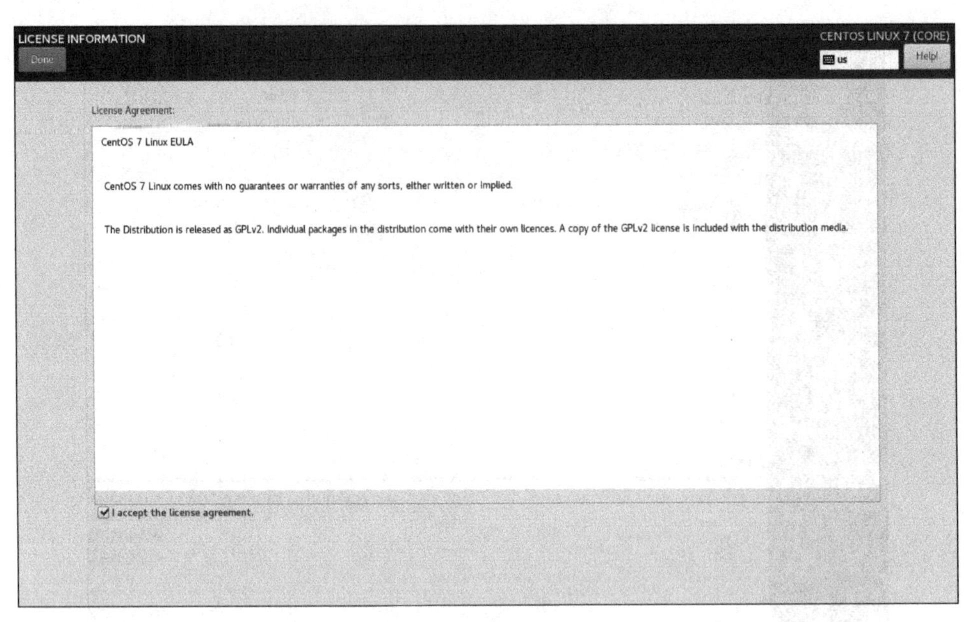

图 1.26 许可信息

初始化设置完成后，单击 FINISH CONFIGURATION(完成配置)按钮，如图 1.27 所示。

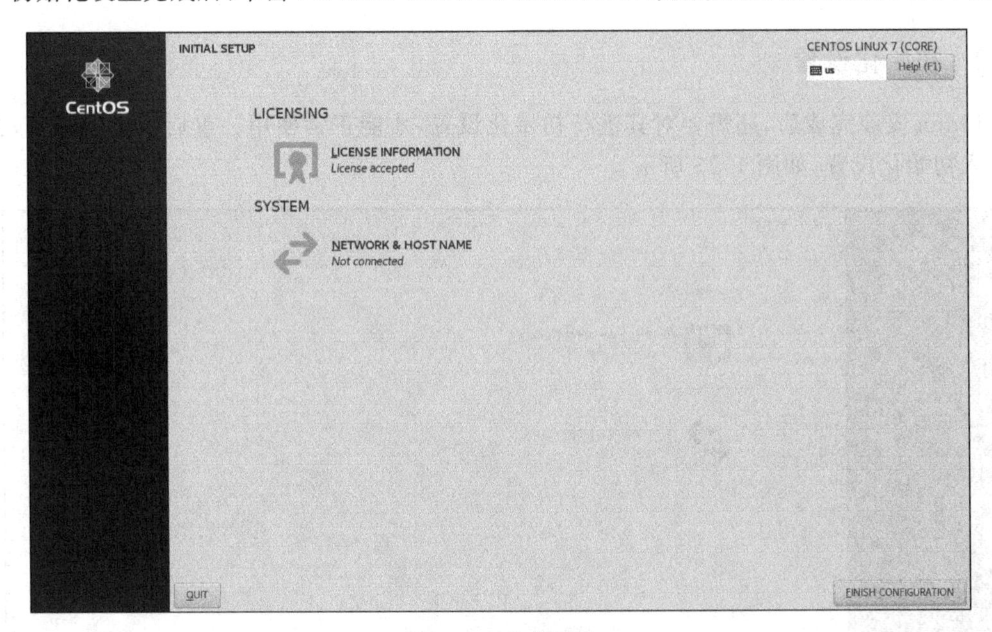

图 1.27 完成配置

1.2 配置软件仓库

软件仓库类似于手机的应用商店，配置之后可以方便地安装和管理 Linux 的软件。

1.2.1 YUM 简介

YUM(Yellow dog Updater Modified)是一个软件包管理器，能够从指定的位置(软件仓库)自动下载 RPM 包并且进行安装,可以自动处理软件依赖关系,并且一次安装所有依赖的软件包,无须烦琐地一次次下载和安装。

YUM 的正常运行离不开可靠的软件仓库,而软件仓库可以是 HTTP 站点、FTP 站点或者是本地。YUM 的特点如下。

(1) 可以同时配置多个软件仓库。

(2) 自动解决安装和卸载 RPM 包时的软件依赖关系。

1.2.2 YUM 配置文件

YUM 软件仓库配置文件的扩展名为.repo,默认存储在目录/etc/yum.repos.d/中。一个 repo 文件定义了一个或者多个软件仓库的信息。

```
[root@localhost ~]# vi /etc/yum.repos.d/CentOS-Sources.repo
[base-source]
// 方括号里面是软件源的名称
name=CentOS-$releasever - Base Sources
// name 定义软件仓库的名称,变量$releasever 定义发行版本
baseurl=http://vault.centos.org/centos/$releasever/os/Source/
// baseurl 定义 RPM 包来源,有 3 种: http://(HTTP 站点)、ftp://(FTP 站点)、file:///(本地)
gpgcheck=1
// gpgcheck 定义是否对 RPM 包进行 GPG 校验,以确定是否安全: 1 校验、0 不校验
enabled=0
// enabled 定义是否启用该软件源: 1 启用、0 禁用
gpgkey=file:///etc/pki/rpm-gpg/RPM-GPG-KEY-CentOS-7
// gpgkey 定义 GPG 校验用的密钥
// 以下省略
```

1.2.3 YUM 本地源

(1) 挂载 Linux 安装光盘到目录/mnt/cdrom。

```
[root@localhost ~]# mkdir /mnt/cdrom
[root@localhost ~]# mount /dev/cdrom /mnt/cdrom
mount: /dev/sr0 is write-protected, mounting read-only
```

(2) 创建软件仓库配置文件/etc/yum.repos.d/CentOS-7-x86_64-DVD.repo。

```
[root@localhost ~]# mkdir /etc/yum.repos.d/repo_bak
[root@localhost ~]# mv /etc/yum.repos.d/*.repo /etc/yum.repos.d/repo_bak
// 将系统原有的软件仓库配置文件转移到目录/etc/yum.repos.d/repo_bak
[root@localhost ~]# vi /etc/yum.repos.d/CentOS-7-x86_64-DVD.repo
[CentOS-7-x86_64-DVD]
name=CentOS-7-x86_64-DVD
baseurl=file:///mnt/cdrom
enabled=1
gpgcheck=1
gpgkey=file:///mnt/cdrom/RPM-GPG-KEY-CentOS-7
```

1.2.4 YUM 管理

功能：yum 是在线软件包管理机制的命令，用于管理软件包。

语法：

```
yum [选项] [子命令] [包名]
```

yum 命令常用选项含义见表 1.1。

表 1.1 yum 命令常用选项含义

选项	含义
-y	所有问题自动回答 yes
-q	安静模式

yum 子命令含义见表 1.2。

表 1.2 yum 子命令含义

子命令	含义
install	安装软件包
remove	卸载软件包
update	更新软件包
list	列出软件包
info	查询软件包详细信息
deplist	查询软件包依赖关系
provides	查询文件所属软件包
clean	清除缓存

【例 1.1】 安装软件包，所有问题自动回答 yes。

```
[root@localhost ~]# yum -y install finger
Loaded plugins: fastestmirror, langpacks
Loading mirror speeds from cached hostfile
CentOS-7-x86_64-DVD                                        | 3.6 kB  00:00:00
(1/2): CentOS-7-x86_64-DVD/group_gz                        | 153 kB  00:00:00
(2/2): CentOS-7-x86_64-DVD/primary_db                      | 3.3 MB  00:00:00
Resolving Dependencies
--> Running transaction check
---> Package finger.x86_64 0:0.17-52.el7 will be installed
--> Finished Dependency Resolution

Dependencies Resolved

================================================================================
Package         Arch        Version           Repository                 Size
================================================================================
Installing:
finger          x86_64      0.17-52.el7       CentOS-7-x86_64-DVD        25 k

Transaction Summary
================================================================================
Install   1 Package
```

```
Total download size: 25 k
Installed size: 32 k
Downloading packages:
warning: /mnt/cdrom/Packages/finger-0.17-52.el7.x86_64.rpm: Header V3 RSA/SHA256
Signature, key ID f4a80eb5: NOKEY
Public key for finger-0.17-52.el7.x86_64.rpm is not installed
Retrieving key from file:///mnt/cdrom/RPM-GPG-KEY-CentOS-7
Importing GPG key 0xF4A80EB5:
Userid     : "CentOS-7 Key (CentOS 7 Official Signing Key) <security@centos.org>"
Fingerprint: 6341 ab27 53d7 8a78 a7c2 7bb1 24c6 a8a7 f4a8 0eb5
From       : /mnt/cdrom/RPM-GPG-KEY-CentOS-7
Running transaction check
Running transaction test
Transaction test succeeded
Running transaction
  Installing : finger-0.17-52.el7.x86_64                                    1/1
  Verifying  : finger-0.17-52.el7.x86_64                                    1/1

Installed:
  finger.x86_64 0:0.17-52.el7


Complete!
```

【例 1.2】 列出软件包。

```
[root@localhost ~]# yum list finger
Loaded plugins: fastestmirror, langpacks
Loading mirror speeds from cached hostfile
Installed Packages
finger.x86_64                  0.17-52.el7                  @CentOS-7-x86_64-DVD
```

【例 1.3】 查询软件包详细信息。

```
[root@localhost ~]# yum info finger
Loaded plugins: fastestmirror, langpacks
Loading mirror speeds from cached hostfile
Installed Packages
Name        : finger
Arch        : x86_64
Version     : 0.17
Release     : 52.el7
Size        : 32 k
Repo        : installed
From repo   : CentOS-7-x86_64-DVD
Summary     : The finger client
License     : BSD
Description : Finger is a utility which allows users to see information about system
            : users (login name, home directory, name, how long they've been logged
            : in to the system, etc.). The finger package includes a standard
            : finger client.
```

【例 1.4】 查询软件包的依赖关系。

```
[root@localhost ~]# yum deplist finger
Loaded plugins: fastestmirror, langpacks
Loading mirror speeds from cached hostfile
package: finger.x86_64 0.17-52.el7
  dependency: libc.so.6(GLIBC_2.4)(64bit)
   provider: glibc.x86_64 2.17-307.el7.1
  dependency: rtld(GNU_HASH)
   provider: glibc.x86_64 2.17-307.el7.1
```

【例 1.5】 查询文件所属软件包。

```
[root@localhost ~]# yum provides /usr/bin/finger
Loaded plugins: fastestmirror, langpacks
Loading mirror speeds from cached hostfile
finger-0.17-52.el7.x86_64 : The finger client
Repo        : CentOS-7-x86_64-DVD
Matched from:
Filename    : /usr/bin/finger
```

【例 1.6】 卸载软件包，所有问题自动回答 yes。

```
[root@localhost ~]# yum -y remove finger
Loaded plugins: fastestmirror, langpacks
Resolving Dependencies
--> Running transaction check
---> Package finger.x86_64 0:0.17-52.el7 will be erased
--> Finished Dependency Resolution

Dependencies Resolved

================================================================================
 Package         Arch          Version            Repository               Size
================================================================================
Removing:
 finger          x86_64        0.17-52.el7        @CentOS-7-x86_64-DVD     32 k

Transaction Summary
================================================================================
Remove  1 Package

Installed size: 32 k
Downloading packages:
Running transaction check
Running transaction test
Transaction test succeeded
Running transaction
  Erasing    : finger-0.17-52.el7.x86_64                                    1/1
  Verifying  : finger-0.17-52.el7.x86_64                                    1/1
```

```
Removed:
  finger.x86_64 0:0.17-52.el7

Complete!
```

【例 1.7】 清除缓存。

```
[root@localhost ~]# yum clean all
Loaded plugins: fastestmirror, langpacks
Cleaning repos: CentOS-7-x86_64-DVD
Cleaning up list of fastest mirrors
```

第2章 网络配置

Chapter 2

Linux的网络配置是一切网络服务配置的基础。本章主要学习Linux的网络配置，包括配置主机名，配置IP地址、默认网关和域名服务器，管理网络连接，网卡组合以及常用的网络命令用法等。

本章的学习目标如下。

(1) 配置主机名：了解Linux的3种主机名，掌握配置主机名。

(2) 配置IP地址、默认网关和域名服务器：掌握配置IP地址、默认网关和域名服务器。

(3) 管理网络连接：掌握管理网络连接。

(4) 网卡组合：了解网卡组合的7种模式；掌握配置网卡组合。

(5) 常用网络命令：掌握常用网络命令ifconfig、ping、arp、route、traceroute、netstat、tcpdump的功能和用法。

2.1 配置主机名

主机名是在网络中用于标识一台主机的标识符，在同一个网络中，主机名必须是唯一的。

Linux有以下3种形式的主机名。

(1) 静态(Static)："静态"主机名也称内核主机名，是系统在启动时从主机名文件/etc/hostname自动初始化的主机名。

(2) 瞬态(Transient)："瞬态"主机名是在系统运行时临时分配的主机名，由内核管理。通过DHCP或DNS服务器分配的主机名就是"瞬态"主机名。

(3) 灵活(Pretty)："灵活"主机名是UTF-8格式的自由主机名，以展示给终端用户。

2.1.1 编辑主机名文件

步骤1：查看当前的主机名。

```
[root@localhost ~]# hostnamectl
   Static hostname: localhost.localdomain
         Icon name: computer-vm
           Chassis: vm
        Machine ID: 9f9654d324b14985a08b035dbf71b5d4
           Boot ID: 4609e755a88b4f798a7ed44924be3bb7
    Virtualization: vmware
  Operating System: CentOS Linux 7 ( Core )
       CPE OS Name: cpe:/o:centos:centos:7
            Kernel: Linux 3.10.0-1127.el7.x86_64
      Architecture: x86-64
```

步骤 2：编辑主机名文件/etc/hostname，修改主机名。

```
[root@localhost ~]# vi /etc/hostname
centos-11
[root@localhost ~]# hostnamectl
   Static hostname: centos-11
Transient hostname: localhost.localdomain
// 同时存在静态主机名和瞬态主机名
// 以下省略
```

步骤 3：重新启动服务 systemd-hostnamed。

```
[root@localhost ~]# systemctl restart systemd-hostnamed
[root@localhost ~]# hostnamectl
   Static hostname: centos-11
// 重新启动服务 systemd-hostnamed 后只有静态主机名
// 以下省略
```

2.1.2 使用 Network Manager TUI

Network Manager TUI 是 Linux 文本界面下的类似于图形界面的网络管理工具。

步骤 1：查看当前的主机名。

```
[root@localhost ~]# hostnamectl
   Static hostname: localhost.localdomain
// 以下省略
```

步骤 2：运行 Network Manager TUI。

```
[root@localhost ~]# nmtui
```

步骤 3：按方向键选择 Set system hostname 选项，并按 Enter 键，如图 2.1 所示。

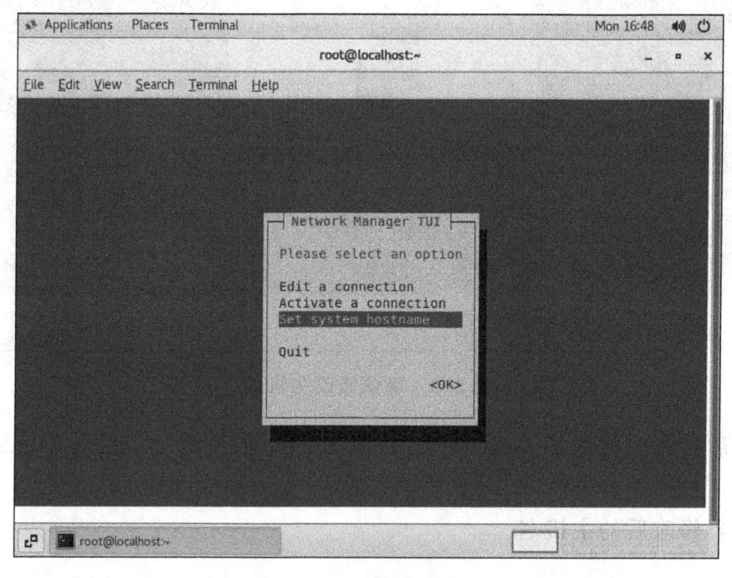

图 2.1　设置系统主机名

步骤 4：输入新的主机名，并按 Enter 键，如图 2.2 所示。

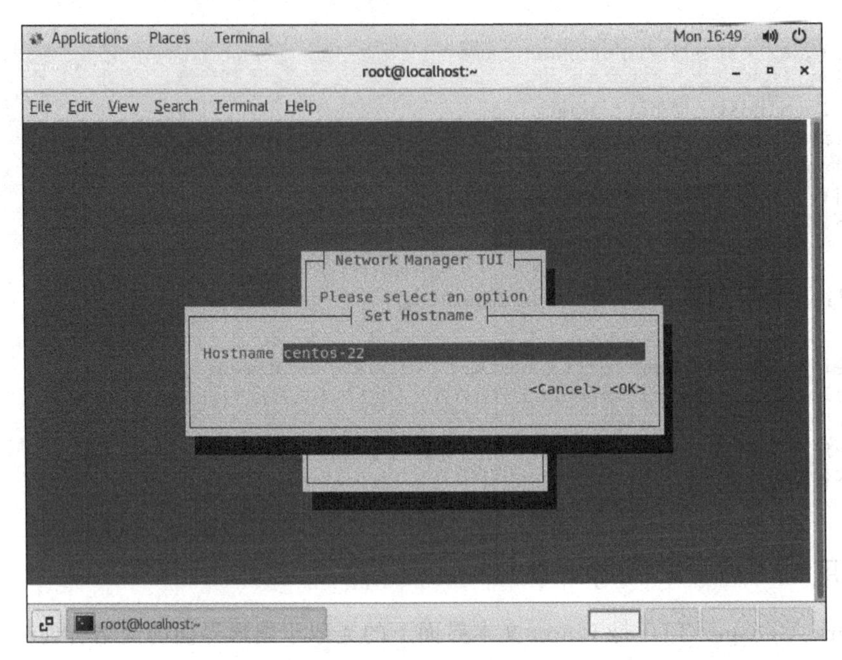

图 2.2 输入新的主机名

步骤 5：按 Enter 键确认修改主机名，如图 2.3 所示。

图 2.3 确认修改主机名

步骤 6：最后按方向键选择 Quit 选项，并按 Enter 键退出 Network Manager TUI 菜单，如图 2.4 所示。

步骤 7：查看修改后的主机名。

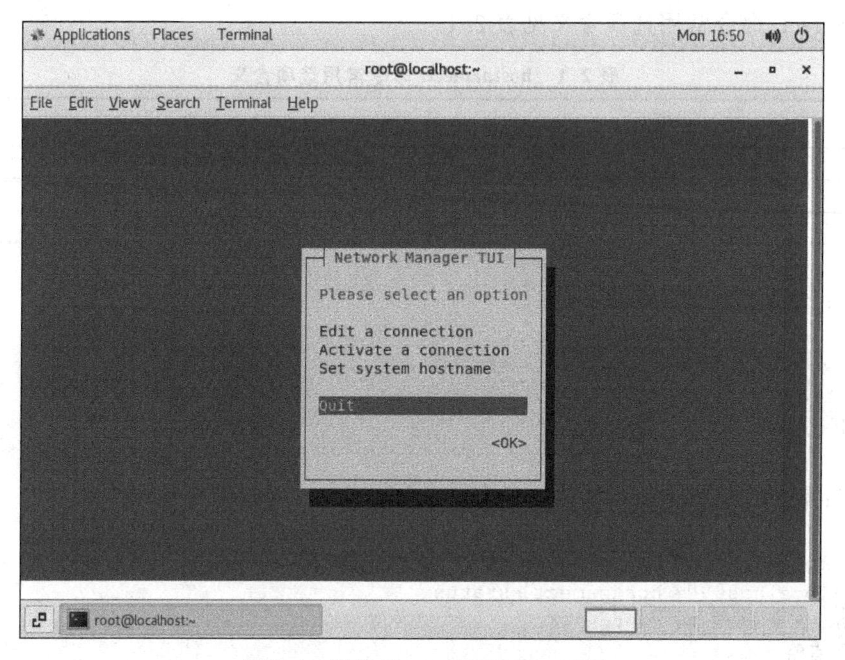

图 2.4 退出 Network Manager TUI

```
[root@localhost ~]# hostnamectl
   Static hostname: centos-22
// 以下省略
```

2.1.3 使用 nmcli

nmcli 是 Network Manager TUI 的命令行。

步骤 1：查看当前的主机名。

```
[root@localhost ~]# hostnamectl
   Static hostname: localhost.localdomain
// 以下省略
```

步骤 2：使用 nmcli 修改主机名。

```
[root@localhost ~]# nmcli general hostname centos-33
[root@localhost ~]# hostnamectl
   Static hostname: centos-33
// 以下省略
```

2.1.4 使用 hostnamectl

hostnamectl 用于查看和修改主机名。

语法：

```
hostnamectl [选项] [主机名]
```

hostnamectl 命令常用选项含义见表 2.1。

表 2.1 hostnamectl 命令常用选项含义

选 项	含 义
-H	操作远程主机
status	查看当前主机名
set-hostname	设置主机名

步骤 1：查看当前的主机名。

```
[root@localhost ~]# hostnamectl status
   Static hostname: localhost.localdomain
// 以下省略
```

步骤 2：使用 hostnamectl 修改主机名。

```
[root@localhost ~]# hostnamectl set-hostname centos-44
[root@localhost ~]# hostnamectl status
   Static hostname: centos-44
// 以下省略
```

2.1.5 使用 hostname

命令 hostname 用于查看或者临时设置当前主机名，不会将修改结果保存到主机名文件/etc/hostname 中，重新启动系统后恢复原有的主机名。

步骤 1：使用 hostname 查看当前的主机名。

```
[root@localhost ~]# hostname
localhost.localdomain
```

步骤 2：使用 hostname 临时修改主机名。

```
[root@localhost ~]# hostname centos-55
[root@localhost ~]# hostname
centos-55
[root@localhost ~]# hostnamectl
   Static hostname: localhost.localdomain
Transient hostname: centos-55
// 静态主机名还是原来的主机名，瞬态主机名是修改的主机名
// 以下省略
```

2.2 配置 IP 地址、默认网关和域名服务器

对于 IP 地址、默认网关和域名服务器的配置可以通过文本界面或图形界面完成。

2.2.1 编辑网卡配置文件

网卡配置文件位于目录/etc/sysconfig/network-scripts 中，文件名前缀一般为 ifcfg。网

卡配置文件中各个字段的含义和示例值见表 2.2。

表 2.2 网卡配置文件中各字段的含义和示例值

字段	含义	示例值
TYPE	类型	Ethernet
BOOTPROTO	引导类型	dhcp/none
NAME	网卡名称	ensXX
DEVICE	网卡设备	ensXX
ONBOOT	启动时启用(自动连接)	no/yes
IPADDR	IP 地址	192.168.0.1
PREFIX/NETMASK	网络前缀/子网掩码	24/255.255.255.0
GATEWAY	默认网关	192.168.0.1
DNS1	首选 DNS 服务器	192.168.0.1

步骤 1：查看本机的网卡配置文件名。

```
[root@localhost ~]# ls /etc/sysconfig/network-scripts/ifcfg*
/etc/sysconfig/network - scripts/ifcfg - ens32   /etc/sysconfig/network - scripts/
ifcfg-lo
// ifcfg-ens32 本机的网卡配置文件名,如果有多个网卡,则有多个配置文件
// ifcfg-lo 是本地环回地址 loopback 的配置文件
```

步骤 2：编辑网卡配置文件以配置 IP 地址、默认网关和域名服务器，并重新启动服务 network 以使配置文件生效。

```
[root@localhost ~]# vi /etc/sysconfig/network-scripts/ifcfg-ens32
BOOTPROTO=none
// 将 dhcp 改为 none
ONBOOT=yes
// 将 no 改为 yes
IPADDR=192.168.0.11
PREFIX=24
GATEWAY=192.168.0.1
DNS1=192.168.0.1
// 以上 4 个字段为新增
[root@localhost ~]# systemctl restart network
// 重新启动服务 network
```

步骤 3：使用命令 ifconfig 查看网卡配置。

```
[root@localhost ~]# ifconfig ens32
ens32: flags=4163<UP,BROADCAST,RUNNING,MULTICAST>  mtu 1500
        inet 192.168.0.11  netmask 255.255.255.0  broadcast 192.168.0.255
        inet6 fe80::31d:f3f:9d7d:9287  prefixlen 64  scopeid 0x20<link>
        ether 00:0c:29:fb:7e:cb  txqueuelen 1000  (Ethernet)
        RX packets 3  bytes 276 (276.0 B)
        RX errors 0  dropped 0  overruns 0  frame 0
        TX packets 44  bytes 5157 (5.0 KiB)
        TX errors 0  dropped 0 overruns 0  carrier 0  collisions 0
```

步骤 4：使用 ping 命令测试网络连通性。

Linux 的 ping 命令会一直不停地运行，需要按 Ctrl+C 组合键终止运行。

```
[root@localhost ~]# ping 192.168.0.111
PING 192.168.0.111 (192.168.0.111) 56(84) bytes of data.
64 bytes from 192.168.0.111: icmp_seq=1 ttl=128 time=0.253 ms
64 bytes from 192.168.0.111: icmp_seq=2 ttl=128 time=0.371 ms
64 bytes from 192.168.0.111: icmp_seq=3 ttl=128 time=0.324 ms
64 bytes from 192.168.0.111: icmp_seq=4 ttl=128 time=0.405 ms
^C
--- 192.168.0.111 ping statistics ---
4 packets transmitted, 4 received, 0% packet loss, time 3008ms
rtt min/avg/max/mdev = 0.253/0.338/0.405/0.058 ms
```

2.2.2 使用 Network Manager TUI

使用 Network Manager TUI 配置 IP 地址、默认网关和域名服务器。

步骤 1：运行 Network Manager TUI。

```
[root@localhost ~]# nmtui
```

步骤 2：按方向键选择 Edit a connection 选项，并按 Enter 键，如图 2.5 所示。

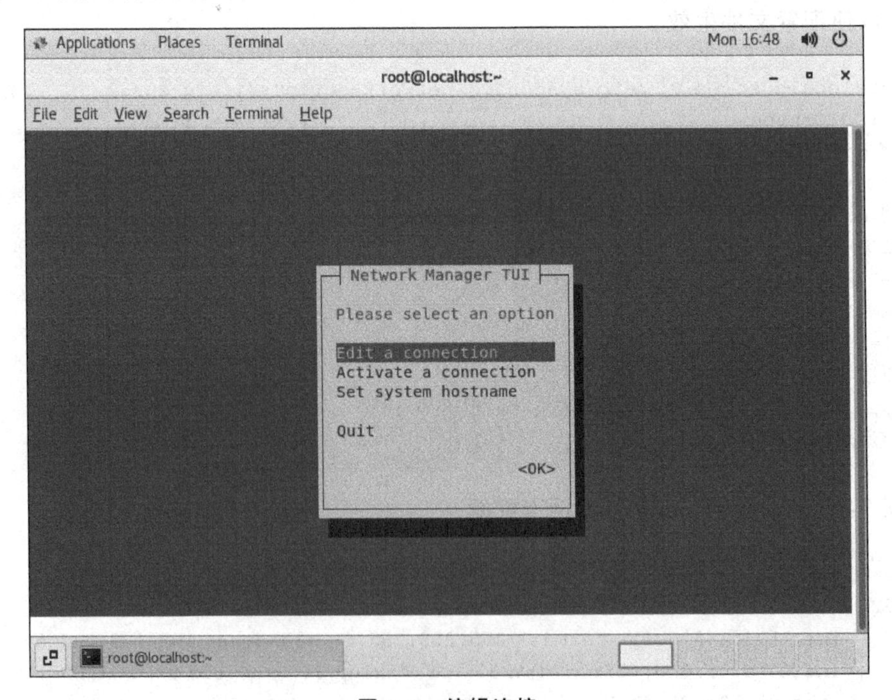

图 2.5　编辑连接

步骤 3：按方向键选择要编辑的网卡名称，按 Tab 键切换到 Edit 按钮，并按 Enter 键，如图 2.6 所示。

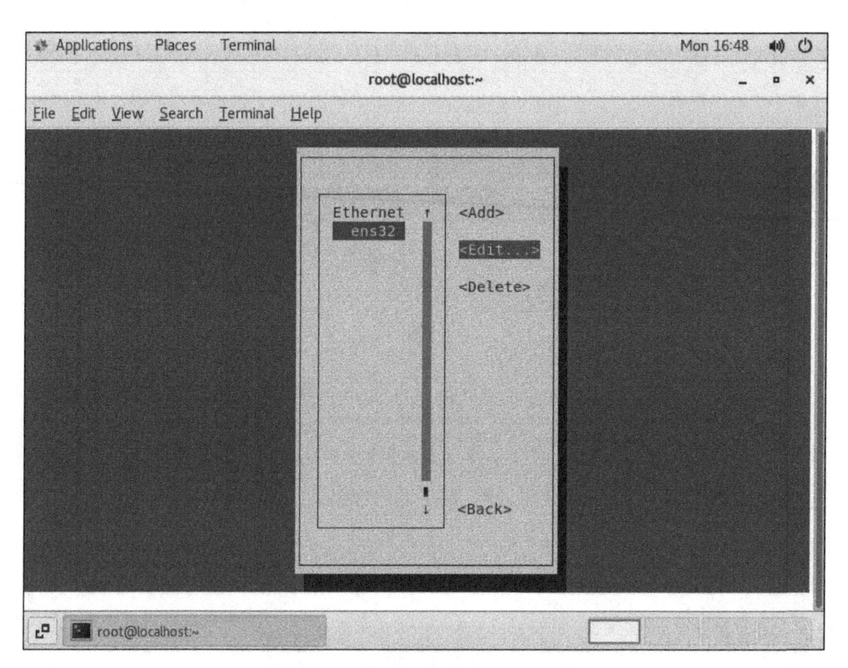

图 2.6 选择要编辑的网卡名称

步骤 4：按 Tab 键切换并选择 IPv4 CONFIGURATION 的 Automatic 选项，按 Enter 键再按方向键选择 Manual 选项，并按 Enter 键，如图 2.7 所示。

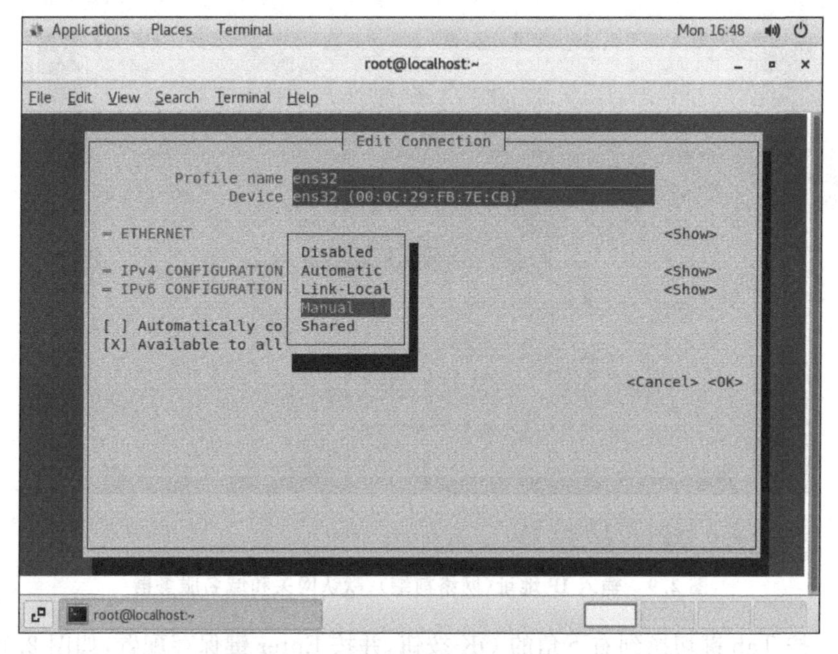

图 2.7 将 IPv4 配置方式改为 Manual

步骤 5：按 Tab 键切换到右侧 Show 按钮，并按 Enter 键，如图 2.8 所示。

步骤 6：分别切换到 IP 地址(网络前缀)、默认网关和域名服务器的 Add...按钮，按 Enter 键分别添加 IP 地址(网络前缀)、默认网关和域名服务器，如图 2.9 所示。

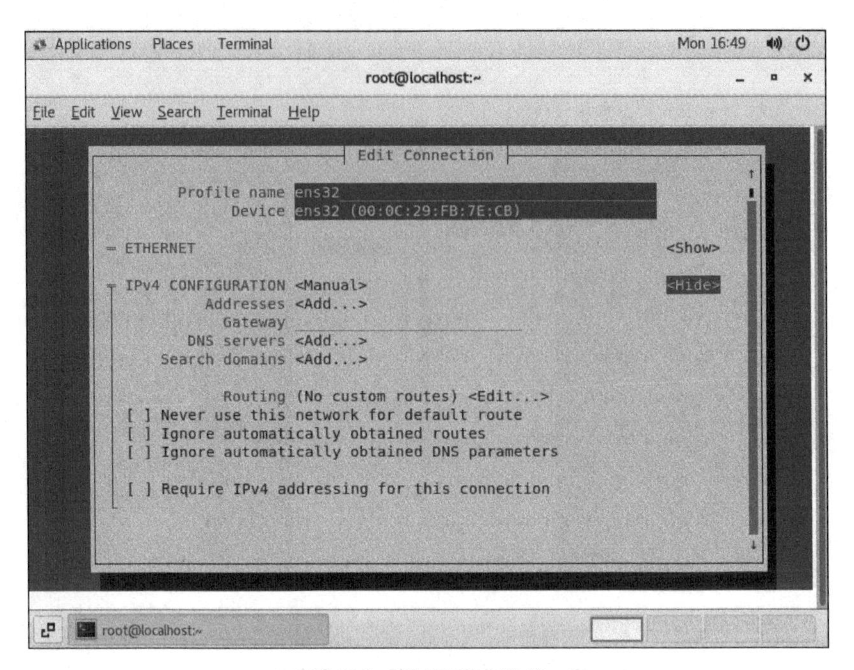

图 2.8　显示 IPv4 配置

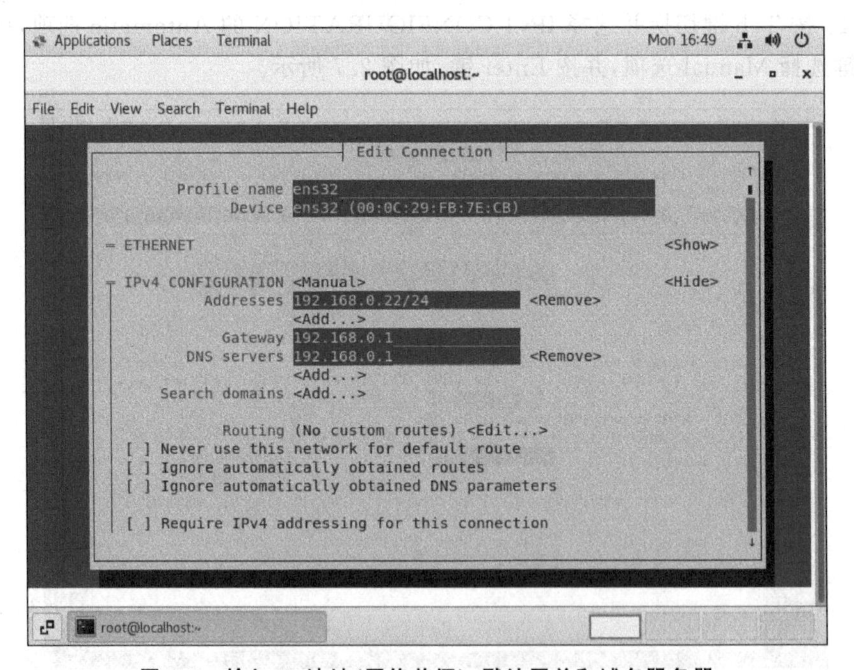

图 2.9　输入 IP 地址(网络前缀)、默认网关和域名服务器

步骤 7：按 Tab 键切换到右下角的 OK 按钮，并按 Enter 键保存配置，如图 2.10 所示。

步骤 8：按 Tab 键切换到 Back 按钮，并按 Enter 键返回，如图 2.11 所示。

步骤 9：按方向键选择 Activate a connection 选项，并按 Enter 键，如图 2.12 所示。

步骤 10：按方向键选择要激活的网卡名称，按 Tab 键切换到 Activate 选项，按 Enter 键激活连接 ens32。前面有 * 号表示已激活，如图 2.13 所示。

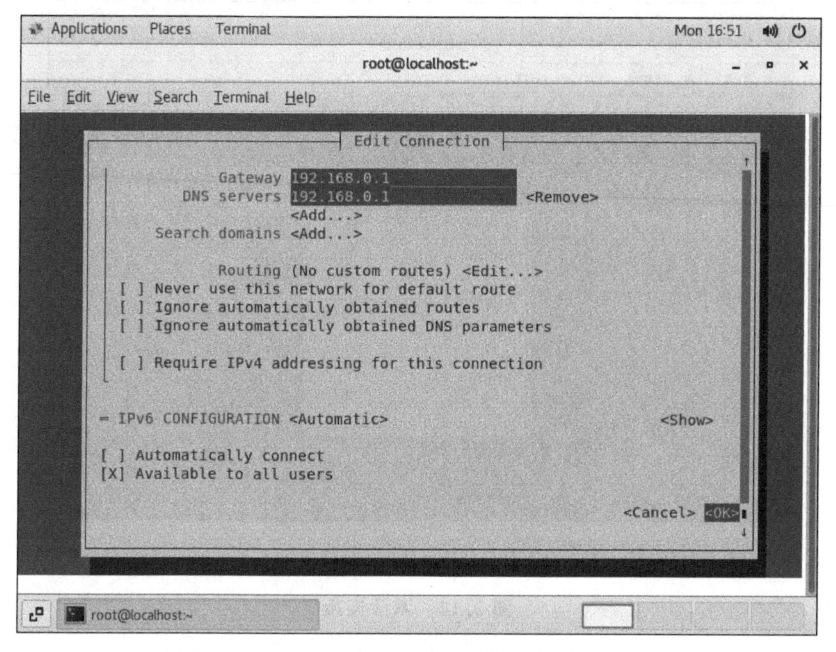

图 2.10　保存配置

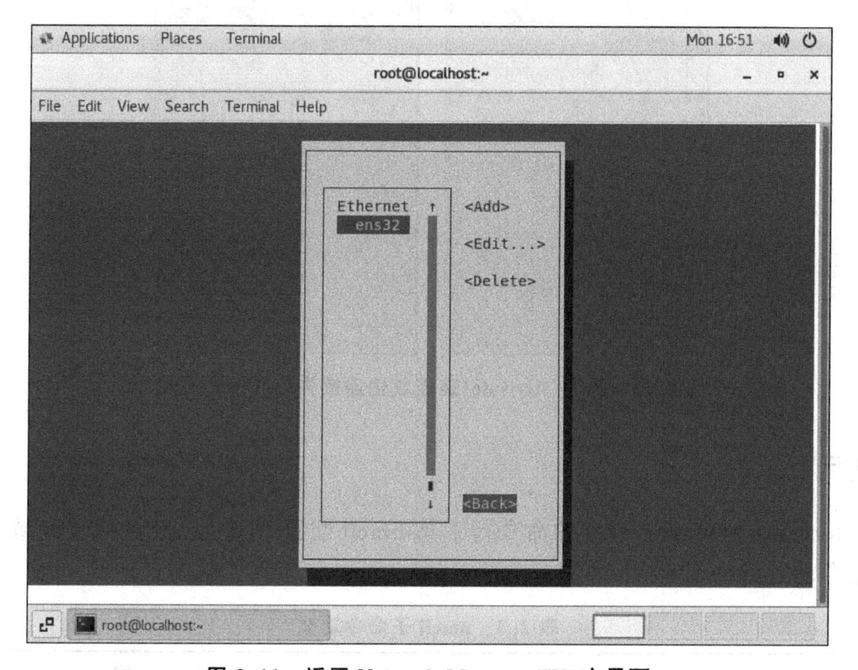

图 2.11　返回 Network Manager TUI 主界面

步骤 11：使用命令 ifconfig 查看网卡配置。

```
[root@localhost ~]# ifconfig ens32
ens32: flags=4163<UP,BROADCAST,RUNNING,MULTICAST>  mtu 1500
        inet 192.168.0.22  netmask 255.255.255.0  broadcast 192.168.0.255
// 以下省略
```

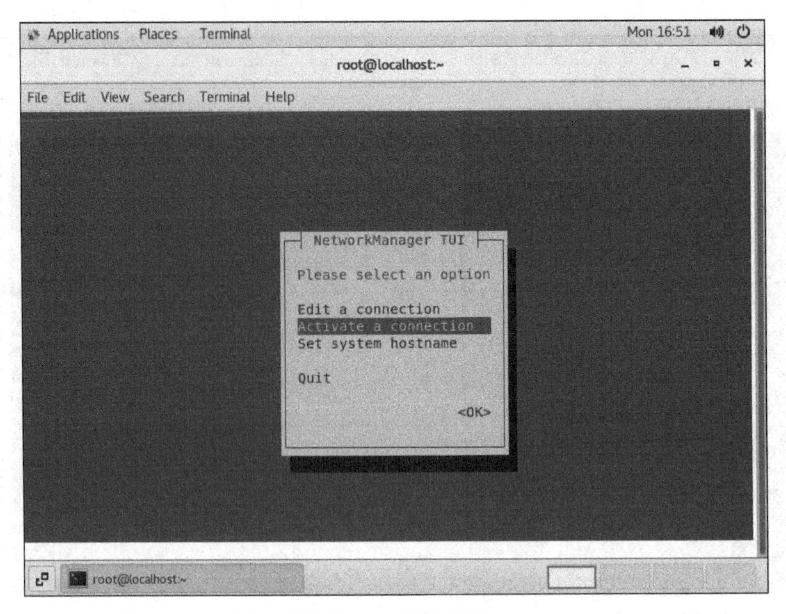

图 2.12 激活连接

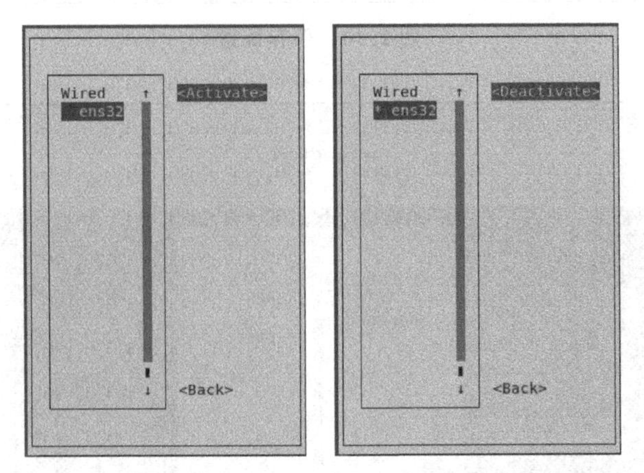

图 2.13 激活(Activate)连接或使连接失效(Deactivate)

2.2.3 使用 nmcli

使用 Network Manager TUI 的命令行工具 nmcli 配置 IP 地址、默认网关和域名服务器。nmcli 子命令功能见表 2.3。

表 2.3 nmcli 子命令功能

子命令	功能
nmcli connection add help	查看帮助
nmcli connection reload	重新加载配置
nmcli connection show	显示所有连接
nmcli connection show "ensXX"	显示连接 ensXX
nmcli connection show --active	显示所有活动的连接状态
nmcli connection up con-XX	启用 con-XX 的配置
nmcli connection down con-XX	禁用 con-XX 的配置,注意一个网卡可以有多个配置

续表

子 命 令	功 能
nmcli device connect ensXX	启用网卡 ensXX
nmcli device disconnect ensXX	禁用网卡 ensXX
nmcli device show ensXX	显示网卡 ensXX 属性
nmcli device status	显示设备状态

nmcli 命令常用选项含义见表 2.4。

表 2.4 nmcli 命令常用选项含义

选 项	含 义
con-name	指定连接名字,没有特殊要求,建议使用英文和数字,中间不要有空格
ipv4. method	指定获取 IP 地址的方式
ifname	指定网卡设备名
autoconnect	指定是否自动启动
ipv4. addresses	指定 IPv4 地址
gw4	指定 IPv4 网关

nmcli 命令选项参数和网卡配置文件字段的对应关系见表 2.5。

表 2.5 nmcli 命令选项参数和网卡配置文件字段的对应关系

nmcli 命令选项参数	网卡配置文件字段
ipv4. method manual/auto	BOOTPROTO=none/dhcp
connection. id ensXX	NAME=ensXX
connection. interface-name ensXX	DEVICE=ensXX
connection. autoconnect yes	ONBOOT=yes
ipv4. addresses 192. 168. 0. 1/24	IPADDR=192. 168. 0. 1 PREFIX=24
gw4 192. 168. 0. 254	GATEWAY=192. 168. 0. 254
ipv4. dns 8. 8. 8. 8	DNS1=8. 8. 8. 8
ipv4. dns-search example. com	DOMAIN=example. com
ipv4. ignore-auto-dns true	PEERDNS=no
802-3-ethernet. mac-address ...	HWADDR= ...

步骤 1:使用命令 nmcli 配置网卡 IP 地址、默认网关和域名服务器。

```
[root@localhost ~]# nmcli connection modify ens32 ipv4.method manual ipv4.address
192.168.0.33/24 gw4 192.168.0.1 ipv4.dns 192.168.0.1
```

步骤 2:使用命令 nmcli 启用网卡。

```
[root@localhost ~]# nmcli device connect ens32
Device 'ens32' successfully activated with '8b7af077-f180-42b9-8827-340a2513941d'.
```

步骤 3:使用命令 ifconfig 查看网卡配置。

```
[root@localhost ~]# ifconfig ens32
ens32: flags=4163<UP,BROADCAST,RUNNING,MULTICAST>  mtu 1500
```

```
        inet 192.168.0.33  netmask 255.255.255.0  broadcast 192.168.0.255
// 以下省略
```

2.2.4 使用图形界面

步骤 1：单击选择桌面上方的工具栏左侧 Applications→System Tools→Settings 命令，打开 Settings 窗口，单击选择左侧的 Network 选项，单击右侧 Wired 栏中的“齿轮”按钮，如图 2.14 所示。

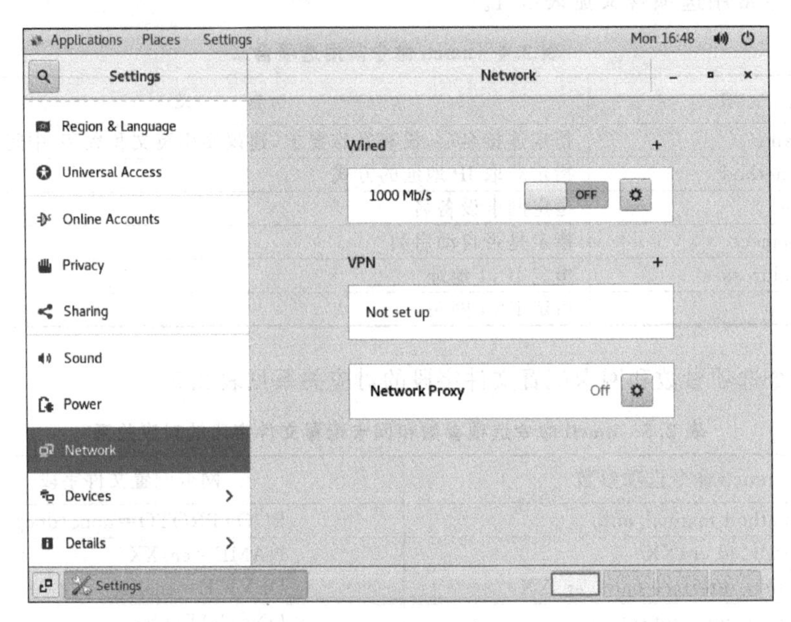

图 2.14 Settings 窗口

步骤 2：在打开的 Wired 对话框中单击选中 IPv4 选项卡，再单击选中 Manual 单选按钮，如图 2.15 所示。

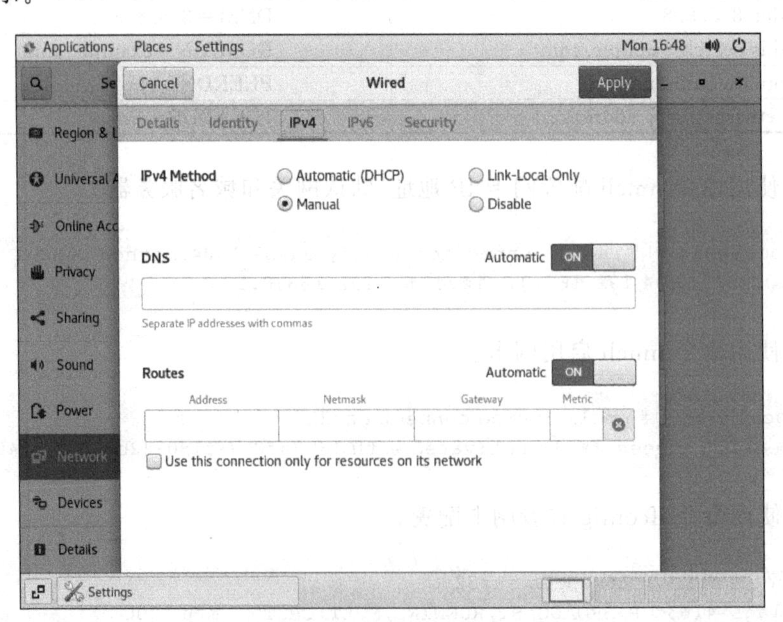

图 2.15 Wired 对话框

步骤 3：分别输入 IP 地址、子网掩码、默认网关和域名服务器，并单击 Apply 按钮完成配置，如图 2.16 所示。

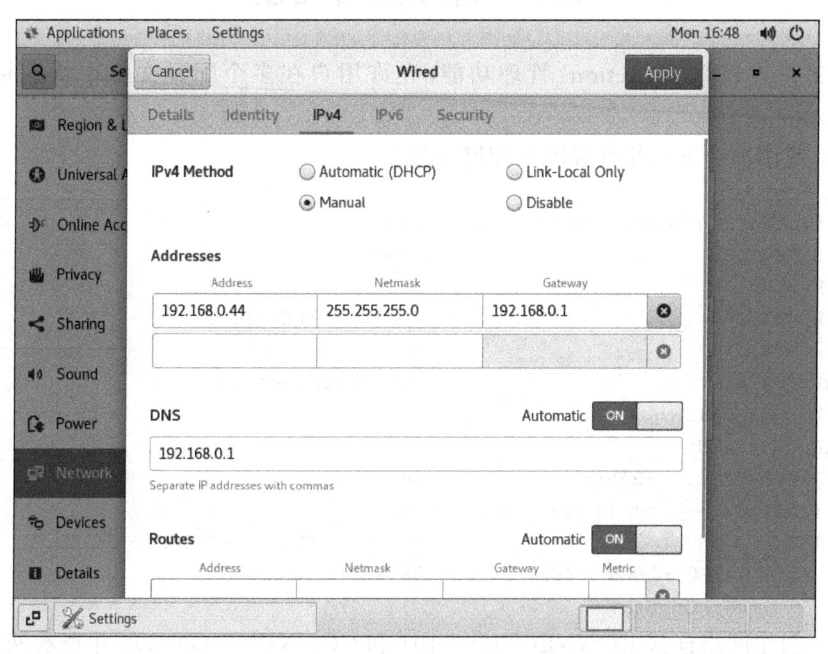

图 2.16 配置 IP 地址、子网掩码、默认网关和域名服务器

步骤 4：回到 Settings 窗口，单击 Wired 栏中的“齿轮”按钮左侧的开关按钮，使之状态变为 ON，如图 2.17 所示。

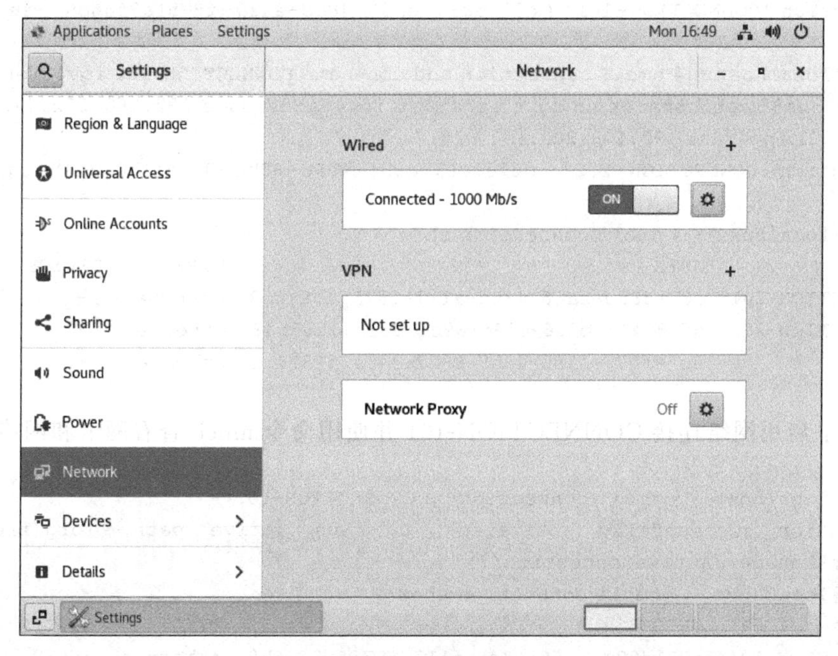

图 2.17 连接网络

2.3 管理网络连接

Linux 支持连接(Connection)管理功能,允许用户在多个配置文件中快速切换不同的连接。

步骤 1:使用命令 nmcli 查看网卡和网络连接。

```
[root@localhost ~]# nmcli device show ens32
GENERAL.DEVICE:                         ens32
GENERAL.TYPE:                           ethernet
GENERAL.HWADDR:                         00:0C:29:FB:7E:CB
GENERAL.MTU:                            1500
GENERAL.STATE:                          30 (disconnected)
GENERAL.CONNECTION:                     --
GENERAL.CON-PATH:                       --
WIRED-PROPERTIES.CARRIER:               on
[root@localhost ~]# nmcli connection show
NAME   UUID                                  TYPE      DEVICE
ens32  8b7af077-f180-42b9-8827-340a2513941d  ethernet  --
```

步骤 2:创建网络连接 CONNECTION-101 和 CONNECTION-202 并查看网络连接。

```
[root@localhost ~]# nmcli connection add con-name CONNECTION-101 ipv4.method manual
ifname ens32 autoconnect no type ethernet ipv4.addresses 192.168.101.1/24 gw4 192.
168.101.1 ipv4.dns 192.168.101.1
Connection 'CONNECTION-101' (c071d88d-ea66-48dd-a117-f875fa9f86b9) successfully
added.
[root@localhost ~]# nmcli connection add con-name CONNECTION-202 ipv4.method manual
ifname ens32 autoconnect no type ethernet ipv4.addresses 192.168.202.1/24 gw4 192.
168.202.1 ipv4.dns 192.168.202.1
Connection 'CONNECTION-202' (d6787413-c336-459c-89bc-95ca11b03b48) successfully
added.
[root@localhost ~]# nmcli connection show
NAME            UUID                                  TYPE      DEVICE
CONNECTION-101  c071d88d-ea66-48dd-a117-f875fa9f86b9  ethernet  --
CONNECTION-202  d6787413-c336-459c-89bc-95ca11b03b48  ethernet  --
ens32           8b7af077-f180-42b9-8827-340a2513941d  ethernet  --
```

步骤 3:启用网络连接 CONNECTION-101 并使用命令 nmcli 查看网卡和网络连接。

```
[root@localhost ~]# nmcli connection up CONNECTION-101
Connection successfully activated (D-Bus active path: /org/freedesktop/
NetworkManager/ActiveConnection/3)
[root@localhost ~]# nmcli connection show
NAME            UUID                                  TYPE      DEVICE
CONNECTION-101  c071d88d-ea66-48dd-a117-f875fa9f86b9  ethernet  ens32
CONNECTION-202  d6787413-c336-459c-89bc-95ca11b03b48  ethernet  --
ens32           8b7af077-f180-42b9-8827-340a2513941d  ethernet  --
[root@localhost ~]# nmcli device show ens32
```

```
GENERAL.DEVICE:                         ens32
GENERAL.TYPE:                           ethernet
GENERAL.HWADDR:                         00:0C:29:FB:7E:CB
GENERAL.MTU:                            1500
GENERAL.STATE:                          100 ( connected )
GENERAL.CONNECTION:                     CONNECTION-101
GENERAL.CON-PATH:                       /org/freedesktop/NetworkManager/ActiveConnectio
WIRED-PROPERTIES.CARRIER:               on
IP4.ADDRESS[1]:                         192.168.101.1/24
IP4.GATEWAY:                            192.168.101.1
IP4.ROUTE[1]:                           dst = 192.168.101.0/24, nh = 0.0.0.0, mt = 100
IP4.ROUTE[2]:                           dst = 0.0.0.0/0, nh = 192.168.101.1, mt = 100
IP4.DNS[1]:                             192.168.101.1
IP6.ADDRESS[1]:                         fe80::f586:25f6:61fc:117e/64
IP6.GATEWAY:                            --
IP6.ROUTE[1]:                           dst = fe80::/64, nh = ::, mt = 100
IP6.ROUTE[2]:                           dst = ff00::/8, nh = ::, mt = 256, table=255
lines 1-17/17 ( END )
// 按 Q 键退出
```

步骤 4：启用网络连接 CONNECTION-202 并使用命令 nmcli 查看网卡和网络连接。

```
[root@localhost ~]# nmcli connection up CONNECTION-202
Connection successfully activated ( D - Bus active path: /org/freedesktop/
NetworkManager/ActiveConnection/4)
[root@localhost ~]# nmcli connection show
NAME            UUID                                  TYPE      DEVICE
CONNECTION-202  d6787413-c336-459c-89bc-95ca11b03b48  ethernet  ens32
CONNECTION-101  c071d88d-ea66-48dd-a117-f875fa9f86b9  ethernet  --
ens32           8b7af077-f180-42b9-8827-340a2513941d  ethernet  --
[root@localhost ~]# nmcli device show ens32
GENERAL.DEVICE:                         ens32
GENERAL.TYPE:                           ethernet
GENERAL.HWADDR:                         00:0C:29:FB:7E:CB
GENERAL.MTU:                            1500
GENERAL.STATE:                          100 ( connected )
GENERAL.CONNECTION:                     CONNECTION-202
GENERAL.CON-PATH:                       /org/freedesktop/NetworkManager/ActiveConnectio
WIRED-PROPERTIES.CARRIER:               on
IP4.ADDRESS[1]:                         192.168.202.1/24
IP4.GATEWAY:                            192.168.202.1
IP4.ROUTE[1]:                           dst = 192.168.202.0/24, nh = 0.0.0.0, mt = 100
IP4.ROUTE[2]:                           dst = 0.0.0.0/0, nh = 192.168.202.1, mt = 100
IP4.DNS[1]:                             192.168.202.1
IP6.ADDRESS[1]:                         fe80::acf1:4793:e930:ee5/64
IP6.GATEWAY:                            --
IP6.ROUTE[1]:                           dst = fe80::/64, nh = ::, mt = 100
IP6.ROUTE[2]:                           dst = ff00::/8, nh = ::, mt = 256, table=255
lines 1-17/17 ( END )
```

2.4 网卡组合

网卡组合(bond)可以提供冗余备份功能和提高带宽。网卡组合模式共有以下7种。

(1) 模式0(mode=0)：balance-rr(Round-Robin Policy,均衡轮循策略)。其特点是传输数据包顺序是依次传输(即第1个包走网卡1,下一个包就走网卡2,……一直循环下去,直到最后一个传输完毕),此模式提供负载均衡和容错能力；但是一个连接或者会话的数据包从不同的接口发出的话,中途再经过不同的链路,在客户端很有可能会出现数据包无序到达的问题,而无序到达的数据包可能被要求重新发送,这样就会导致网络的吞吐量下降。

(2) 模式1(mode=1)：active-backup(Active-Backup Policy,主—备份策略)。其特点是只有一个设备处于活动状态,当活动设备坏掉另一个设备马上由备份转换为主设备。bond的MAC地址是唯一的,以避免交换机发生混乱。此模式只提供了容错能力,由此可见此算法的优点是可以提供高网络连接的可用性,但是它的资源利用率较低,只有一个接口处于工作状态,在有N个网络接口的情况下,资源利用率为1/N。

(3) 模式2(mode=2)：balance-xor(XOR Policy,平衡策略)。其特点是基于指定的传输哈希策略传输数据包。缺省的策略是(源MAC地址 XOR 目标MAC地址) % slave数量。其他的传输策略可以通过xmit_hash_policy选项指定,此模式提供负载平衡和容错能力。

(4) 模式3(mode=3)：broadcast(广播策略)。其特点是在每个slave接口上传输每个数据包,此模式提供了容错能力。

(5) 模式4(mode=4)：802.3ad(IEEE 802.3ad Dynamic Link Aggregation,IEEE 802.3ad动态链接聚合)。其特点是创建一个聚合组,它们共享同样的速率和双工设定。根据802.3ad规范将多个slave工作在同一个激活的聚合组下。交换机必须支持IEEE 802.3ad和配置才能支持。

(6) 模式5(mode=5)：balance-tlb(Adaptive Transmit Load Balancing,适配器传输负载均衡)。其特点是不需要交换机的支持,在每个slave上根据当前的负载(根据传输速率)分配外出流量。如果正在接收数据的slave出故障了,另一个slave会接管失败的slave的MAC地址。

(7) 模式6(mode=6)：balance-alb(Adaptive Load Balancing,适配器适应性负载均衡)。其特点是该模式包含了balance-tlb模式,同时加上针对IPv4流量的接收负载均衡(Receive Load Balance,RLB),而且不需要交换机的支持。接收负载均衡是通过ARP协商实现的。底层驱动支持设置某个设备的硬件地址,从而使得总是有个slave(curr_active_slave)使用bond的硬件地址,同时保证每个bond中的slave都有一个唯一的硬件地址。如果curr_active_slave出故障,它的硬件地址将会被新选出来的curr_active_slave接管。

步骤1：停止并禁用服务Network Manager。

```
[root@localhost ~]# systemctl stop Network Manager.service
[root@localhost ~]# systemctl disable Network Manager.service
Removed symlink /etc/systemd/system/multi - user. target. wants/Network Manager.
service.
Removed symlink /etc/systemd/system/dbus-org.freedesktop.nm-dispatcher.service.
```

```
Removed symlink /etc/systemd/system/network-online.target.wants/NetworkManager-wait-online.service.
```

步骤 2：使用命令 ifconfig 查询两块网卡的名称，编辑网卡 1 和网卡 2 的配置文件。

```
[root@localhost ~]# ifconfig
ens32: flags=4163<UP,BROADCAST,RUNNING,MULTICAST>  mtu 1500
        ether 00:0c:29:fb:7e:cb  txqueuelen 1000  (Ethernet)
        RX packets 138  bytes 17696 (17.2 KiB)
        RX errors 0  dropped 0  overruns 0  frame 0
        TX packets 0  bytes 0 (0.0 B)
        TX errors 0  dropped 0 overruns 0  carrier 0  collisions 0

ens34: flags=4163<UP,BROADCAST,RUNNING,MULTICAST>  mtu 1500
        ether 00:0c:29:fb:7e:d5  txqueuelen 1000  (Ethernet)
        RX packets 118  bytes 10856 (10.6 KiB)
        RX errors 0  dropped 0  overruns 0  frame 0
        TX packets 60  bytes 10088 (9.8 KiB)
        TX errors 0  dropped 0 overruns 0  carrier 0  collisions 0
//以下省略
[root@localhost ~]# vi /etc/sysconfig/network-scripts/ifcfg-ens32
TYPE=Ethernet
BOOTPROTO=none
DEVICE=ens32
ONBOOT=yes
MASTER=bond0
SLAVE=yes
[root@localhost ~]# vi /etc/sysconfig/network-scripts/ifcfg-ens34
TYPE=Ethernet
BOOTPROTO=none
DEVICE=ens34
ONBOOT=yes
MASTER=bond0
SLAVE=yes
```

步骤 3：创建网卡组合 bond0 的配置文件。

```
[root@localhost ~]# vi /etc/sysconfig/network-scripts/ifcfg-bond0
TYPE=Ethernet
BOOTPROTO=none
DEVICE=bond0
ONBOOT=yes
IPADDR=192.168.0.1
PREFIX=24
```

步骤 4：创建网卡组合驱动文件，设置为模式 6。

```
[root@localhost ~]# vi /etc/modprobe.d/bond.conf
alias bond0 bonding
options bond0 miimon=100 mode=6
```

步骤5：重新启动网络服务，使用命令 ifconfig 查看网卡组合和网卡的状态以及查看文件/proc/net/bonding/bond0。

```
[root@localhost ~]# systemctl restart network
[root@localhost ~]# ifconfig
bond0: flags=5187<UP,BROADCAST,RUNNING,MASTER,MULTICAST>  mtu 1500
        inet 192.168.0.1  netmask 255.255.255.0  broadcast 192.168.0.255
        inet6 fe80::20c:29ff:fefb:7ecb  prefixlen 64  scopeid 0x20<link>
        ether 00:0c:29:fb:7e:cb  txqueuelen 1000  (Ethernet)
//网卡组合 bond0 的 MAC 地址是网卡 ens32 的 MAC 地址
        RX packets 39  bytes 5171 (5.0 KiB)
        RX errors 0  dropped 0  overruns 0  frame 0
        TX packets 91  bytes 7699 (7.5 KiB)
        TX errors 0  dropped 0 overruns 0  carrier 0  collisions 0

ens32: flags=6211<UP,BROADCAST,RUNNING,SLAVE,MULTICAST>  mtu 1500
        ether 00:0c:29:fb:7e:cb  txqueuelen 1000  (Ethernet)
        RX packets 257  bytes 30419 (29.7 KiB)
        RX errors 0  dropped 0  overruns 0  frame 0
        TX packets 46  bytes 2846 (2.7 KiB)
        TX errors 0  dropped 0 overruns 0  carrier 0  collisions 0

ens34: flags=6211<UP,BROADCAST,RUNNING,SLAVE,MULTICAST>  mtu 1500
        ether 00:0c:29:fb:7e:d5  txqueuelen 1000  (Ethernet)
        RX packets 234  bytes 21336 (20.8 KiB)
        RX errors 0  dropped 0  overruns 0  frame 0
        TX packets 105  bytes 14941 (14.5 KiB)
        TX errors 0  dropped 0 overruns 0  carrier 0  collisions 0
//以下省略
[root@localhost ~]# cat /proc/net/bonding/bond0
Ethernet Channel Bonding Driver: v3.7.1 (April 27, 2011)

Bonding Mode: adaptive load balancing
Primary Slave: None
Currently Active Slave: ens32
//当前活动网卡是 ens32
MII Status: up
MII Polling Interval (ms): 100
Up Delay (ms): 0
Down Delay (ms): 0

Slave Interface: ens32
MII Status: up
Speed: 1000 Mbps
Duplex: full
Link Failure Count: 0
Permanent HW addr: 00:0c:29:fb:7e:cb
Slave queue ID: 0

Slave Interface: ens34
MII Status: up
```

```
Speed: 1000 Mbps
Duplex: full
Link Failure Count: 0
Permanent HW addr: 00:0c:29:fb:7e:d5
Slave queue ID: 0
```

步骤 6：断开网卡 1，执行命令 ping 检查网络的连通性，验证网卡组合模式 6 的冗余备份的作用。

```
[root@localhost ~]# ping 192.168.0.111
PING 192.168.0.111 (192.168.0.111) 56(84) bytes of data.
64 bytes from 192.168.0.111: icmp_seq=1 ttl=128 time=0.196 ms
64 bytes from 192.168.0.111: icmp_seq=2 ttl=128 time=0.382 ms
64 bytes from 192.168.0.111: icmp_seq=3 ttl=128 time=0.422 ms
64 bytes from 192.168.0.111: icmp_seq=7 ttl=128 time=0.452 ms
//断开网卡 1，数据包 4~6 丢失，数据包 7 通过网卡 2 传输
64 bytes from 192.168.0.111: icmp_seq=8 ttl=128 time=0.483 ms
64 bytes from 192.168.0.111: icmp_seq=9 ttl=128 time=0.451 ms
```

步骤 7：使用命令 ifconfig 查看网卡组合和网卡的状态以及查看文件/proc/net/bonding/bond0。

```
[root@localhost ~]# ifconfig
bond0: flags=5187<UP,BROADCAST,RUNNING,MASTER,MULTICAST>  mtu 1500
        inet 192.168.0.1  netmask 255.255.255.0  broadcast 192.168.0.255
        inet6 fe80::20c:29ff:fefb:7ecb  prefixlen 64  scopeid 0x20<link>
        ether 00:0c:29:fb:7e:cb  txqueuelen 1000  (Ethernet)
        RX packets 294  bytes 29479 (28.7 KiB)
        RX errors 0  dropped 0  overruns 0  frame 0
        TX packets 588  bytes 40483 (39.5 KiB)
        TX errors 0  dropped 0 overruns 0  carrier 0  collisions 0

ens32: flags=6147<UP,BROADCAST,SLAVE,MULTICAST>  mtu 1500
        ether 00:0c:29:fb:7e:d5  txqueuelen 1000  (Ethernet)
        RX packets 333  bytes 37651 (36.7 KiB)
        RX errors 0  dropped 0  overruns 0  frame 0
        TX packets 237  bytes 15028 (14.6 KiB)
        TX errors 0  dropped 0 overruns 0  carrier 0  collisions 0

ens34: flags=6211<UP,BROADCAST,RUNNING,SLAVE,MULTICAST>  mtu 1500
        ether 00:0c:29:fb:7e:cb  txqueuelen 1000  (Ethernet)
        RX packets 413  bytes 38412 (37.5 KiB)
        RX errors 0  dropped 0  overruns 0  frame 0
        TX packets 411  bytes 35543 (34.7 KiB)
        TX errors 0  dropped 0 overruns 0  carrier 0  collisions 0
//网卡 ens32 和 ens34 的 MAC 地址发生了交换
[root@localhost ~]# cat /proc/net/bonding/bond0
Ethernet Channel Bonding Driver: v3.7.1 (April 27, 2011)
```

```
Bonding Mode: adaptive load balancing
Primary Slave: None
Currently Active Slave: ens34
//当前活动网卡是ens34
MII Status: up
MII Polling Interval(ms): 100
Up Delay(ms): 0
Down Delay(ms): 0

Slave Interface: ens32
MII Status: down
Speed: Unknown
Duplex: Unknown
Link Failure Count: 1
Permanent HW addr: 00:0c:29:fb:7e:cb
Slave queue ID: 0

Slave Interface: ens34
MII Status: up
Speed: 1000 Mbps
Duplex: full
Link Failure Count: 0
Permanent HW addr: 00:0c:29:fb:7e:d5
Slave queue ID: 0
```

2.5 常用网络命令

Linux的常用网络命令一般用于网络配置、测试和诊断，主要有ifconfig、ping、arp、route、traceroute、netstat和tcpdump等。

2.5.1 ifconfig

功能：ifconfig命令用于显示或设置网络接口的IP地址、MAC地址、激活或关闭网络接口。

语法：

```
ifconfig [网络接口] [down up -allmulti -arp -promisc] [add<地址>] [del<地址>] [<硬件地址>] [mtu<字节>] [netmask<子网掩码>] [IP地址]
```

【例2.1】 查看所有网络接口的配置。

```
[root@localhost ~]# ifconfig
ens32: flags=4163<UP,BROADCAST,RUNNING,MULTICAST>  mtu 1500
        ether 00:0c:29:fb:7e:cb  txqueuelen 1000  (Ethernet)
        RX packets 663  bytes 61604(60.1 KiB)
        RX errors 0  dropped 0  overruns 0  frame 0
        TX packets 0  bytes 0(0.0 B)
        TX errors 0  dropped 0 overruns 0  carrier 0  collisions 0

lo: flags=73<UP,LOOPBACK,RUNNING>  mtu 65536
        inet 127.0.0.1  netmask 255.0.0.0
```

```
        inet6 ::1  prefixlen 128  scopeid 0x10<host>
        loop  txqueuelen 1000  (Local Loopback)
        RX packets 184  bytes 15896(15.5 KiB)
        RX errors 0  dropped 0  overruns 0  frame 0
        TX packets 184  bytes 15896(15.5 KiB)
        TX errors 0  dropped 0 overruns 0  carrier 0  collisions 0

virbr0: flags=4099<UP,BROADCAST,MULTICAST>  mtu 1500
        ether 52:54:00:1d:96:58  txqueuelen 1000  (Ethernet)
        RX packets 0  bytes 0(0.0 B)
        RX errors 0  dropped 0  overruns 0  frame 0
        TX packets 0  bytes 0(0.0 B)
        TX errors 0  dropped 0 overruns 0  carrier 0  collisions 0
```

【例 2.2】 配置网卡 IP 地址，同时启用该网卡。ifconfig 设置的 IP 地址是临时性的，一旦网络服务重启或者系统重启就会失效。

```
[root@localhost ~]# ifconfig ens32 192.168.0.1 netmask 255.255.255.0 up
[root@localhost ~]# ifconfig ens32
ens32: flags=4163<UP,BROADCAST,RUNNING,MULTICAST>  mtu 1500
        inet 192.168.0.1  netmask 255.255.255.0  broadcast 192.168.0.255
        ether 00:0c:29:fb:7e:cb  txqueuelen 1000  (Ethernet)
        RX packets 674  bytes 62616(61.1 KiB)
        RX errors 0  dropped 0  overruns 0  frame 0
        TX packets 14  bytes 2260(2.2 KiB)
        TX errors 0  dropped 0 overruns 0  carrier 0  collisions 0
```

【例 2.3】 更改网卡 MAC 地址。更改网卡 MAC 地址时，需要先停用该网卡。ifconfig 设置的 MAC 地址是临时性的，一旦网络服务重启或者系统重启就会失效。

```
[root@localhost ~]# ifconfig ens32 down
[root@localhost ~]# ifconfig ens32 hw ether 00:0c:29:fb:7e:cc
[root@localhost ~]# ifconfig ens32 192.168.0.1 netmask 255.255.255.0 up
[root@localhost ~]# ifconfig ens32
ens32: flags=4163<UP,BROADCAST,RUNNING,MULTICAST>  mtu 1500
        inet 192.168.0.1  netmask 255.255.255.0  broadcast 192.168.0.255
        ether 00:0c:29:fb:7e:cc  txqueuelen 1000  (Ethernet)
        RX packets 696  bytes 64640(63.1 KiB)
        RX errors 0  dropped 0  overruns 0  frame 0
        TX packets 28  bytes 4307(4.2 KiB)
        TX errors 0  dropped 0 overruns 0  carrier 0  collisions 0
```

【例 2.4】 启用和停用网卡。

```
[root@localhost ~]# ifup ens32
Connection successfully activated (D - Bus active path: /org/freedesktop/
NetworkManager/ActiveConnection/3)
[root@localhost ~]# ifdown ens32
Device 'ens32' successfully disconnected
```

2.5.2 ping

功能：ping命令用于测试与目标节点之间的连通性。在执行ping命令时会使用ICMP传输协议发出要求回应的信息，如果远程主机的网络功能没有问题，就会回应该信息，因而得知该主机是否运作正常。

语法：

```
ping [选项] [主机名或 IP 地址]
```

ping命令常用选项含义见表2.6。

表2.6 ping命令常用选项含义

选项	含　义
-c	发送数据包的个数
-i	发送数据包的间隔时间秒数
-I	发送数据包的网络接口
-s	发送数据包的大小
-t	发送数据包的生存周期(Time to Live,TTL)

在ping命令终止后，会在下方出现统计信息，显示发送及接收的数据包，丢包率及响应时间，其中丢包率越低、响应时间越小，说明网络状况越好、越稳定。

ping命令的连通性测试一般步骤见表2.7。

表2.7 ping命令的连通性测试一般步骤

步　骤	作　用
ping 环回地址 127.0.0.1	测试TCP/IP协议是否工作正常
ping 本机 IP 地址	测试本机IP地址是否设置正确
ping 默认网关地址	测试网关(路由器)是否工作正常
ping 远程主机 IP 地址	测试与远程主机的连通性
ping DNS 服务器 IP 地址	测试与DNS服务器的连通性

【例2.5】 测试与IP地址为192.168.0.11的计算机的连通性，要求返回4个数据包，每次发送的数据包大小为128字节。

```
[root@localhost ~]# ping -c 4 -s 128 192.168.0.11
PING 192.168.0.11 ( 192.168.0.11) 128( 156) bytes of data.
136 bytes from 192.168.0.11: icmp_seq=1 ttl=128 time=0.435 ms
136 bytes from 192.168.0.11: icmp_seq=2 ttl=128 time=0.468 ms
136 bytes from 192.168.0.11: icmp_seq=3 ttl=128 time=0.356 ms
136 bytes from 192.168.0.11: icmp_seq=4 ttl=128 time=0.348 ms

--- 192.168.0.11 ping statistics ---
4 packets transmitted, 4 received, 0% packet loss, time 3002ms
rtt min/avg/max/mdev = 0.348/0.401/0.468/0.056 ms
```

2.5.3 arp

功能：arp用于查看、添加和删除系统ARP缓存。

语法：

```
arp [选项] [IP 地址] [MAC 地址]
```

arp 命令常用选项含义见表 2.8。

表 2.8　arp 命令常用选项含义

选项	含　义
-d	删除系统 ARP 缓存记录
-s	添加系统 ARP 缓存记录

【例 2.6】 查看系统 ARP 缓存。

```
[root@localhost ~]# arp
[root@localhost ~]# ping -c 1 192.168.0.11
PING 192.168.0.11 ( 192.168.0.11)  56( 84)  bytes of data.
64 bytes from 192.168.0.11: icmp_seq=1 ttl=128 time=0.417 ms

--- 192.168.0.11 ping statistics ---
1 packets transmitted, 1 received, 0% packet loss, time 0ms
rtt min/avg/max/mdev = 0.417/0.417/0.417/0.000 ms
[root@localhost ~]# arp
Address                  HWtype  HWaddress           Flags Mask            Iface
192.168.0.11             ether   00:50:56:c0:00:01   C                     ens32
```

【例 2.7】 添加系统 ARP 缓存记录。

```
[root@localhost ~]# arp -s 192.168.0.11 00:50:56:C0:00:01
[root@localhost ~]# arp
Address                  HWtype  HWaddress           Flags Mask            Iface
192.168.0.11             ether   00:50:56:c0:00:01   CM                    ens32
```

【例 2.8】 删除系统 ARP 缓存记录。

```
[root@localhost ~]# arp -d 192.168.0.11
[root@localhost ~]# arp
```

2.5.4　route

功能：route 命令用于查看本机路由表和设置网关、路由条目等。

1. 查看本机路由表

【例 2.9】 查看本机路由表，路由表字段含义见表 2.9。

```
[root@localhost ~]# route
Kernel IP routing table
Destination     Gateway         Genmask         Flags Metric Ref    Use Iface
192.168.0.0     0.0.0.0         255.255.255.0   U     100    0        0 ens32
```

表 2.9 路由表字段含义

字段	含义
Destination	目标网络 IP 地址，可以是一个网络地址也可以是一个主机地址
Gateway	网关地址，即该路由条目中下一跳(Net Hop)的路由器 IP 地址
Genmask	路由条目子网掩码
Flags	路由标志
Metric	路由开销，用于衡量代价
Ref	依赖于本路由的其他路由条目
Use	该路由条目被使用的次数
Iface	该路由条目发送数据包使用的网络接口

2. 添加/删除默认网关

语法：

```
route add/del default gw 网关地址
```

【例 2.10】 添加和删除默认网关。

```
[root@localhost ~]# route add default gw 192.168.0.1
[root@localhost ~]# route
Kernel IP routing table
Destination     Gateway         Genmask         Flags Metric Ref    Use Iface
default         gateway         0.0.0.0         UG    0      0        0 ens32
192.168.0.0     0.0.0.0         255.255.255.0   U     100    0        0 ens32
[root@localhost ~]# route del default gw 192.168.0.1
[root@localhost ~]# route
Kernel IP routing table
Destination     Gateway         Genmask         Flags Metric Ref    Use Iface
192.168.0.0     0.0.0.0         255.255.255.0   U     100    0        0 ens32
```

3. 添加/删除路由条目

(1) 添加路由条目。

语法：

```
route add- net/host 网络地址/主机地址 netmask 子网掩码 [gw 网关地址] [dev 网络接口]
```

【例 2.11】 添加路由条目。

```
[root@localhost ~]# route add -net 192.168.1.0 netmask 255.255.255.0 gw 192.168.0.1
dev ens32
[root@localhost ~]# route add -host 192.168.2.1 gw 192.168.0.1 dev ens32
[root@localhost ~]# route
Kernel IP routing table
Destination     Gateway         Genmask         Flags Metric Ref    Use Iface
192.168.0.0     0.0.0.0         255.255.255.0   U     100    0        0 ens32
192.168.1.0     192.168.0.1     255.255.255.0   UG    0      0        0 ens32
192.168.2.1     192.168.0.1     255.255.255.255 UGH   0      0        0 ens32
```

(2) 删除路由条目。

语法:

```
route del- net/host 网络地址/主机地址  netmask 子网掩码
```

【例 2.12】 删除路由条目。

```
[root@localhost ~]# route del -net 192.168.1.0 netmask 255.255.255.0
[root@localhost ~]# route del -host 192.168.2.1
[root@localhost ~]# route
Kernel IP routing table
Destination     Gateway         Genmask         Flags Metric Ref    Use Iface
192.168.0.0     0.0.0.0         255.255.255.0   U     100    0        0 ens32
```

2.5.5 traceroute

功能: traceroute 命令用于显示数据包从本机到目标主机之间的路由信息。

语法:

```
traceroute [-dFlnrvx] [-f<存活数值>] [-g<网关>...] [-i<网络接口>] [-m<存活数值>] [-p<端口>]
[-s<来源地址>] [-t<服务类型>] [-w<超时秒数>] [主机名称或 IP 地址][数据包大小]
```

【例 2.13】 获取从本机到目的 IP 地址 8.8.8.8 的路由信息。

```
[root@localhost ~]# traceroute 8.8.8.8
traceroute to 8.8.8.8(8.8.8.8), 30 hops max, 60 byte packets
1  192.168.1.1(192.168.1.1)  0.467 ms  0.765 ms  0.497 ms
2  192.168.0.1(192.168.0.1)  0.769 ms  1.329 ms  1.137 ms
3  100.64.0.1(100.64.0.1)  2.613 ms  3.023 ms  2.876 ms
4  121.10.191.89(121.10.191.89)  10.103 ms  10.581 ms  10.386 ms
5  113.96.251.57(113.96.251.57)  13.908 ms  13.709 ms  13.553 ms
6  202.97.22.58(202.97.22.58)  12.036 ms  12.315 ms  11.367 ms
7  202.97.38.93(202.97.38.93)  26.375 ms  25.580 ms  28.377 ms
8  202.97.57.77(202.97.57.77)  32.929 ms  31.657 ms  31.340 ms
9  202.97.62.214(202.97.62.214)  27.518 ms *  27.839 ms
10  *108.170.241.65(108.170.241.65)  18.009 ms *
11  *108.170.235.11(108.170.235.11)  17.561 ms 72.14.239.95(72.14.239.95)  27.001 ms
12  dns.google(8.8.8.8)  26.818 ms  26.691 ms  27.733 ms
```

2.5.6 netstat

功能: netstat(Network Statistics)命令用于查看本机的网络配置、网络连接(进站和出站)、系统路由表、网络接口状态。

语法:

```
netstat [选项]
```

netstat 命令常用选项含义见表 2.10。

表 2.10 netstat 命令常用选项含义

选项	含　义
-r	显示路由表
-a	显示所有连接信息
-t	显示使用 TCP 协议的连接
-u	显示使用 UDP 协议的连接
-I	显示指定网络接口信息
-l	显示服务器的套接字(Socket)
-n	使用数字方式显示地址和端口
-p	显示正在使用套接字的程序识别码和名称
-c	持续列出网络状态,监控连接情况
-s	显示网络工作信息统计表

netstat 输出字段含义见表 2.11。

表 2.11 netstat 输出字段含义

字　段	含　义
Proto	使用的协议类型
Local Address	本地地址和端口
Foreign Address	远程地址和端口
State	连接状态,通常有 3 种。 LISTEN(监听):等待接收连接请求; ESTABLISHED(建立的连接):已与其他主机建立连接; TIME_WAIT(等待超时):等待足够的时间以确保远程主机接收到连接终止的请求的确认

【例 2.14】 显示路由表。

```
[root@localhost ~]# netstat -r
Kernel IP routing table
Destination     Gateway         Genmask         Flags   MSS Window  irtt Iface
192.168.0.0     0.0.0.0         255.255.255.0   U         0 0          0 ens32
```

【例 2.15】 显示网络接口状态信息。

```
[root@localhost ~]# netstat -I=ens32
Kernel Interface table
Iface       MTU    RX-OK RX-ERR RX-DRP RX-OVR    TX-OK TX-ERR TX-DRP TX-OVR Flg
ens32       1500       8      0      0 0            65      0      0      0 BMRU
```

netstat 网络接口信息输出字段含义见表 2.12。

表 2.12 netstat 网络接口信息输出字段含义

字 段	含 义
MTU	最大传输单元
RX-OK/TX-OK	接收/发送的正确数据包数量
RX-ERR/TX-ERR	接收/发送的错误(Errors)数据包数量
RX-DRP/TX-DRP	接收/发送的丢弃(Dropped)数据包数量
RX-OVR/TX-OVR	接收/发送的超出(Overruns)数据包数量

【例 2.16】 显示使用 TCP 协议的连接状态。

```
[root@localhost ~]# netstat -t
Active Internet connections ( w/o servers )
Proto Recv-Q Send-Q Local Address           Foreign Address         State
```

2.5.7 tcpdump

功能：tcpdump 命令用于将网络中传送的数据包的头完全截获下来以提供分析，支持针对网络层、协议、主机、网络或端口的过滤，并提供 and、or、not 等逻辑语句来筛选信息，是 Linux 中强大的网络数据采集分析工具之一。

语法：

```
tcpdump [选项] [表达式]
```

【例 2.17】 抓取网卡 ens32 的数据包，按 Ctrl+C 组合键终止抓包。

```
[root@localhost ~]# tcpdump -i ens32
tcpdump: verbose output suppressed, use -v or -vv for full protocol decode
listening on ens32, link-type EN10MB ( Ethernet ) , capture size 262144 bytes
17:26:16.513212 IP localhost.localdomain.mdns > 224.0.0.251.mdns: 0 PTR ( QM ) ?_nmea
-0183._tcp.local. ( 39)
17:26:17.346205 IP6 fe80::d001:4f2:a09d:6e98.dhcpv6-client > ff02::1:2.dhcpv6-
server: dhcp6 solicit
17:26:18.346292 IP6 fe80::d001:4f2:a09d:6e98.dhcpv6-client > ff02::1:2.dhcpv6-
server: dhcp6 solicit
17:26:19.099387 IP6 fe80::d001:4f2:a09d:6e98.57395 > ff02::1:3.hostmon: UDP,
length 22
17:26:19.099442 IP 192.168.0.11.63379 > 224.0.0.252.hostmon: UDP, length 22
17:26:19.299641 IP 192.168.0.11.netbios-ns > 192.168.0.255.netbios-ns: NBT UDP
PACKET( 137) : QUERY; REQUEST; BROADCAST
^C
6 packets captured
6 packets received by filter
0 packets dropped by kernel
```

第3章 远程登录

Chapter 3

远程登录是管理远程主机的基础。远程登录方式分为文本界面和图形界面两种。文本界面包括 Telnet 和 SSH 两种远程访问方式，Telnet 访问由于采用明文传输数据，因此并不安全，已被逐渐淘汰；而 SSH 访问则采用加密方式传输数据，因此更加安全，并已被广泛采用。

本章主要学习 Linux 的文本界面远程登录方式 Telnet 和 SSH 以及图形界面远程登录。

本章的学习目标如下。

(1) 文本界面远程登录：掌握 Telnet 和 SSH 服务端的安装、配置和启动，客户端的安装和连接；掌握远程传输命令 scp。

(2) 图形界面远程登录：掌握 VNC 服务端的安装、配置和启动，客户端的安装和连接。

3.1 文本界面远程登录

文本界面远程登录包括 Telnet 和 SSH。Telnet 为明文传输数据，并不安全，已被逐渐淘汰。SSH 为加密传输数据，更加安全，已被广泛使用。

3.1.1 Telnet

Telnet 协议是 TCP/IP 协议集中的一员，是远程登录服务的标准协议，它为用户提供了在本地主机上操作远程主机的方式。

表 3.1 为各节点的网络配置。

表 3.1 各节点的网络配置

节　　点	主　机　名	IP 地址和子网掩码
Telnet 服务器	centos-s	192.168.0.251/24
Telnet 客户机	centos-c	192.168.0.1/24

步骤 1：在服务器端安装 Telnet。

```
[root@centos-s ~]# yum -y install telnet-server
```

步骤 2：在服务器端启动 Telnet 服务。

```
[root@centos-s ~]# systemctl start telnet.socket
```

步骤 3：设置服务器防火墙以放行 Telnet 服务。

```
[root@centos-s ~]# firewall-cmd --permanent --add-service=telnet
[root@centos-s ~]# firewall-cmd --reload
```

步骤 4：安装 Telnet 客户端。

```
[root@centos-c ~]# yum -y install telnet
```

步骤 5：在客户机上利用 Telnet 登录服务器。

```
[root@centos-c ~]# telnet 192.168.0.251
Trying 192.168.0.251...
Connected to 192.168.0.251.
Escape character is '^]'.

Kernel 3.10.0-1127.el7.x86_64 on an x86_64
centos-s login: test
// 输入用户名
Password:
// 输入密码
Last login: Mon Mar  8 07:44:21 on :0
[test@centos-s ~]$
```

注意：对于 Telnet 远程访问方式来说默认不允许用户 root 远程登录。

```
[root@centos-c ~]# telnet 192.168.0.251
Trying 192.168.0.251...
Connected to 192.168.0.251.
Escape character is '^]'.

Kernel 3.10.0-1062.el7.x86_64 on an x86_64
centos-s login: root
Password:
Login incorrect
```

如果需要用户 root 远程登录，在服务器端将以下内容添加到文件/etc/securetty 并重新启动服务 Telnet。

```
[root@centos-s ~]# vi /etc/securetty
pts/0
pts/1
pts/2
pts/3
[root@centos-s ~]# systemctl restart telnet.socket
```

3.1.2 SSH

SSH(Secure Shell)是一种能够以安全的方式提供远程登录的协议，也是目前远程管理

Linux 的首选方式。

SSH 提供两种安全验证的方法。

(1) 基于密码的验证。用账户和密码来验证登录。

(2) 基于密钥的验证。需要在本地生成密钥对,然后把密钥对中的公钥上传至服务器;而在登录时需与服务器中的公钥进行比较。

基于密钥的验证由于不需要每次访问时验证密码,所以更安全。

Linux 的典型 SSH 服务端软件有 sshd,其配置文件位于/etc/ssh/sshd_config 中,常用字段和含义见表 3.2。

表 3.2 sshd 服务配置文件中常用字段和含义

字　段	含　义
Port 22	sshd 服务监听的端口
ListenAddress 0.0.0.0	sshd 服务监听的 IP 地址
Protocol1/2	SSH 协议版本号
HostKey /etc/ssh/ssh_host_key	SSH 协议版本为 1 时,DES 私钥存放的位置
HostKey /etc/ssh/ssh_host_rsa_key	SSH 协议版本为 2 时,RSA 私钥存放的位置
HostKey /etc/ssh/ssh_host_dsa_key	SSH 协议版本为 2 时,DSA 私钥存放的位置
PermitRootLogin yes/no	是否允许用户 root 登录
StrictModes yes/no	当远程用户的私钥改变时是否直接拒绝连接
MaxAuthTries 6	最大密码尝试次数
MaxSessions 10	最大会话数
PasswordAuthentication yes/no	是否允许基于密码的验证
PermitEmptyPasswords no/yes	是否允许空密码登录

表 3.3 所示为各节点的网络配置。

表 3.3 各节点的网络配置

节　点	主 机 名	IP 地址和子网掩码
SSH 服务器	centos-s	192.168.0.251/24
SSH 客户机	centos-c	192.168.0.1/24

1. 基于密码的验证进行 SSH 登录

步骤 1：在服务器上安装 SSH 服务端。

Linux 已经默认安装并启动 SSH 服务端程序 sshd。

步骤 2：在客户机上利用 SSH 登录服务器。

Linux 已经默认安装 SSH 客户端程序 ssh。命令 ssh 的语法格式如下：

```
ssh [选项] 远程主机地址
```

以普通用户 test 进行 SSH 登录。

```
[root@centos-c ~]# ssh test@192.168.0.251
The authenticity of host '192.168.0.251 (192.168.0.251) ' can't be established.
ECDSA key fingerprint is SHA256:JjFeFasmZ0pCSIsp4bXpC/UU0qnxZN5itQUh1JGFO2w.
ECDSA key fingerprint is MD5:c3:a7:97:85:a0:7a:62:0e:16:e1:3d:bf:2c:2e:34:b5.
```

```
Are you sure you want to continue connecting (yes/no)? yes
Warning: Permanently added '192.168.0.251' (ECDSA) to the list of known hosts.
test@192.168.0.251's password:
// 输入普通用户 test 的密码
Last login: Mon Mar  8 07:44:21 2021
[test@centos-s ~]$
```

以用户 root 进行 SSH 登录。

```
[root@centos-c ~]# ssh root@192.168.0.251
root@192.168.0.251's password:
// 输入用户 root 的密码
Last login: Sun Mar 14 19:22:35 2021
[root@centos-s ~]#
```

如果禁止用户 root 进行 SSH 登录就可以减少被暴力破解用户 root 密码的可能性。可在服务端的配置文件第 38 行处,去掉#号,并把 yes 改为 no。

```
[root@centos-s ~]# vi /etc/ssh/sshd_config
PermitRootLogin no
```

重新启动服务 sshd 使配置文件生效。

```
[root@centos-s ~]# systemctl restart sshd
```

当用户 root 进行 SSH 登录时被拒绝。

```
[root@centos-c ~]# ssh root@192.168.0.251
root@192.168.0.251's password:
Permission denied, please try again.
// 无论输入的密码是否正确,均提示"权限被拒绝"。
```

2. 基于密钥验证的 SSH 登录

步骤 1：在客户机端生成密钥并查看密钥。

```
[root@centos-c ~]# ssh-keygen
// 生成 SSH 密钥
Generating public/private rsa key pair.
Enter file in which to save the key (/root/.ssh/id_rsa):
// 输入密钥的存储路径
Enter passphrase (empty for no passphrase):
// 输入密钥的密码,按 Enter 键则为空密码
Enter same passphrase again:
// 再次输入密钥的密码
Your identification has been saved in /root/.ssh/id_rsa.
Your public key has been saved in /root/.ssh/id_rsa.pub.
```

```
The key fingerprint is:
SHA256:bPDGuLw+u2kX+Ag3NFoZg5HBh/Cd/5DHrKAZwqTNziM root@centos-c
The key's randomart image is:
+---[RSA 2048]----+
|  .oo *          |
|   .=.+.         |
|  . ..++         |
| *     =B +      |
|. = .+ooS +      |
| o .o=+=.=       |
|E + ooo+...      |
| . .   +oo       |
|     o *=        |
+----[SHA256]-----+
[root@centos-c ~]# cat /root/.ssh/id_rsa
// 查看 SSH 私钥
-----BEGIN RSA PRIVATE KEY-----
MIIEpQIBAAKCAQEAt3RZydsVAYji1Nb6I5YMIQw9FT9EIhKsXrKxR2azpVhxieny
3ec1bgYbDFjzAA0Ex3vCYDLtryqrXclm5bzI8I6mmelK2bw/iT+LqmAFtWTOG82B
xCvvZeQ+NS3MkczYhhmo5Gql5mQClxek8lMm9RRjrmVwddmBzy7FNcTIl1s7nHNi
v3yVibgFK/e/KLgdIw5wnAIjp7/FaT+dJ11iIymAG5awTWEPgc8sT3m9MHyCRKoV
aInSEMKvAT+TZFnNbiojId8dylBEMYlkYxkSrVL0298YDLwqoW6/joEByshgOnsx
S3bnU0qrY7JZBt6YAYWfejgQhh24Wy+45yMctQIDAQABAoIBACUtRfjbFeGuvNEH
E7/ca27TDRneLU9+W0IBkl122Zb7Wl7pcxc3AKPgRuD0saHkAYDveo+GIpap3fpu
kxShclMVhXuRRGLlfDazEvme5elBmWcW+WIoySXr4BNkyZ0OVx6t2oUXe7E5uTCn
UPzujumBjUXNNsIbJuw2fS6NR10sfu/Oz38OiJryndkgyIVJmd/KI+6Fa38g9wvB
OBMrPJh1LKhs4hfvTpwCFyoy+th2OXvdVJ3+xpunhD/nvwf7mk0VSgbDr3hHjlu0
t8Bln5Z5UhBFbBMZRKttNtaIKuoYag4KggKy5S/YqB2/W8c6aIpWuR/dYJXE7JPS
EnCLqQECgYEA5CChTAS0tEx9Ko0xgV5pa2sn8Zrhnd1RqjTuxMHcA/iFeY5K38K3
IocQ8R8/9J6x1iQ+a5IaYzGwv9Xo6CV8HKjMK1BoFZ5aQpnrc/h+zlHhhGFmwr/N
5Z5I143k3w1amBaaFKr/aaz4OJH1gmotL2W9NVW/oX0+D/Mi3Dc37HUCgYEAzd5w
li7M5eUFLNrm+mukbeE6I3iIb/XKm1XF8r0lT9TUdo0cu8QY9ldjPyxAjGHj7K3Z
gZCD0KryPzaEvS1Z+Xcscl8vZikWoKtQsVghGbyh/ADjnWaUfO/WCsfS3rYKOFqw
Pz3ucW8Uv3OWEJnp6PhR+d6k86rqD1zWrFT5Z0ECgYEAt4Cb3pdGeGWypUDQGp1E
NVkL12fbpm253C0aB4FdJoCJdV8FUXrCb26wLRUTEAV7TaL35vWubi4xXA6Ie/xz
GmaZXRofr4wiVMKVSEMSVYo92ouy6mL5D4REWcfU26tVPVOo+4kVTP8K6A5Yq2AX
GrI/AaEJNbCV9KSCXRu5y2UCgYEAn7x/+VfY7myUZmh3nkkVbZi7xrgIjW7WxU55
aE5w/A90x4PYjqyqfcHypRrN/t8ZvhRq10htruRlUL0Zo7vju1hH6XqHyaoJ/6LN
2r05+cFOor2B3yiwAH0LxJOlv97Z8T4U0Q1ZzTRWkfK6tqjmQTkkSlACB3tPX5o2
i8LnPcECgYEArNZkBXw5KqFzCJ58STjaiqsvl+dAkx6BRJxgywbcq+GpYO7MyKng
+nZNAlv6VT3DOgyCu0b1P5LP/DOpDbXY8uly64CZh4wDNBjO6ZsygRA7e9im1drE
CC+Ej0RZ7o36WXmFZqLozqCB7ZwLDNkoapPavslsJfGTstFNAhYx2ZY=
-----END RSA PRIVATE KEY-----
[root@centos-c ~]# cat /root/.ssh/id_rsa.pub
// 查看 SSH 公钥
ssh-rsa AAAAB3NzaC1yc2EAAAADAQABAAABAQC3dFnJ2xUBiOLU1vojlgwhDD0VP0QiEqxesrFHZr
OlWHGJ6fLd5zVuBhsMWPMADQTHe8JgMu2vKqtdyWblvMjwjqaZ6UrZvD+JP4uqYAW1ZM4bzYHEK+
915D41LcyRzNiGGajkaqXmZAKXF6TyUyb1FGOuZXB12YHPLsU1xMiXWzucc2K/fJWJuAUr978ouB0
jDnCcAiOnv8VpP50nXWIjKYAblrBNYQ+BzyxPeb0wfIJEqhVoidIQwq8BP5NkWc1uKiMh3x3KUEQx
iWRjGRKtUvTb3xgMvCqhbr+OgQHKyGA6ezFLdudTSqtjslkG3pgBhZ96OBCGHbhbL7jnIxy1 root@
centos-c
```

步骤 2：在客户机端上载公钥到服务器。

```
[root@centos-c ~]# ssh-copy-id test@192.168.0.251
/usr/bin/ssh-copy-id: INFO: attempting to log in with the new key(s), to filter out
any that are already installed
/usr/bin/ssh-copy-id: INFO: 1 key(s) remain to be installed -- if you are prompted
now it is to install the new keys
test@192.168.0.251's password:
//输入服务器的用户密码

Number of key(s) added: 1

Now try logging into the machine, with:   "ssh 'test@192.168.0.251'"
and check to make sure that only the key(s) you wanted were added.
```

步骤 3：在客户机上以 SSH 方式登录服务器。

```
[root@centos-c ~]# ssh test@192.168.0.251
Last login: Sun Mar 14 19:28:03 2021 from 192.168.0.1
[test@centos-s ~]$
```

如果要禁止基于密码，即只能基于密钥的验证进行 SSH 登录，需要在服务端的配置文件第 65 行处，将 yes 改为 no。

```
[root@centos-s ~]# vi /etc/ssh/sshd_config
PasswordAuthentication no
```

重新启动服务 sshd 使配置文件生效。

```
[root@centos-s ~]# systemctl restart sshd
```

客户端基于密码的验证进行 SSH 登录被拒绝。

```
[root@centos-c ~]# ssh root@192.168.0.251
Permission denied(publickey,gssapi-keyex,gssapi-with-mic).
```

3. 远程传输命令

远程传输命令 scp(Secure Copy)是一个基于 SSH 协议在网络上进行安全传输文件的命令。命令 scp 有上载文件和下载文件两种语法格式。

(1) 上载文件。

```
scp [选项] 本地路径/文件 远程主机地址:远程路径/文件
```

(2) 下载文件。

```
scp [选项] 远程主机地址:远程路径/文件 本地路径/文件
```

scp 命令常用选项含义见表 3.4。

表 3.4 scp 命令常用选项含义

选项	含　义
-v	显示详细的连接进度
-p	指定远程主机的 sshd 端口号
-r	用于传送文件夹
-6	使用 IPv6 协议

【例 3.1】 在客户机上创建文件并上载到服务器。

```
[root@centos-c ~]# echo" This is a file created by the Client." > centos-c.txt
// 客户机创建文件
[root@centos-c ~]# scp /root/centos-c.txt 192.168.0.251:/root/centos-c.txt
// 客户机上载文件到服务器
root@192.168.0.251's password:
centos-c.txt                                          100%   38    32.7KB/s    00:00
```

【例 3.2】 在服务器端创建文件并在客户机端下载。

```
[root@centos-s ~]# echo" This is a file created by the Server." > centos-s.txt
// 在服务器端创建文件
[root@centos-c ~]# scp 192.168.0.251:/root/centos-s.txt /root/centos-s.txt
// 在客户机端下载服务器的文件
root@192.168.0.251's password:
centos-s.txt                                          100%   38    22.2KB/s    00:00
```

3.2 图形界面远程登录

以图形界面方式远程登录的软件包括 VNC 等。

表 3.5 所示为各节点的网络配置。

表 3.5 各节点的网络配置

节　点	主 机 名	IP 地址和子网掩码
VNC 服务器	centos-s	192.168.0.251/24
VNC 客户机 Linux	centos-c	192.168.0.1/24
VNC 客户机 Windows		192.168.0.2/24

1. 配置 VNC 服务器

步骤 1：在服务器上安装 VNC 服务端。

```
[root@centos-s ~]# yum -y install tigervnc-server
```

步骤 2：在服务器上创建 VNC 服务密码。

```
[root@centos-s ~]# vncpasswd
Password:
Verify:
Would you like to enter a view-only password ( y/n ) ? n
```

```
// 选择是否输入仅浏览模式密码,即 VNC 连接后只能进行查看而不能进行其他操作。
A view-only password is not used
```

步骤 3：在服务器上启动 VNC 服务。

```
[root@centos-s ~]# vncserver

New 'centos-s:1(root)' desktop is centos-s:1

Creating default startup script /root/.vnc/xstartup
Creating default config /root/.vnc/config
Starting applications specified in /root/.vnc/xstartup
Log file is /root/.vnc/centos-s:1.log
```

步骤 4：设置服务器防火墙以放行 VNC 服务。

```
[root@centos-s ~]# firewall-cmd --permanent --add-service=vnc-server
[root@centos-s ~]# firewall-cmd --reload
```

2. 配置 VNC 客户机 Linux

步骤 1：在客户机 Linux 上安装 VNC 客户端。

```
[root@centos-c ~]# yum -y install tigervnc
```

步骤 2：在客户机 Linux 上运行 VNC 客户端。在桌面上方的工具栏左侧选择 Applications→Internet→TigerVNC Viewer 命令，如图 3.1 所示。

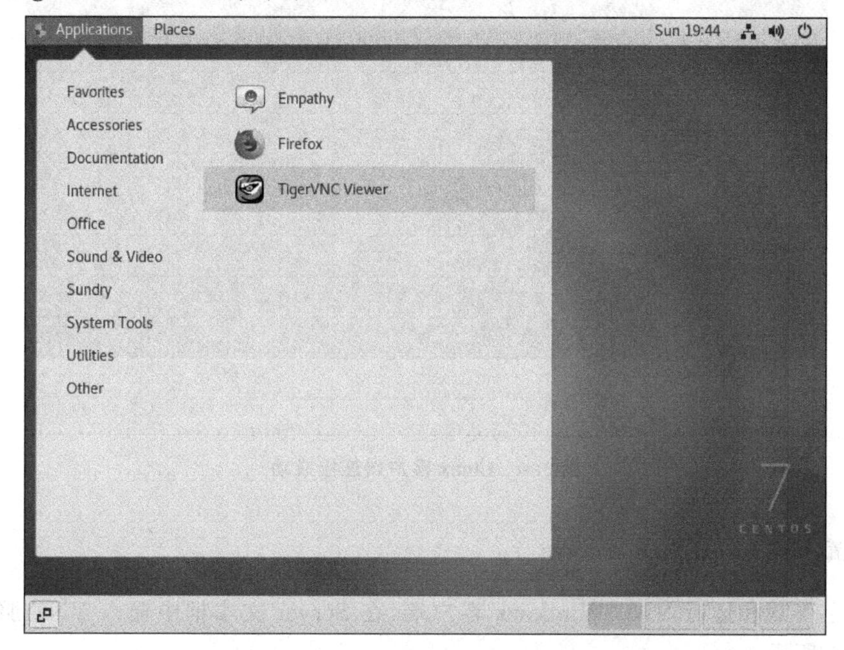

图 3.1 在客户机 Linux 上运行 VNC 客户端

步骤 3：输入 VNC 服务器的地址。

在 VNC server 文本框中输入 VNC 服务器的地址，并单击 Connect 按钮，如图 3.2 所示。

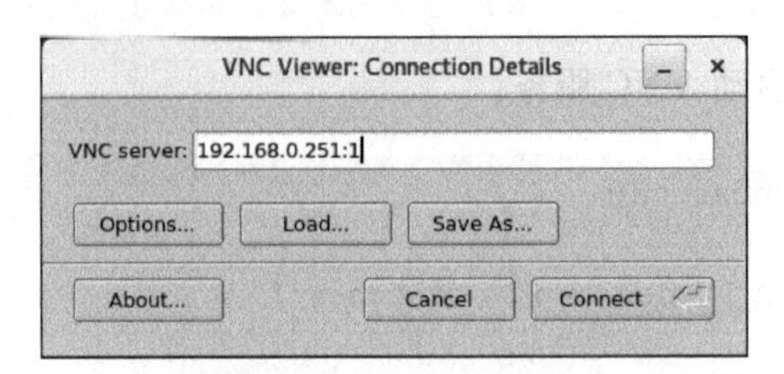

图 3.2 输入 VNC 服务器的地址

步骤 4：输入 VNC 服务器的密码。

在 Password 文本框中输入 VNC 服务器的密码，并单击 OK 按钮，如图 3.3 所示。

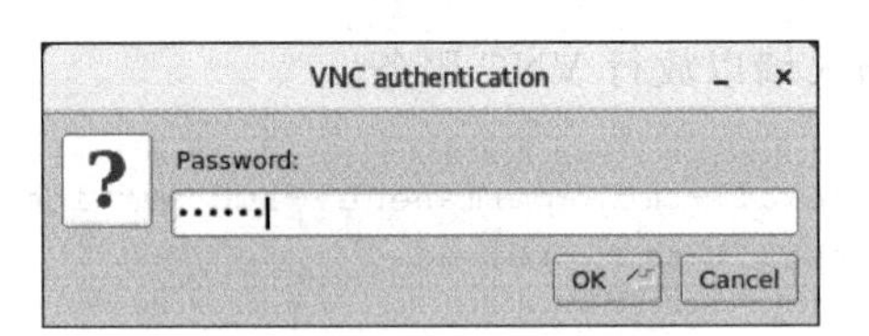

图 3.3 输入 VNC 服务器的密码

步骤 5：连接成功后，在 VNC 客户端系统窗口显示服务器的图形界面，如图 3.4 所示。

图 3.4 Linux 客户端连接成功

3. 配置 VNC 客户机 Windows

步骤 1：下载和运行 VNC Windows 客户端，在 Server 文本框中输入 VNC 服务器的地址，如图 3.5 所示。

图 3.5 输入 VNC 服务器的地址

步骤 2：输入 VNC 服务器的密码。在 Password 文本框中输入 VNC 服务器的密码，并单击 OK 按钮，如图 3.6 所示。

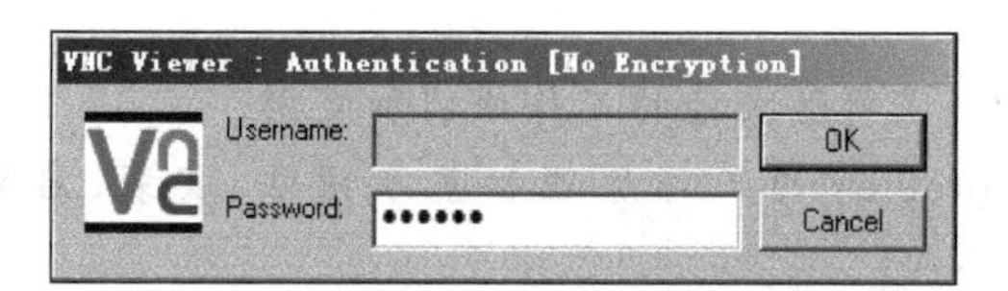

图 3.6 输入 VNC 服务器的密码

步骤 3：连接成功后，在 VNC 客户端系统窗口显示服务器的图形界面，如图 3.7 所示。

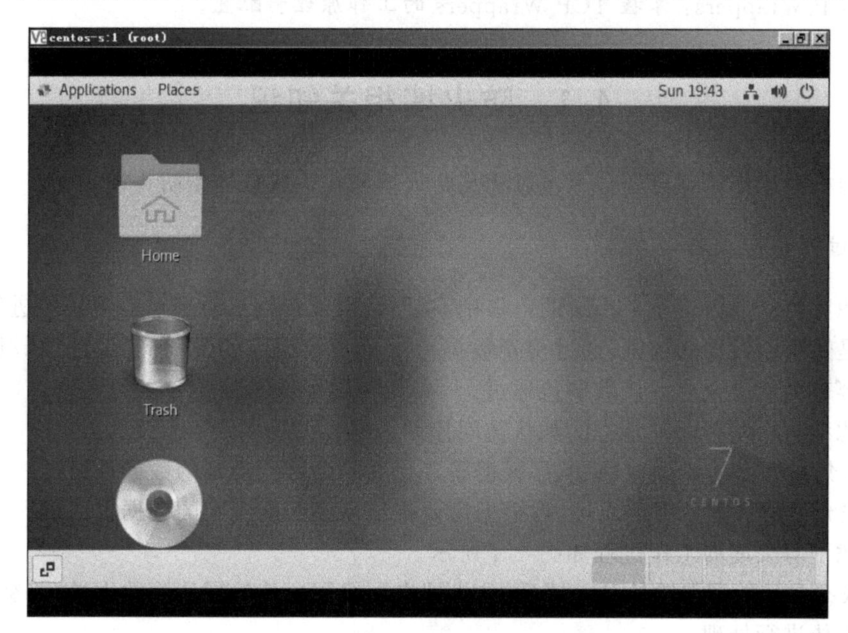

图 3.7 Windows 客户端连接成功

第4章 防火墙

Chapter 4

本章主要学习 Linux 的防火墙相关内容，包括 iptables、firewalld、TCP Wrappers。

本章的学习目标如下。

(1) 防火墙相关知识：了解防火墙的工作原理和类型。

(2) iptables：掌握 iptables 的工作原理和基本语法，安装、启动和配置 iptables 规则，NAT 的基础知识和配置 NAT。

(3) iptables 配置实例：掌握 iptables 配置实例。

(4) firewalld：掌握 firewalld 和文本和图形界面管理工具。

(5) TCP Wrappers：掌握 TCP Wrappers 的工作原理和配置。

4.1 防火墙相关知识

防火墙根据工作原理可划分为包过滤型防火墙和代理服务器型防火墙。

1. 包过滤型防火墙

包过滤型防火墙内置于 Linux 的内核中，在网络层或传输层对经过的数据包进行筛选，筛选的依据是系统内设置的规则，通过检查数据流中每个数据包的源/目的地址、源/目的端口、协议等内容来决定是否允许该数据包通过。

包过滤型防火墙有两种基本的默认访问控制策略。

(1) 先禁止所有的数据包通过，再根据需要允许满足匹配规则的数据包通过。

(2) 先允许所有的数据包通过，再根据需要拒绝满足匹配规则的数据包通过。

包过滤型防火墙的工作过程如图 4.1 所示。

(1) 数据包从外网传输给防火墙后，防火墙在网络层向传输层传输数据前，将数据包转发给包检查模块进行处理。

(2) 首先与第一条规则进行比较。

(3) 如果与第一条规则匹配，则判断是否允许传输该数据包。如果规则允许则传输，否则将丢弃/拒绝。

(4) 如果与第一条规则不同，则查看是否还有下一条规则。如果有，则与下一条规则匹配，如果匹配成功，则进行与(3)相同的判断过程。

(5) 以此类推，对一条一条规则进行匹配，直到最后一条规则为止。如果该数据包与所有的规则均不匹配，则采用防火墙的默认访问控制策略(丢弃或传输数据包)。

包过滤型防火墙的规则的检查内容包括：

(1) 源、目的地址。

(2) 源、目的端口号。

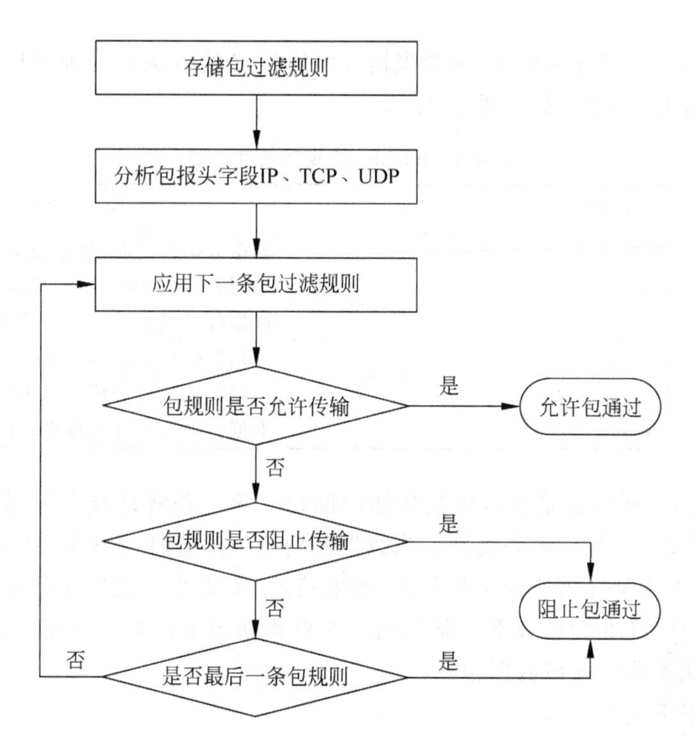

图 4.1　包过滤型防火墙的工作过程

(3) 传输层协议类型。

(4) ICMP 消息类型。

(5) TCP 报头中的 ACK 位、序列号、确认号。

(6) IP 校验。

2. 代理服务器型防火墙

代理服务器型防火墙是应用网关型防火墙,通常工作在应用层。代理服务器实际上是运行在防火墙上的一种服务端程序。代理服务器监听客户机的请求,如申请浏览网页等。当内网客户机请求与外网服务器连接时,内网客户机首先连接代理服务器,然后由代理服务器与外服务器建立连接,取得内网客户机想要的信息,代理服务器再把信息返回给内网客户机。

4.2 iptables

iptables 是 Linux 防火墙系统的重要组成部分。iptables 的主要功能是实现对数据包进出设备及转发的控制。当数据包需要从设备进出或由该设备转发、路由时,都可以使用 iptables 进行控制。

4.2.1 iptables 工作原理

iptables 提供了一系列的"表",每个表由若干"链"组成,而每条链可以由一条或数条"规则"组成。

1. 名词解释

(1) 规则(Rule)。规则用于设置过滤数据包的具体条件,如源/目的地址/端口、协议、接口等信息。当数据包与规则匹配时,就会根据规则所定义的方法来处理数据包,如放行、丢弃等动作。iptables 的规则条件说明见表 4.1。

表 4.1 iptables 的规则条件说明

条　　件	说　　明
Address	根据数据包的源/目的地址进行匹配
Port	根据数据包的源/目的端口进行匹配
Protocol	根据数据包的传输层协议进行匹配
Interface	根据数据包进出的网络接口进行匹配
Fragment	根据数据包的分段信息进行匹配
Counter	根据数据包的计数器进行匹配

(2) 链(Chain)。所谓链是指数据包传播的路径。每一条链是众多规则中的一个检查清单,每一条链中可以有一条或数条规则。当数据包到达一条链时,会从链中第一条规则开始检查,看该数据包是否满足规则所定义的条件,如果满足,系统就会根据该条规则所定义的动作处理该数据包;否则将继续检查下一条规则。如果数据包不符合链中任一条规则,会根据该链预先定义的默认策略处理该数据包。

链可以分为以下两种。

① 内置链(Build-in Chains)。

② 用户自定义链(User-Defined Chains)。

iptables 常用的 5 条内置链见表 4.2。

表 4.2 iptables 常用的 5 条内置链

内　置　链	说　　明
PREROUTING	数据包进入本机,进入路由表之前
POSTROUTING	通过路由表后,发送至网络接口之前
FORWARD	通过路由表后,目的节点不是本机
INPUT	通过路由表后,目的节点为本机
OUTPUT	由本机产生,向外转发

iptables 的 5 条内置链相互关联,如图 4.2 所示。

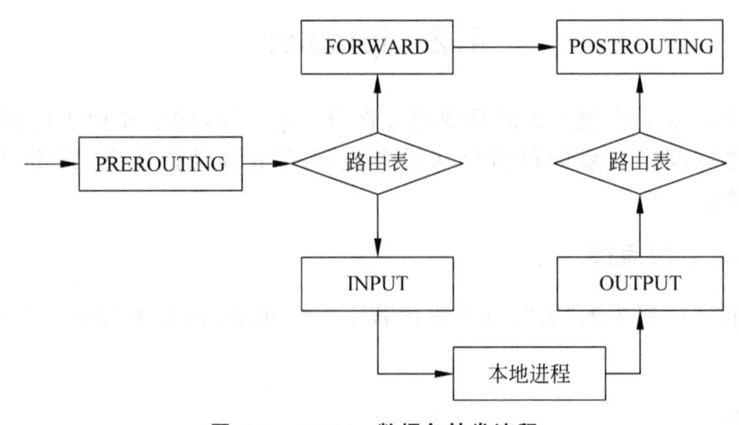

图 4.2 iptables 数据包转发流程

① 当一个数据包进入网卡时，它首先进入 PREROUTING 链，内核会根据数据包目的 IP 判断是否需要转送出去。

② 如果数据包就是进入本机的，它就会沿着图向下移动，到达 INPUT 链。数据包到了 INPUT 链后，任何进程都会收到它。本机上运行的程序可以发送该数据包，这些数据包会经过 OUTPUT 链，然后到达 POSTROUTING 链输出。

③ 如果数据包是要转发出去的，且内核允许转发，数据包就会向上移动，经过 FORWARD 链，然后到达 POSTROUTING 链输出。

(3) 表(Table)。iptables 内置有 3 张表。

① filter(过滤)：这是 iptables 默认的表，用于实现数据包的过滤。filter 表包含 INPUT 链、FORWARD 链和 OUTPUT 链。

② nat(网络地址转换)：用于网络地址转换。nat 表包含 PREROUTING 链、OUTPUT 链和 POSTROUTING 链。

③ mangle(变更)：用于数据包头部的重构。mangle 表包含 PREROUTING、INPUT、FORWARD、OUTPUT 和 POSTROUTING 5 个链。

2. 工作流程

iptables 拥有 3 个表和 5 个链，其整个工作流程如图 4.3 所示。

(1) 数据包进入防火墙以后，首先进入 mangle 表的 PREROUTING 链，如果有特殊设定，会更改数据包的 TOS 等信息。

(2) 数据包进入 nat 表的 PREROUTING 链，如有规则设置，则修改数据包的目的地址。

(3) 数据包经过路由，判断该包是发送给本机，还是需要向其他网络转发。

(4) 如果是转发，就发送给 mangle 表的 FORWARD 链，根据需要修改相应的参数，然后送给 filter 表的 FORWARD 链进行过滤，然后转发给 mangle 表的 POSTROUTING 链，如有设置，则调整参数，然后发给 nat 表的 POSTROUTING 链，根据需要，可能会进行网络地址转换，修改数据包的源地址，最后数据包发送给网卡，转发给外网。

(5) 如果目的地为本机，数据包则会进入 mangle 的 INPUT 链，经过处理，进入 filter 表的 INPUT 链，经过相应的过滤，进入本机的处理进程。

(6) 本机产生的数据包，首先进入路由，然后分别经过 mangle、nat 以及 filter 的 OUTPUT 链进行相应的操作，再进入 mangle、nat 的 POSTROUTING 链，向外发送。

4.2.2 iptables 基本语法

iptables 的语法格式如下：

```
iptables [-t 表名] -命令 -匹配 -j 动作
```

1. 表选项

```
-t 表名
```

如果省略了选项-t，则表示对 filter 表进行操作。例如：

```
iptables -A INPUT -p icmp -j DROP
```

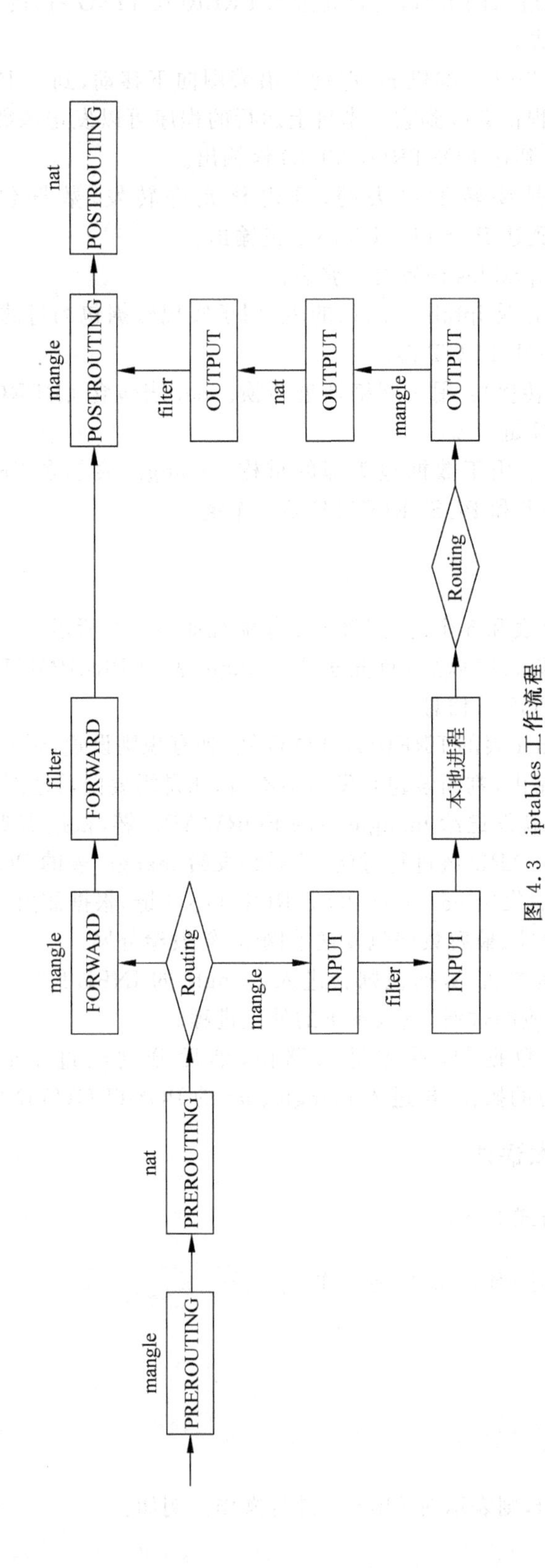

图 4.3 iptables工作流程

2. 命令选项

(1) -P 或--policy。

作用：定义默认策略，所有不符合规则的数据包都被强制使用这个策略。例如：

```
iptables -t filter -P INPUT DROP
```

(2) -A 或--append。

作用：在所选择的链的最后添加一条规则。例如：

```
iptables -A OUTPUT -p udp --sport 80 -j DROP
```

(3) -D 或--delete。

作用：从所选链中删除规则。例如：

```
iptables -D INPUT -p icmp -j DROP
```

(4) -L 或--list。

作用：显示所选链的所有规则。如果没有指定链，则显示指定表中的所有链。例如：

```
iptables -t nat -L
```

(5) -F 或--flush。

作用：清空所选链中的规则。如果没有指定链，则清空指定表中所有链的规则。例如：

```
iptables -F OUTPUT
```

(6) -I 或--insert。

作用：根据给出的规则序号向所选链中插入规则。如果序号为 1，规则会被插入链的头部；如果序号为 2，则表示将规则插入第二行（必须已经至少有一条规则，否则容易出错），以此类推。例如：

```
iptables -I INPUT 1 -p tcp --dport 80 -j ACCEPT
```

3. 匹配选项

(1) -p 或--protocol。

作用：基于数据包的网络层和传输层协议来匹配。例如：

```
iptables -A INPUT -p udp -j DROP
```

(2) --sport 或--source -port。

作用：基于数据包的源端口来匹配，也就是说，通过检测数据包的源端口是不是指定的来判断数据包的去留。例如：

```
iptables -A INPUT -p tcp --sport 80 -j ACCEPT
```

(3) --dport 或 --destination -port。

作用：基于数据包的目的端口来匹配，也就是说，通过检测数据包的目的端口是不是指定的来判断数据包的去留。例如：

```
iptables -I INPUT -p tcp --dport 80 -j ACCEPT
```

(4) -s 或--src 或--source。

作用：基于数据包的源地址来匹配。例如：

```
iptables -A INPUT -s 192.168.0.1 -j DROP
```

(5) -d 或--dst 或--destination。

作用：基于数据包的目的地址来匹配。例如：

```
iptables -I OUTPUT -d 192.168.1.0/24 -j ACCEPT
```

(6) -i 或--in-interface。

作用：基于数据包进入本地使用的网络接口来匹配。例如：

```
iptables -A INPUT -i ensXX -j ACCEPT
```

(7) -o 或--out-interface。

作用：基于数据包离开本地使用的网络接口来匹配。例如：

```
iptables -A OUTPUT -o ensXX -j ACCEPT
```

4. 动作选项

动作用于决定符合条件的数据包将如何处理。常用的动作选项见表 4.3。

表 4.3 常用的动作选项

选 项	含 义
ACCEPT	允许符合条件的数据包通过，也就是接收这个数据包，允许它去往目的地
DROP	拒绝符合条件的数据包通过，也就是丢弃该数据包
REJECT	REJECT 和 DROP 都会将数据包丢弃，区别在于 REJECT 除了丢弃数据包外，还向发送方返回错误信息
REDIRECT	将数据包重定向到本机或另一台主机的某个端口，通常用于实现透明代理或对外开放内网的某些服务
SNAT	转换数据包的源地址
DNAT	转换数据包的目的地址
MASQUERADE	和 SNAT 的作用相同，区别在于它不需要指定--to-source。MASQUERADE 是被专门设计用于那些动态获取 IP 地址的连接的，如拨号上网、DHCP 连接等
LOG	用来记录与数据包相关的信息。这些信息可以用来帮助排除错误

4.2.3　安装和启动 iptables

默认状态下，服务 firewalld 是启动的，需要先停止和禁用 firewalld，再安装和启动 iptables。

```
[root@centos-s ~]# systemctl stop firewalld
[root@centos-s ~]# systemctl disable firewalld
[root@centos-s ~]# yum install -y iptables iptables-services
[root@centos-s ~]# systemctl start iptables
```

4.2.4　设置 iptables 默认策略

在 iptables 中，所有的内置链都会有一个默认策略。当通过 iptables 的数据包不符合链中的任何一条规则时，按照默认策略来处理数据包。

定义默认策略的命令语法格式如下：

```
iptables [-t 表名] -P 链名 动作
```

【例 4.1】　将 filter 表中 INPUT 链的默认策略定义为 DROP(丢弃数据包)。

```
[root@centos-s ~]# iptables -P INPUT DROP
```

【例 4.2】　将 nat 表中 OUTPUT 链的默认策略定义为 ACCEPT(接收数据包)。

```
[root@centos-s ~]# iptables -t nat -P OUTPUT ACCEPT
```

4.2.5　配置 iptables 规则

1. 查看 iptables 规则

查看 iptables 规则的命令语法格式如下：

```
iptables [-t 表名] -L 链名
```

【例 4.3】　查看 nat 表中所有链的规则。

```
[root@centos-s ~]# iptables -t nat -L
Chain PREROUTING ( policy ACCEPT )
target     prot opt source               destination

Chain INPUT ( policy ACCEPT )
target     prot opt source               destination

Chain OUTPUT ( policy ACCEPT )
target     prot opt source               destination

Chain POSTROUTING ( policy ACCEPT )
target     prot opt source               destination
```

【例 4.4】 查看 filter 表中 FORWARD 链的规则。

```
[root@centos-s ~]# iptables -L FORWARD
Chain FORWARD(policy ACCEPT)
target     prot opt source               destination
REJECT     all  --  anywhere             anywhere             reject-with icmp-host
-prohibited
```

2. 添加、删除、修改规则

【例 4.5】 为 filter 表的 INPUT 链添加一条规则,规则为拒绝所有使用 ICMP 的数据包。

```
[root@centos-s ~]# iptables -F INPUT
//先清除 INPUT 链
[root@centos-s ~]# iptables -A INPUT -p icmp -j DROP
[root@centos-s ~]# iptables -L INPUT
// 查看规则列表
Chain INPUT(policy DROP)
target     prot opt source               destination
DROP       icmp --  anywhere             anywhere
```

【例 4.6】 为 filter 表的 INPUT 链添加一条规则,规则为允许访问 TCP 的 80 端口的数据包通过。

```
[root@centos-s ~]# iptables -A INPUT -p tcp --dport 80 -j ACCEPT
[root@centos-s ~]# iptables -L INPUT
// 查看规则列表
Chain INPUT(policy DROP)
target     prot opt source               destination
DROP       icmp --  anywhere             anywhere
ACCEPT     tcp  --  anywhere             anywhere             tcp dpt:http
```

【例 4.7】 在 filter 表中 INPUT 链的第 2 条规则前插入一条新规则,规则为不允许访问 TCP 的 53 端口的数据包通过。

```
[root@centos-s ~]# iptables -I INPUT 2 -p tcp --dport 53 -j DROP
[root@centos-s ~]# iptables -L INPUT
// 查看规则列表
Chain INPUT(policy DROP)
target     prot opt source               destination
DROP       icmp --  anywhere             anywhere
DROP       tcp  --  anywhere             anywhere             tcp dpt:domain
ACCEPT     tcp  --  anywhere             anywhere             tcp dpt:http
```

【例 4.8】 在 filter 表中 INPUT 链的第一条规则前插入一条新规则,规则为允许源地址属于 172.16.0.0/16 网段的数据包通过。

```
[root@centos-s ~]# iptables -I INPUT -s 172.16.0.0/16 -j ACCEPT
[root@centos-s ~]# iptables -L INPUT
```

```
// 查看规则列表
Chain INPUT ( policy DROP )
target     prot opt source              destination
ACCEPT     all  --  172.16.0.0/16       anywhere
DROP       icmp --  anywhere            anywhere
DROP       tcp  --  anywhere            anywhere            tcp dpt:domain
ACCEPT     tcp  --  anywhere            anywhere            tcp dpt:http
```

【例 4.9】 允许访问环回地址(Loopback,127.0.0.1)。

```
[root@centos-s ~]# iptables -A INPUT -d 127.0.0.1/24 -j ACCEPT
[root@centos-s ~]# iptables -L INPUT
Chain INPUT ( policy DROP )
target     prot opt source              destination
ACCEPT     all  --  172.16.0.0/16       anywhere
DROP       icmp --  anywhere            anywhere
DROP       tcp  --  anywhere            anywhere            tcp dpt:domain
ACCEPT     tcp  --  anywhere            anywhere            tcp dpt:http
ACCEPT     all  --  anywhere            loopback/24
```

【例 4.10】 删除 filter 表中 INPUT 链的指定规则。

```
[root@centos-s ~]# iptables -D INPUT -p icmp -j DROP
// 以指定内容的方式删除 filter 表中 INPUT 链的第 2 条规则
[root@centos-s ~]# iptables -L INPUT
// 查看规则列表
Chain INPUT ( policy DROP )
target     prot opt source              destination
ACCEPT     all  --  172.16.0.0/16       anywhere
DROP       tcp  --  anywhere            anywhere            tcp dpt:domain
ACCEPT     tcp  --  anywhere            anywhere            tcp dpt:http
ACCEPT     all  --  anywhere            loopback/24
[root@centos-s ~]# iptables -L INPUT --line -n
// 选项--line 用于显示规则的序号.
// 选项-n 用于以 IP 地址形式显示规则的源和目的地址.
Chain INPUT ( policy DROP )
num  target     prot opt source              destination
1    ACCEPT     all  --  172.16.0.0/16       0.0.0.0/0
2    DROP       tcp  --  0.0.0.0/0           0.0.0.0/0           tcp dpt:53
3    ACCEPT     tcp  --  0.0.0.0/0           0.0.0.0/0           tcp dpt:80
4    ACCEPT     all  --  0.0.0.0/0           127.0.0.0/24
[root@centos-s ~]# iptables -D INPUT 2
// 以指定序号的方式删除 filter 表中 INPUT 链的第 2 条规则
[root@centos-s ~]# iptables -L INPUT --line -n
// 查看规则列表
Chain INPUT ( policy DROP )
num  target     prot opt source              destination
1    ACCEPT     all  --  172.16.0.0/16       0.0.0.0/0
2    ACCEPT     tcp  --  0.0.0.0/0           0.0.0.0/0           tcp dpt:80
3    ACCEPT     all  --  0.0.0.0/0           127.0.0.0/24
```

【例 4.11】 清除 filter 表中 INPUT 链的所有规则。

```
[root@centos-s ~]# iptables -F INPUT
[root@centos-s ~]# iptables -L INPUT
// 查看规则列表
Chain INPUT (policy DROP)
target     prot opt source               destination
```

3. 保存和恢复规则

iptables 提供了两个很有用的工具来保存和恢复规则，这在规则集较为庞大的时候非常实用。它们分别是 iptables-save 和 iptables-restore。

iptables-save 用来保存规则，命令语法格式如下：

```
iptables-save [-c] [-t 表名]
```

参数说明如下。

-c：保存包和字节计数器的值。这可以使在重启防火墙后不丢失对包和字节的统计。

-t：用来选择保存哪张表的规则，如果不跟-t 参数则保存所有的表。

当使用 iptables-save 命令后可以在屏幕上看到输出结果，其中 * 表示的是表的名字，它下面跟的是该表中的规则集。

【例 4.12】 使用重定向命令来保存规则集。

```
[root@centos-s ~]# iptables-save > /root/iptables_bak
```

iptables-restore 用来装载由 iptables-save 保存的规则集。其命令语法格式如下：

```
iptables- restore [-c] [-n]
```

参数说明如下。

-c：如果加上-c 参数，表示要求装入包和字节计数器。

-n：表示不要覆盖已有的表或表内的规则。默认情况是清除所有已存在的规则。

【例 4.13】 使用重定向来恢复由 iptables-save 保存的规则集。

```
[root@centos-s ~]# iptables-restore < /root/iptables_bak
[root@centos-s ~]# service iptables save
iptables: Saving firewall rules to /etc/sysconfig/iptables:[  OK  ]
```

4.2.6 NAT 基础知识

网络地址转换(Network Address Translator，NAT)位于使用私有地址的内网和使用公有地址的外网之间，主要具有以下几种功能。

(1) 从内网传出的数据包由 NAT 将它们的私有地址转换为公有地址。

(2) 从外网传入的数据包由 NAT 将它们的公有地址转换为私有地址。

(3) 支持多重服务器和负载均衡。

(4) 实现透明代理。

这样在内网中计算机可使用未注册的私有地址，而在与外网通信时，则使用注册的公有地址，大大降低了连接成本。同时NAT也起到将内网隐藏起来，保护内网的作用，因为对外部用户来说，只有使用公有地址的NAT是可见的，类似于防火墙的安全措施。

1. NAT的工作过程

(1) 内网节点将数据包发给NAT。

(2) NAT将数据包中的源端口号和私有地址换成它自己的源端口号和公有地址，然后将数据包发给外网节点，同时记录一个转换信息在NAT表中，以便向内网节点发送应答数据包。

(3) 外网节点发送应答数据包给NAT。

(4) NAT将收到的数据包的目的端口号和公有地址转换为内网节点的目的端口号和私有地址并转发给内网节点。

以上步骤对于内网和外网的节点都是透明的，对它们来讲就如同直接通信一样。

NAT的工作过程如图4.4所示。

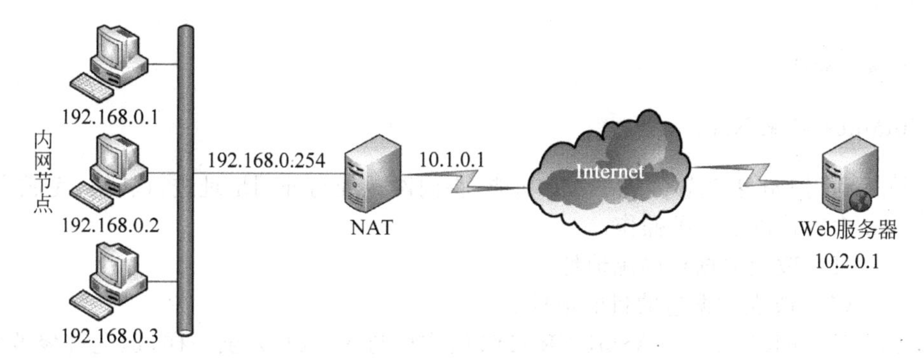

图4.4 NAT的工作过程

(1) 内网节点192.168.0.1使用Web浏览器访问位于外网Web服务器10.2.0.1。以下是内网节点创建的数据包的地址和端口信息。

源地址：192.168.0.1；

目的地址：10.2.0.1；

源端口：TCP 1357；

目的端口：TCP 80。

(2) 数据包到达NAT，NAT将数据包的源地址和源端口进行转换，并在NAT表记录[192.168.0.1，TCP 1357]到[10.1.0.1，TCP 2468]的转换信息，然后转发出去。以下是转换后的地址和端口信息如下。

源地址：10.1.0.1；

目的地址：10.2.0.1；

源端口：TCP 2468；

目的端口：TCP 80。

(3) 外网Web服务器收到数据包并发出响应数据包。以下是地址和端口信息。

源地址：10.2.0.1；

目的地址：10.1.0.1；

源端口：TCP 80；

目的端口：TCP 2468。

(4) 数据包到达 NAT，NAT 检查 NAT 表，根据记录将目的地址和目的端口转换为内网节点的地址和端口，并将数据包转发给内网节点。以下是转换后的地址和端口信息如下。

源地址：10.2.0.1；

目的地址：192.168.0.1；

源端口：TCP 80；

目的端口：TCP 1357。

2. NAT 的分类

(1) SNAT(Source NAT，源 NAT)。SNAT 是指修改第一个包的源地址和端口。SNAT 会在包送出之前的最后一刻做好 Post-Routing 的动作。Linux 中的 IP 伪装(MASQUERADE)就是 SNAT 的一种特殊形式。

(2) DNAT(Destination NAT，目的 NAT)。DNAT 是指修改第一个包的目的地址和端口。DNAT 总是在包进入后立刻进行 Pre-Routing 动作。端口转发、负载均衡和透明代理均属于 DNAT。

4.2.7 配置 NAT

1. iptables 实现 NAT

iptables 利用 nat 表能够实现 NAT 功能，将内网地址与外网地址进行转换，完成内、外网的通信。nat 表支持以下 3 种操作。

(1) SNAT。改变数据包的源地址。

(2) DNAT。改变数据包的目的地址。

(3) MASQUERADE。MASQUERADE 的作用与 SNAT 完全一样，但允许修改后的源地址是动态的。

2. 配置 SNAT

SNAT 的功能是转换源地址，也就是重写数据包的源地址。若内网主机采用共享方式，访问外网连接时就需要用到 SNAT 的功能，将本地的 IP 地址替换为公网的合法 IP 地址。

SNAT 只能用在 nat 表的 POSTROUTING 链，并且只要连接的第一个符合条件的包被 SNAT 转换地址，那么这个连接的其他所有的包都会自动完成地址替换工作，而且这个规则会应用于这个连接的其他数据包。

SNAT 使用选项--to-source，命令语法格式如下：

```
iptables -t nat -A POSTROUTING -s IP1(内网地址) -o 网络接口 -j SNAT --to-source IP2
```

本命令会使 IP1 地址(内网私有的源地址)转换为 IP2 地址(外网公有的源地址)。

3. 配置 DNAT

DNAT 能够完成目的网络地址转换的功能，换句话说，就是重写数据包的目的地址。DNAT 是非常实用的。

DNAT 需要在 nat 表的 PREROUTING 链设置，选项为--to-destination，命令语法格式如下：

```
iptables -t nat -A PREROUTING -d IP1 -i 网络接口 -p 协议 --dport 端口 -j DNAT --to-
destination IP2
```

iptables 能够接收外部的请求数据包，并转发至内部的应用服务器，整个过程是透明的，外网客户机感觉像直接在与内网服务器进行通信一样，如图 4.5 所示。

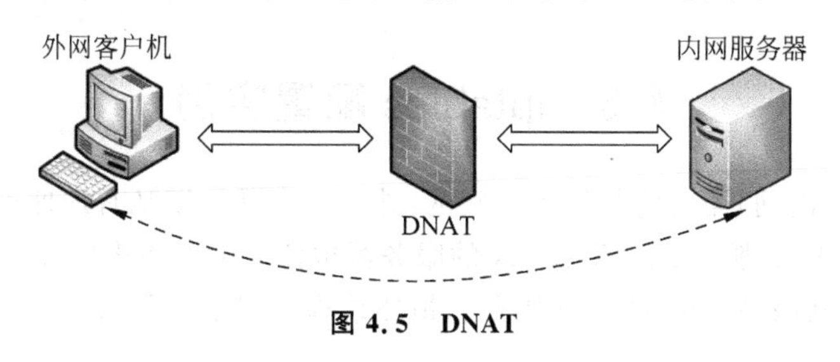

图 4.5 DNAT

4. MASQUERADE

MASQUERADE 和 SNAT 作用相同，也是提供源地址转换的操作，但它是针对外部接口为动态 IP 地址而设计的，不需要使用--to-source 指定转换的 IP 地址。如果网络采用的是拨号方式接入外网，而没有对外的静态 IP 地址，那么，建议使用 MASQUERADE。

【例 4.14】 公司内网有 200 台计算机，网段为 192.168.0.0/24，并配有一台拨号主机，使用接口 ppp0 接入外网，所有客户机通过该主机访问互联网。这时，需要在拨号主机设置，将 192.168.0.0/24 的私有地址转换为 ppp0 的公有地址，如下所示。

```
[root@centos-s ~]# iptables -t nat -A POSTROUTING -o ppp0 -s 192.168.0.0/24 - j MASQUERADE
```

5. 连接状态

(1) 连接状态概述。通常，在 iptables 的配置都是单向的，例如，仅在 INPUT 链允许主机访问 Google 站点，这时，请求数据包能够正常发送至 Google 服务器，但是，当服务器的回应数据包抵达时，因为没有配置允许的策略，该数据包将会被丢弃，无法完成整个通信过程。所以，配置 iptables 时需要配置出站、入站规则，这无疑增大了配置的复杂度。实际上，连接状态能够简化该操作。

连接状态依靠数据包中的特殊标记，对连接状态 state 进行检测，iptables 能够根据状态决定数据包的关联，或者分析每个进程对应数据包的关系，然后决定数据包的具体操作。连接状态支持 TCP 和 UDP 通信，更加适用于数据包的交换。

(2) 连接状态配置。配置 iptables 的连接状态，使用选项-m，并指定参数 state，选项--state 后跟状态，如下所示。

```
- m state --state<状态>
```

连接状态存在以下 4 种数据包。

① NEW：想要新建连接的数据包。

② INVALID：无效的数据包，如损坏或者不完整的数据包。

③ ESTABLISHED：已经建立连接的数据包。

④ RELATED：与已经发送的数据包有关的数据包。

【例 4.15】 允许已经建立连接的数据包，以及与已发送数据包相关的数据包通过，并设置接收 ESTABLISHED 和 RELATED 状态的数据包。

```
[root@centos-s ~]# iptables -I INPUT -m state --state ESTABLISHED,RELATED -j ACCEPT
```

4.3 iptables 配置实例

现有一局域网(内网)需要将其接入互联网(外网),内网使用私有地址进行地址分配,内网服务器对外提供 HTTP 服务;运行 Linux 的服务器担任内网的防火墙并提供 NAT 功能;外网客户只能访问内网服务器的 HTTP 服务。拓扑结构如图 4.6 所示。

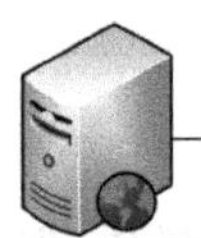

图 4.6 iptables 配置实例

各节点的网络配置见表 4.4。

表 4.4 各节点的网络配置

节　　点	主　机　名	IP 地址和子网掩码	默 认 网 关
防火墙	centos-f	192.168.0.254/24 内网 10.0.0.1/24 外网	
内网服务器	centos-s	192.168.0.251/24	192.168.0.254
外网客户机	centos-c	10.0.0.2/24	10.0.0.1

步骤 1:按照节点网络配置表配置内网服务器、防火墙和外网客户机的主机名、IP 地址、子网掩码和默认网关,并测试节点之间的连通性。

(1) 配置内网服务器。

```
[root@centos-s ~]# vi /etc/sysconfig/network-scripts/ifcfg-ens32
TYPE=Ethernet
BOOTPROTO=none
DEVICE=ens32
ONBOOT=yes
IPADDR=192.168.0.251
PREFIX=24
GATEWAY=192.168.0.254
[root@centos-s ~]# systemctl restart network
```

(2) 配置防火墙。

```
[root@centos-f ~]# ifconfig
//查看两块网卡的名称
[root@centos-f ~]# vi /etc/sysconfig/network-scripts/ifcfg-ens32
TYPE=Ethernet
BOOTPROTO=none
```

```
DEVICE=ens32
ONBOOT=yes
IPADDR=192.168.0.254
PREFIX=24
[root@centos-f ~]# vi /etc/sysconfig/network-scripts/ifcfg-ens34
TYPE=Ethernet
BOOTPROTO=none
DEVICE=ens34
ONBOOT=yes
IPADDR=10.0.0.1
PREFIX=24
[root@centos-f ~]# systemctl restart network
```

(3) 配置外网客户机。

```
[root@centos-c ~]# vi /etc/sysconfig/network-scripts/ifcfg-ens32
TYPE=Ethernet
BOOTPROTO=none
DEVICE=ens32
ONBOOT=yes
IPADDR=10.0.0.2
PREFIX=24
GATEWAY=10.0.0.1
[root@centos-c ~]# systemctl restart network
```

(4) 测试内网服务器连通性。

```
[root@centos-s ~]# ping 192.168.0.254
// 测试与防火墙的内网接口的连通性：连通
[root@centos-s ~]# ping 10.0.0.1
// 测试与防火墙的外网接口的连通性：连通
[root@centos-s ~]# ping 10.0.0.2
// 测试与外网客户机的连通性：不通
```

(5) 测试防火墙连通性。

```
[root@centos-f ~]# ping 192.168.0.251
// 测试与内网服务器的连通性：连通
[root@centos-f ~]# ping 10.0.0.2
// 测试与外网客户机的连通性：连通
```

(6) 测试外网客户机连通性。

```
[root@centos-c ~]# ping 10.0.0.1
// 测试与防火墙的外网接口的连通性：连通
[root@centos-c ~]# ping 192.168.0.254
// 测试与防火墙的内网接口的连通性：连通
[root@centos-c ~]# ping 192.168.0.251
// 测试与内网服务器的连通性：不通
```

步骤 2：在内网服务器停止和禁用服务 firewalld，创建 YUM 本地源（略），安装和启动 Apache，创建网站默认页，并进行本机访问测试。

```
[root@centos-s ~]# systemctl stop firewalld
[root@centos-s ~]# systemctl disable firewalld
[root@centos-s ~]# yum install -y httpd
[root@centos-s ~]# systemctl start httpd
[root@centos-s ~]# vi /var/www/html/index.html
This is the Intranet HTTP Server.
// 创建网站默认页
[root@centos-s ~]# firefox 192.168.0.251
// 本机访问测试
```

步骤 3：在防火墙启用路由转发，内网服务器和外网客户机可以互相 ping 通。

```
[root@centos-f ~]# cat /proc/sys/net/ipv4/ip_forward
0
// 0 表示未启用路由转发
[root@centos-f ~]# vi /etc/sysctl.conf
net.ipv4.ip_forward = 1
[root@centos-f ~]# sysctl -p
net.ipv4.ip_forward = 1
[root@centos-f ~]# cat /proc/sys/net/ipv4/ip_forward
1
// 1 表示已启用路由转发
```

步骤 4：在防火墙停止和禁用服务 firewalld，创建 YUM 本地源（略），并安装和启动 iptables。

```
[root@centos-f ~]# systemctl stop firewalld
[root@centos-f ~]# systemctl disable firewalld
[root@centos-f ~]# yum install -y iptables iptables-services
[root@centos-f ~]# systemctl start iptables
```

步骤 5：在防火墙清空所有表所有链的默认规则，创建新的规则。

```
[root@centos-f ~]# iptables -t filter -F
// 清空 filter 表的所有链的规则
[root@centos-f ~]# iptables -t nat -F
// 清空 nat 表的所有链的规则
[root@centos-f ~]# iptables -t mangle -F
// 清空 mangle 表的所有链的规则
[root@centos-f ~]# iptables -t filter -A FORWARD -p tcp --dport 80 -j ACCEPT
// 在 filter 表 FORWARD 链最后添加一条规则：允许转发目的端口号为 80 的 TCP 数据包
[root@centos-f ~]# iptables -t filter -A FORWARD -m state --state ESTABLISHED,
RELATED -j ACCEPT
// 在 filter 表 FORWARD 链最后添加一条规则：允许转发已经建立连接的数据包和与已发送数据包
相关的数据包
[root@centos-f ~]# iptables -t filter -A FORWARD -j REJECT
// 在 filter 表 FORWARD 链最后添加一条规则：拒绝转发所有数据包
```

```
[root@centos-f ~]# iptables -t nat -A POSTROUTING -s 192.168.0.0/24 -j SNAT --to-
source 10.0.0.1
// 在 nat 表 POSTROUTING 链最后添加一条规则：转换源地址 192.168.0.0/24 为 10.0.0.1
[root@centos-f ~]# iptables -t nat -A PREROUTING -d 10.0.0.1/24 -p tcp --dport 80 -j
DNAT --to-destination 192.168.0.251:80
// 在 nat 表 PREROUTING 链最后添加一条规则：转换目的地址和端口 10.0.0.1:80 为 192.168.0.
251:80
```

步骤 6：外网客户机通过防火墙的外网接口的地址访问内网服务器的 HTTP 服务。

```
[root@centos-c ~]# firefox 10.0.0.1
```

4.4 firewalld

CentOS 7 默认使用 firewalld 防火墙，firewalld 提供了支持网络/防火墙区域定义网络链接以及接口安全等级的动态防火墙管理工具，它支持 IPv4、IPv6 防火墙设置以及以太网桥接，并且拥有运行时配置和永久配置选项，它也支持允许服务或者应用程序直接添加防火墙规则的接口。

iptables 是静态的，每次修改都要求将防火墙完全重启，而 firewalld 可以实现动态管理防火墙，支持动态配置，不用重启。

firewalld 通过将网络划分成不同的区域，制定不同区域之间的访问控制策略，以此来控制不同区域间传输的数据流，比如互联网是不可信任的区域，而局域网是高度信任的区域。firewalld 区域名称及默认策略规则见表 4.5。

表 4.5 firewalld 区域名称及默认策略规则

区　域	默认策略规则
trusted	允许所有的数据包
home	拒绝流入的流量，除非与流出的流量相关；而如果流量与 SSH、mdns、ipp-client、amba-client 与 dhcpv6-client 服务相关，则允许流量
internal	等同于 home 区域
work	拒绝流入的流量，除非与流出的流量数相关；而如果流量与 SSH、ipp-client 与 dhcpv6-client 服务相关，则允许流量
public	拒绝流入的流量，除非与流出的流量相关；而如果流量与 SSH、dhcpv6-client 服务相关，则允许流量
external	拒绝流入的流量，除非与流出的流量相关；而如果流量与 SSH 服务相关，则允许流量
dmz	拒绝流入的流量，除非与流出的流量相关；而如果流量与 SSH 服务相关，则允许流量
block	拒绝流入的流量，除非与流出的流量相关
drop	拒绝流入的流量，除非与流出的流量相关

对于 firewalld 有两种管理方式，即文本界面和图形界面。

4.4.1 文本界面管理工具

firewall-cmd 是 firewalld 文本界面管理工具，firewall-cmd 命令常用选项含义见表 4.6。

表 4.6 firewall-cmd 命令常用选项含义

选　　项	含　　义
--get-default-zone	查询默认区域
--set-default-zone=＜区域名称＞	设置默认区域,使其永久生效
--get-zones	显示可用的区域
--get-services	显示预先定义的服务
--get-active-zones	显示当前正在使用的区域与网卡名称
--add-source=	将源自此 IP 或子网的流量导向指定区域
--remove-source=	将源自此 IP 或子网的流量不导向指定区域
--add-interface=＜网卡名称＞	将源自该网卡的所有流量都导向指定区域
--change-interface=＜网卡名称＞	将某个网卡与区域关联
--list-all	显示当前区域的网卡配置参数、资源、端口以及服务等信息
--list-all-zones	显示所有区域的网卡配置参数、资源、端口以及服务等信息
--add-service=＜服务名＞	设置默认区域允许该服务的流量
--remove-service=＜服务名＞	设置默认区域拒绝该服务的流量
--add-port=＜端口号/协议＞	设置默认区域允许该端口/协议的流量
--remove-port=＜端口号/协议＞	设置默认区域拒绝该端口/协议的流量
--reload	让永久规则立即生效,并覆盖当前规则
--panic-on	开启应急状况模式
--panic-off	关闭应急状况模式

【例 4.16】 查询 firewalld 的默认区域。

```
[root@centos-s ~]# firewall-cmd --get-default-zone
public
```

【例 4.17】 查询 ens32 网卡在 firewalld 中的区域。

```
[root@centos-s ~]# firewall-cmd --get-zone-of-interface=ens32
public
```

【例 4.18】 把 firewalld 中 ens32 网卡区域永久设置为 external,分别查询其当前与永久模式下的区域。

```
[root@centos-s ~]# firewall-cmd --permanent --zone=external --change-interface
=ens32
The interface is under control of NetworkManager, setting zone to 'external'.
success
[root@centos-s ~]# firewall-cmd --get-zone-of-interface=ens32
external
[root@centos-s ~]# firewall-cmd --permanent --get-zone-of-interface=ens32
external
```

【例 4.19】 把 firewalld 的当前默认区域设置为 public。

```
[root@centos-s ~]# firewall-cmd --set-default-zone=public
Warning: ZONE_ALREADY_SET: public
```

```
success
[root@centos-s ~]# firewall-cmd --get-default-zone
public
```

【例 4.20】 启动/关闭 firewalld 的应急状况模式,阻断一切网络连接(当远程控制服务器时请慎用)。

```
[root@centos-s ~]# firewall-cmd --panic-on
success
[root@centos-s ~]# firewall-cmd --panic-off
success
```

【例 4.21】 查询区域 public 是否允许协议 SSH 和 HTTPS 的流量通过。

```
[root@centos-s ~]# firewall-cmd --zone=public --query-service=ssh
yes
[root@centos-s ~]# firewall-cmd --zone=public --query-service=https
no
```

【例 4.22】 把区域 public 设置为当前允许协议 HTTPS 的流量通过。

```
[root@centos-s ~]# firewall-cmd --zone=public --add-service=https
success
[root@centos-s ~]# firewall-cmd --zone=public --query-service=https
yes
// 当前规则立即生效
[root@centos-s ~]# firewall-cmd --reload
success
[root@centos-s ~]# firewall-cmd --zone=public --query-service=https
no
// 重新加载规则后不再允许
```

【例 4.23】 把区域 public 设置为永久允许协议 HTTPS 的流量通过,并立即生效。

```
[root@centos-s ~]# firewall-cmd --permanent --zone=public --add-service=https
success
[root@centos-s ~]# firewall-cmd --zone=public --query-service=https
no
// 永久规则不立即生效
[root@centos-s ~]# firewall-cmd --reload
success
[root@centos-s ~]# firewall-cmd --zone=public --query-service=https
yes
// 重新加载规则后才生效
```

【例 4.24】 把区域 public 设置为永久拒绝协议 HTTP 的流量通过,并立即生效。

```
[root@centos-s ~]# firewall-cmd --permanent --zone=public --remove-service=http
Warning: NOT_ENABLED: http
success
[root@centos-s ~]# firewall-cmd --reload
success
```

【例 4.25】 把区域 public 设置为当前允许 TCP 端口 8088 和 8089 的流量通过。

```
[root@centos-s ~]# firewall-cmd --zone=public --add-port=8088-8089/tcp
success
[root@centos-s ~]# firewall-cmd --zone=public --list-ports
8088-8089/tcp
```

firewalld 中的富规则表示更细致、更详细的防火墙策略配置，它可以针对系统服务、端口号、源地址和目标地址等诸多信息进行更有针对性的策略配置。它的优先级在所有的防火墙策略中也是最高的。

4.4.2 图形界面管理工具

在终端中输入命令 firewall-config 或者在窗口中选择 Applications→Sundry→Firewall 命令，打开如图 4.7 所示的界面。

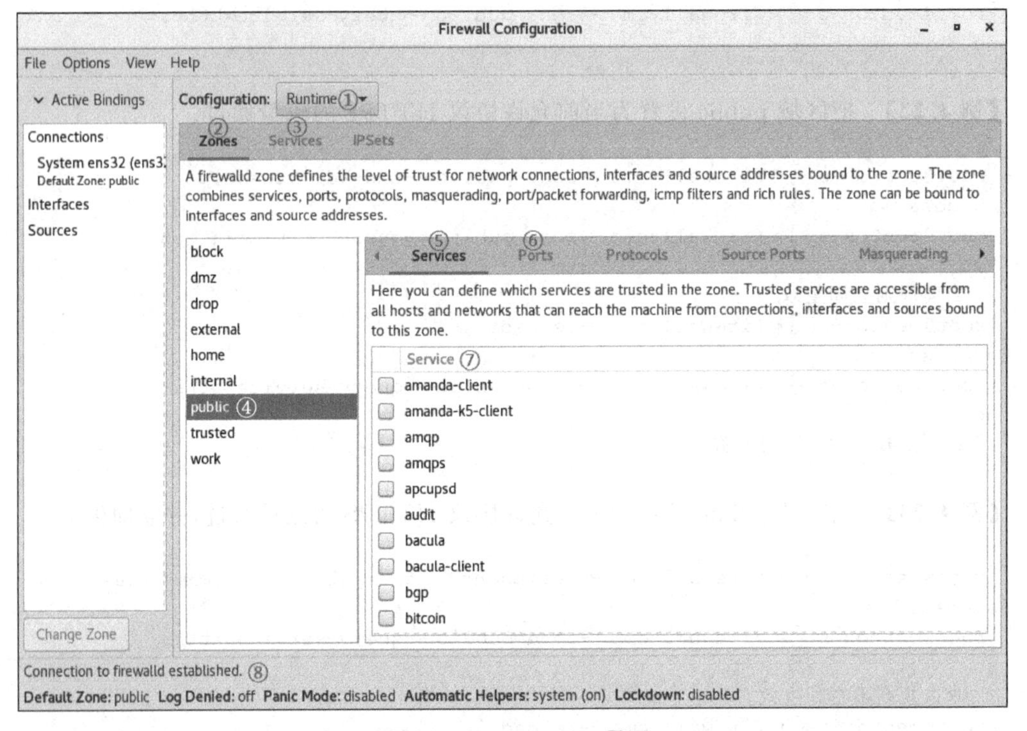

图 4.7 firewall-config 界面

① 选择运行时(Runtime)模式或永久(Permanent)模式的配置。

② 区域列表。

③ 系统服务列表。

④ 当前区域。

⑤ 管理被选中区域的服务。

⑥ 管理被选中区域的端口。

⑦ 被选中区域的服务，若选中了服务前面的复选框，则表示允许与之相关的流量通过。

⑧ Firewall Configuration 的运行状态。

【例 4.26】 把区域 public 设置为当前允许协议 HTTP 的流量通过。具体配置如图 4.8 所示。

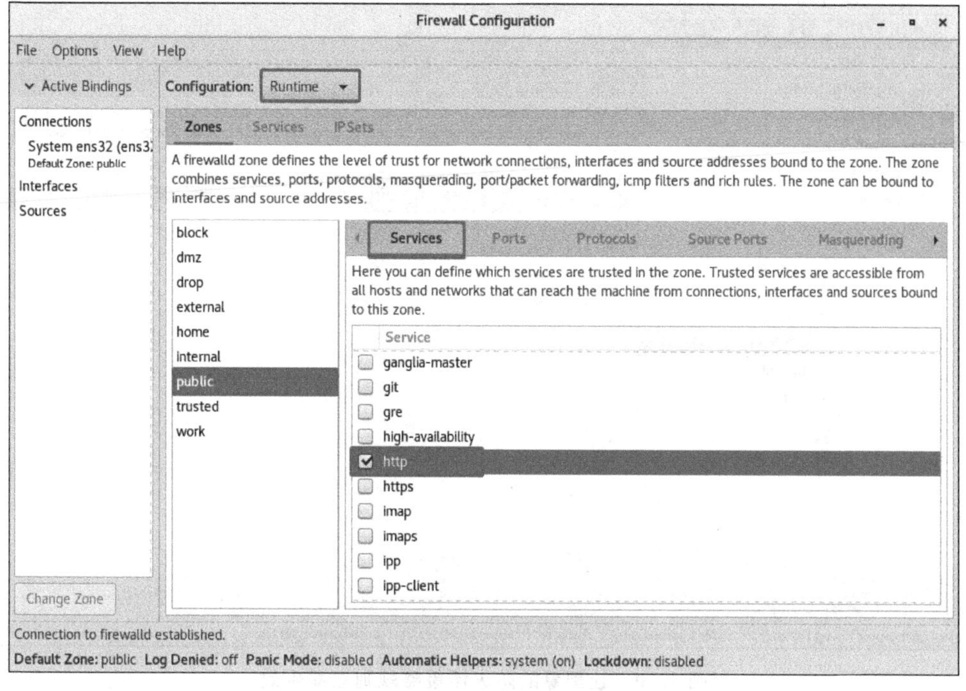

图 4.8 放行请求 http 服务的流量

【例 4.27】 把区域 public 设置为永久允许 TCP 端口 8080～8090 的流量通过，并立即生效。需要在菜单 Options 中选择命令 Reload Firewalld，这与执行选项--reload 的效果一样，如图 4.9 和图 4.10 所示。

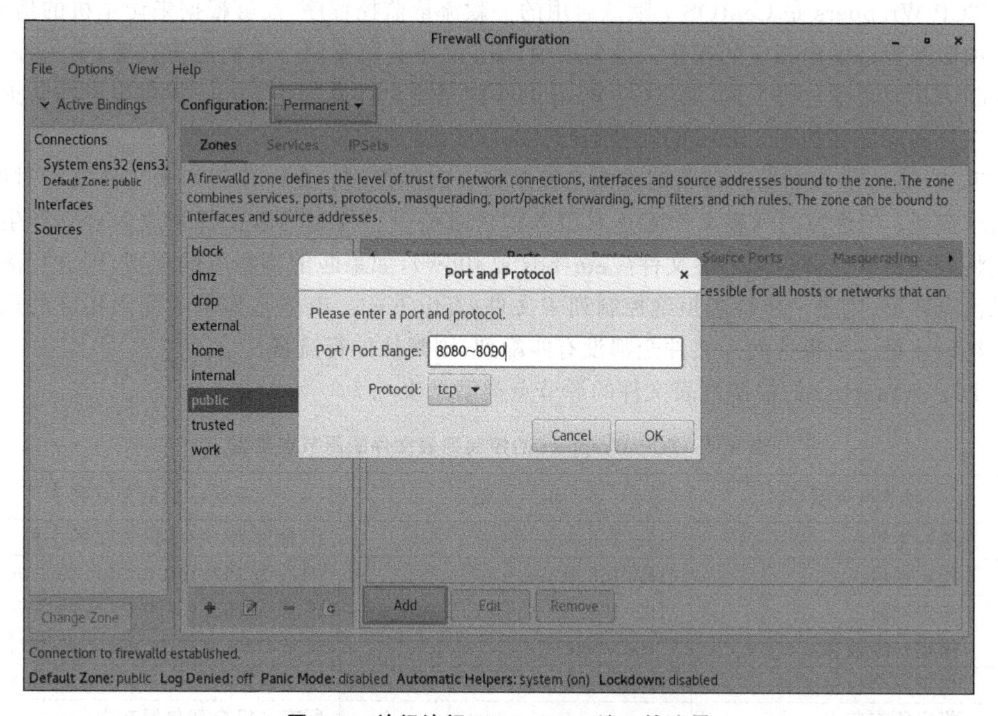

图 4.9 放行访问 8080～8090 端口的流量

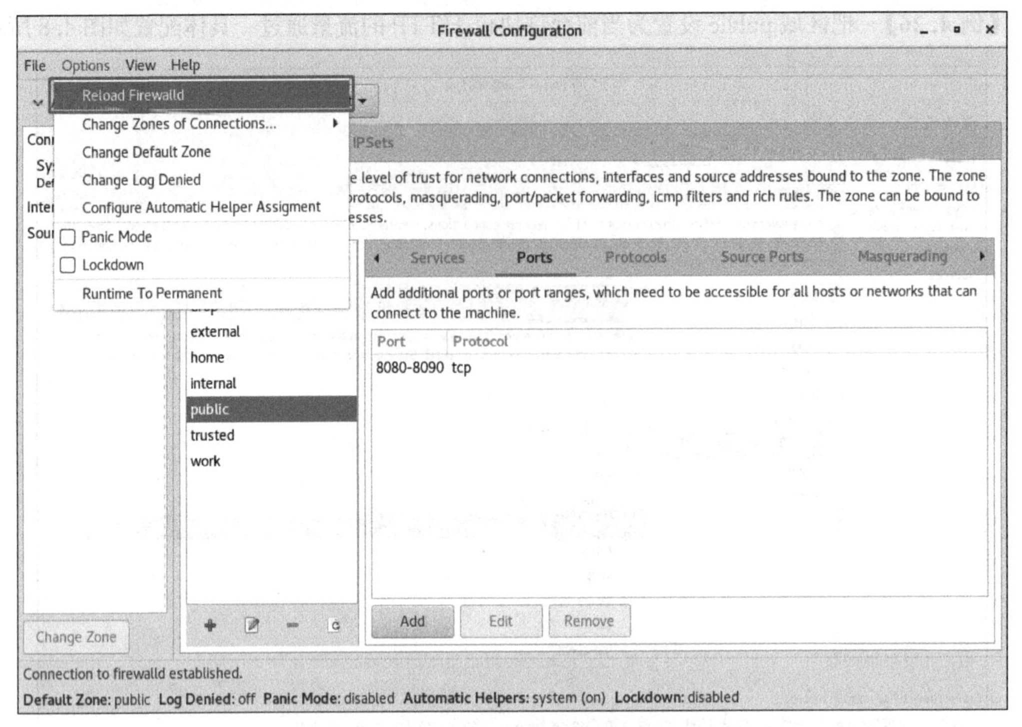

图 4.10 让配置的防火墙策略规则立即生效

4.5 TCP Wrappers

TCP Wrappers 是 CentOS 7 默认启用的一款流量监控程序，能够根据来访主机的地址与本机的服务程序做出相应的操作。换句话说，Linux 中其实有两个层面的防火墙，第一种是基于 TCP/IP 的流量过滤工具，而 TCP Wrappers 则是能允许或禁止 Linux 提供服务的防火墙，从而在更高层面保护了 Linux 的安全运行。

TCP Wrappers 的防火墙策略由两个控制列表文件控制：允许控制列表文件放行对服务的请求流量；拒绝控制列表文件阻止对服务的请求流量。控制列表文件修改后会立即生效。系统将会先检查允许控制列表文件(/etc/hosts.allow)，如果匹配到相应的规则，则放行流量；如果没有匹配，则进一步检查拒绝控制列表文件(/etc/hosts.deny)，如果匹配到相应的规则，则拒绝该流量。如果这两个文件全都没有匹配到，则默认放行流量。

TCP Wrappers 的控制列表文件的源节点类型见表 4.7。

表 4.7 TCP Wrappers 的控制列表文件的源节点类型

源节点类型	示 例	满足示例的节点列表
单一主机	192.168.0.1	IP 地址为 192.168.0.1 的主机
指定网段	192.168.0.	IP 段为 192.168.0.0/24 的主机
指定网段	192.168.0.0/255.255.255.0	IP 段为 192.168.0.0/24 的主机
指定一级域名	.test.com	所有 DNS 后缀为.test.com 的主机
指定完全合格域名	www.test.com	主机名称为 www.test.com 的主机
指定所有节点	*	所有主机全部包括在内

配置 TCP Wrappers 时需要遵循以下两个原则。

(1) 编写策略规则时,填写的是服务名称,而非协议名称。

(2) 建议先编写拒绝策略规则,再编写允许策略规则,以便直观地看到相应的效果。

在配置 TCP Wrappers 时,需对每一个服务进行如下操作。

① 在/etc/hosts.deny 文件中拒绝所有的节点访问。

② 在/etc/hosts.allow 文件中允许特定的节点访问。

通过以上配置实现只有特定的节点才能访问特定的服务。

【例 4.28】 在拒绝控制列表文件中添加一条规则,禁止所有节点访问本机服务 SSH。

```
[root@centos-s ~]# vi /etc/hosts.deny
sshd:*
[root@centos-s ~]# ssh 192.168.0.251
ssh_exchange_identification: read: Connection reset by peer
```

【例 4.29】 在允许控制列表文件中添加一条规则,允许网段 192.168.0.0/24 访问本机服务 SSH。

```
[root@centos-s ~]# vi /etc/hosts.allow
sshd:192.168.0.0/24
[root@centos-s ~]# ssh 192.168.0.251
root@192.168.0.251's password:
```

第 5 章

代理服务器

Chapter 5

本章主要学习代理服务器相关知识以及 squid 软件及其配置实例。

本章的学习目标如下。

(1) 代理服务器相关知识：了解代理服务器的工作原理和作用。

(2) squid：掌握 squid 的安装、启动、配置文件和访问控制列表。

(3) squid 配置实例：掌握普通代理、透明代理和反向代理的配置。

5.1 代理服务器相关知识

利用代理服务器(Proxy Server)能够解决内网访问外网的问题并实现访问的优化和控制，代理服务器在某种意义上等同于内网与外网的桥梁。

普通的网络访问是一个典型的客户机与服务器结构。

(1) 用户使用客户机的客户端发出请求。

(2) 服务器的服务端响应请求并提供相应的数据。

代理服务器则处于客户机与服务器之间。

(1) 对于服务器来说，代理服务器是客户机，代理服务器提出请求，服务器响应。

(2) 对于客户机来说，代理服务器是服务器，它接收客户机的请求，并将服务器响应的数据转给客户机。

5.1.1 代理服务器工作原理

代理服务器的工作原理如图 5.1 所示。

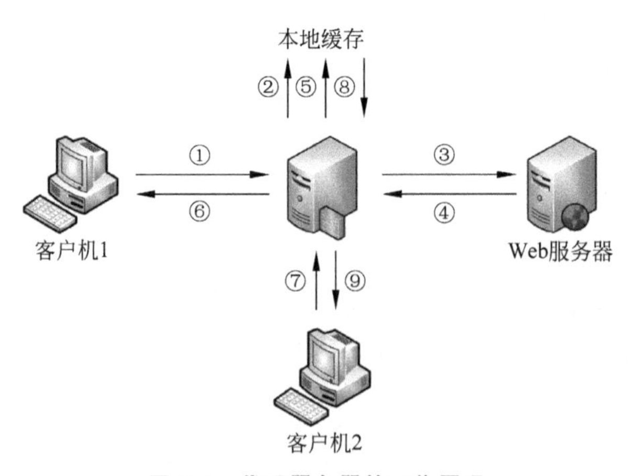

图 5.1 代理服务器的工作原理

① 当客户机 1 对 Web 服务器端提出请求数据时，此请求会首先发送到代理服务器。

② 代理服务器接收到客户机请求后，会检查缓存中是否存有客户机请求的数据。

③ 如果代理服务器没有客户机 1 请求的数据，它将会向 Web 服务器提交请求。

④ Web 服务器响应请求。

⑤ 代理服务器从 Web 服务器获取数据后，会保存至本地缓存，以备以后查询响应。

⑥ 代理服务器向客户机 1 转发 Web 服务器的响应数据。

⑦ 客户机 2 访问 Web 服务器，此请求会首先发送到代理服务器。

⑧ 代理服务器查找本地缓存，发现存在客户机 2 请求的数据。

⑨ 代理服务器直接响应请求的数据而不需要再向 Web 服务器提交请求，从而节约了网络流量和提高了访问速度。

5.1.2　代理服务器作用

(1) 提高访问速度。在客户机请求数据之后一般该数据会被存储在代理服务器的硬盘中，因此如果下次客户机再次访问该数据时，代理服务器就可以直接从硬盘读取数据并发送给客户机。

(2) 用户访问限制。所有使用代理服务器的客户机都必须通过代理服务器访问远程站点，因此可以在代理服务器上设置相应的访问限制，以屏蔽或允许通过特定的信息。

(3) 安全性得到提高。外部节点只知道代理服务器的信息而不知道内部节点的信息，这样使得内网的安全性得到提高。

5.2　squid

squid 是一个高性能的代理服务器软件，可以加快内网访问外网的速度，提高客户机的访问命中率。squid 不仅支持 HTTP，还支持 FTP、SSL 和 WAIS 等协议。squid 会用一个单独的、非模块化的 I/O 驱动的进程来处理所有的客户端请求。

5.2.1　安装和启动 squid

(1) 安装、启动和设置自动启动 squid。

```
[root@centos-s ~]# yum install -y squid
[root@centos-s ~]# systemctl start squid
[root@centos-s ~]# systemctl enable squid
```

(2) 配置防火墙以放行 squid。

```
[root@centos-s ~]# firewall-cmd --permanent --add-service=squid
[root@centos-s ~]# firewall-cmd --reload
```

5.2.2　配置 squid

squid 配置文件为/etc/squid/squid.conf，其字段和含义见表 5.1。

表 5.1 squid 配置文件的字段和含义

字 段	含 义
http_port 3128	监听的端口号
cache_mem 64M	内存缓冲区的大小
cache_dir ufs /var/spool/squid 100 16 256	硬盘缓冲区的路径和大小、一级和二级目录的数量
cache_effective_user squid	缓存有效用户
cache_effective_group squid	缓存有效组群
dns_nameservers [IP 地址]	域名服务器地址；一般不设置，而是用服务器默认的域名服务器地址
cache_access_log /var/log/squid/access.log	访问日志文件的路径
cache_log /var/log/squid/cache.log	缓存日志文件的路径
visible_hostname proxy.example.com	squid 服务器名

5.2.3 配置访问控制列表

squid 通过检查访问控制列表(Access Control List，ACL)来决定是否和如何实现代理。

1. acl

acl 用于创建访问控制列表。acl 的语法格式如下：

```
acl 列表名称 列表类型 [-i] 列表值
```

其中，-i 表示忽略英文字母大小写，默认情况下 squid 是区分大小写的；列表名称用于区分不同的访问控制列表，任何两个访问控制列表不能用相同的名称，一般来说，为了便于区分列表的含义应尽量使用意义明确的列表名称；列表类型用于定义可被 squid 识别的类别，例如，IP 地址、主机名、域名、日期和时间等。常见的访问控制列表类型见表 5.2。

表 5.2 常见的访问控制列表类型

类 型	说 明
src ip-address/netmask	客户机源 IP 地址和子网掩码
src addr1-addr4/netmask	客户机源 IP 地址范围
dst ip-address/netmask	客户机目的 IP 地址和子网掩码
myip ip-address/netmask	本地套接字 IP 地址
srcdomain domain	源域名(客户机所属的域)
dstdomain domain	目的域名(外网中的服务器所属的域)
srcdom_regex expression	对源 URL 做正则表达式匹配
dstdom_regex expression	对目的 URL 做正则表达式匹配
url_regex	设置 URL 正则表达式匹配
urlpath_regex:URL-path	设置略去协议和主机名的 URL 正则表达式匹配
time	指定时间。用法：acl aclname time [day-abbrevs] [h1:m1-h2:m2] 其中 day-abbrevs 可以为 S(Sunday)、M(Monday)、T(Tuesday)、W(Wednesday)、H(Thursday)、F(Friday)、A(Saturday) **注意**："h1:m1"一定要比"h2:m2"小
port	指定端口，如 acl SSL_ports port 443
proto	指定协议，如 acl allowprotolist proto HTTP

2. http_access

squid 在定义访问控制列表后，会根据 http_access 的规则允许或禁止匹配规则的客户机的访问请求。

http_access 用于定义访问控制列表的规则。http_access 的语法格式如下：

```
http_access [allow|deny] 访问控制列表名称
```

【例 5.1】 拒绝所有客户机的请求。

```
acl all src 0.0.0.0/0.0.0.0
http_access deny all
```

【例 5.2】 拒绝网络 IP 为 192.168.0.0/24 的客户机请求。

```
acl client src 192.168.0.0/255.255.255.0
http_access deny client
```

【例 5.3】 禁止用户访问域名为 www.test.com 的网站。

```
acl baddomain dstdomain www.test.com
http_access deny baddomain
```

【例 5.4】 禁止网络 192.168.0.0/24 的客户机在周一到周五的 9:00—17:00 的请求。

```
acl client src 192.168.0.0/255.255.255.0
acl badtime time MTWHF 9:00-17:00
http_access deny client badtime
```

【例 5.5】 禁止所有包含.exe、.zip 和.rar 的 URL。

```
acl badfile urlpath_regex -i \.exe$ \.zip$ \.rar$
http_access deny badfile
```

【例 5.6】 屏蔽所有包含 sex 的 URL。

```
acl sex url_regex -i sex
http_access deny sex
```

【例 5.7】 禁止客户机访问端口 22、23、25、53、110。

```
acl dangerous_port port 22 23 25 53 110
http_access deny dangerous_port
```

3. cache_peer

cache_peer 选项用来配置代理服务器阵列，控制选择代理伙伴。cache_peer 的语法格式如下：

```
cache_peer hostname type http_port icp_port options
```

参数说明如下。

- hostname：指被请求的同级子代理服务器或父代理服务器，可以用主机名或 IP 地址表示。
- type：指明 hostname 的类型，是父代理服务器还是同级子代理服务器，即 parent（父）还是 sibling（子）。
- http_port：hostname 的监听端口。
- icp_port：hostname 上的 ICP 监听端口，对于不支持 ICP 协议的可指定 7。
- options：包含一个或多个关键字。

➢ proxy-only：指明从 peer 得到的数据在本地不进行缓存，squid 默认是缓存这部分数据的。

➢ weight＝n：用于有多个 peer 的情况，这时如果多于一个以上的 peer 拥有请求的数据时，squid 通过计算每个 peer 的 ICP 响应时间来决定其 weight 的值，然后 squid 向其中拥有最大 weight 的 peer 发出 ICP 请求，即 weight 值越大，其优先级越高。当然也可以手动指定其 weight 值。

➢ no-query：不向该 peer 发送 ICP 请求。如果该 peer 不可用时，可以使用该选项。

➢ default：有点像路由表中的默认路由，该 peer 将被用作最后的尝试手段。当只有一个父代理服务器并且其不支持 ICP 协议时，可以使用 default 和 no-query 选项让所有请求都发送到该父代理服务器。

➢ login＝user：password：当父代理服务器要求用户认证时可以使用该选项来进行认证。

注意：peer 具有拥有请求数据的服务，可以是父服务器。也可以是同级子服务器。

5.3 squid 配置实例

squid 的配置实例包括普通代理、透明代理和反向代理。

5.3.1 普通代理

现有一局域网（内网）需要将其接入互联网，使用私有地址。运行 Linux 的服务器担任内网的代理服务器，内网节点通过代理服务器访问外网节点的 HTTP 服务。拓扑结构如图 5.2 所示。

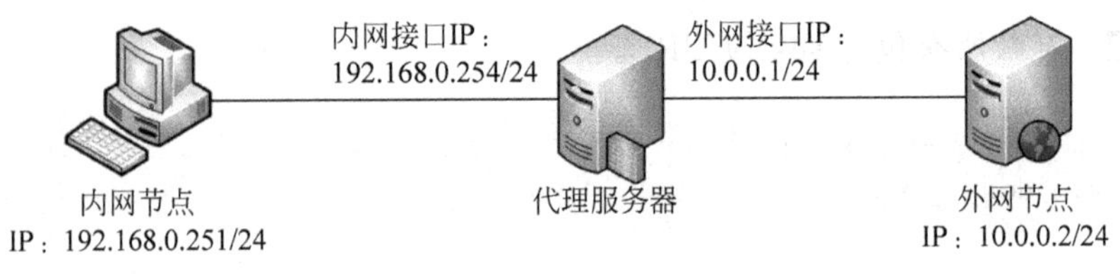

图 5.2 普通代理

各节点的网络配置见表 5.3。

表 5.3 各节点的网络配置

节　　点	主　机　名	IP 地址和子网掩码
代理服务器	centos-proxy	192.168.0.254/24 内网 10.0.0.1/24 外网

续表

节　　点	主　机　名	IP地址和子网掩码
内网节点	centos-lan	192.168.0.251/24
外网节点	centos-wan	10.0.0.2/24

步骤1：按照节点网络配置表配置内网节点、代理服务器、外网节点的主机名、IP地址和子网掩码，并测试节点之间的连通性。

(1) 配置内网节点。

```
[root@centos-lan ~]# vi /etc/sysconfig/network-scripts/ifcfg-ens32
TYPE=Ethernet
BOOTPROTO=none
DEVICE=ens32
ONBOOT=yes
IPADDR=192.168.0.251
PREFIX=24
[root@centos-lan ~]# systemctl restart network
```

(2) 配置代理服务器。

```
[root@centos-proxy ~]# ifconfig
// 查看两块网卡的名称
[root@centos-proxy ~]# vi /etc/sysconfig/network-scripts/ifcfg-ens32
TYPE=Ethernet
BOOTPROTO=none
DEVICE=ens32
ONBOOT=yes
IPADDR=192.168.0.254
PREFIX=24
[root@centos-proxy ~]# vi /etc/sysconfig/network-scripts/ifcfg-ens34
TYPE=Ethernet
BOOTPROTO=none
DEVICE=ens34
ONBOOT=yes
IPADDR=10.0.0.1
PREFIX=24
[root@centos-proxy ~]# systemctl restart network
```

(3) 配置外网节点。

```
[root@centos-wan ~]# vi /etc/sysconfig/network-scripts/ifcfg-ens32
TYPE=Ethernet
BOOTPROTO=none
DEVICE=ens32
ONBOOT=yes
IPADDR=10.0.0.2
PREFIX=24
[root@centos-wan ~]# systemctl restart network
```

(4) 测试内网节点连通性。

```
[root@centos-lan ~]# ping 192.168.0.254
// 测试与代理服务器的内网接口的连通性: 连通
[root@centos-lan ~]# ping 10.0.0.1
// 测试与代理服务器的外网接口的连通性: 不通
[root@centos-lan ~]# ping 10.0.0.2
// 测试与外网节点的连通性: 不通
```

(5) 测试代理服务器连通性。

```
[root@centos-proxy ~]# ping 192.168.0.251
// 测试与内网节点的连通性: 连通
[root@centos-proxy ~]# ping 10.0.0.2
// 测试与外网节点的连通性: 连通
```

(6) 测试外网节点连通性。

```
[root@centos-wan ~]# ping 10.0.0.1
// 测试与代理服务器的外网接口的连通性: 连通
[root@centos-wan ~]# ping 192.168.0.254
// 测试与代理服务器的内网接口的连通性: 不通
[root@centos-wan ~]# ping 192.168.0.251
// 测试与内网节点的连通性: 不通
```

步骤 2: 在外网节点安装和启动万维网服务,创建网站默认页,设置 firewalld 放行服务流量,本机访问测试。

```
[root@centos-wan ~]# yum install -y httpd
[root@centos-wan ~]# systemctl start httpd
[root@centos-wan ~]# echo " This is the WAN HTTP Server." > /var/www/html/index.html
[root@centos-wan ~]# firewall-cmd --permanent --add-service=http
[root@centos-wan ~]# firewall-cmd --reload
[root@centos-wan ~]# firefox 10.0.0.2
```

步骤 3: 在代理服务器上安装 squid 相关软件包、创建 ACL 规则、设置磁盘缓存目录,并启动 squid 服务,设置 firewalld 放行 squid 的流量。

```
[root@centos-proxy ~]# yum install -y squid
[root@centos-proxy ~]# vi /etc/squid/squid.conf
acl localnet src 192.168.0.0/24
// 定义 192.168.0.0/24 的网络为本地网络
cache_dir ufs /var/spool/squid 10240 16 256
// 设置磁盘缓存目录为/var/spool/squid,大小为 10GB
// 一级目录为 16 个,二级目录为 256 个
[root@centos-proxy ~]# systemctl start squid
[root@centos-proxy ~]# firewall-cmd --permanent --add-service=squid
[root@centos-proxy ~]# firewall-cmd --reload
```

步骤 4: 在内网节点的浏览器设置代理服务器。打开浏览器 Firefox,按 Alt 键,选择 Edit→

Preferences→General→Network Settings 命令，打开 Connection Settings 对话框，单击选中 Manual proxy configuration 单选按钮，将 HTTP Proxy 设为代理服务器的内网地址，Port 设为 3128，如图 5.3 所示。

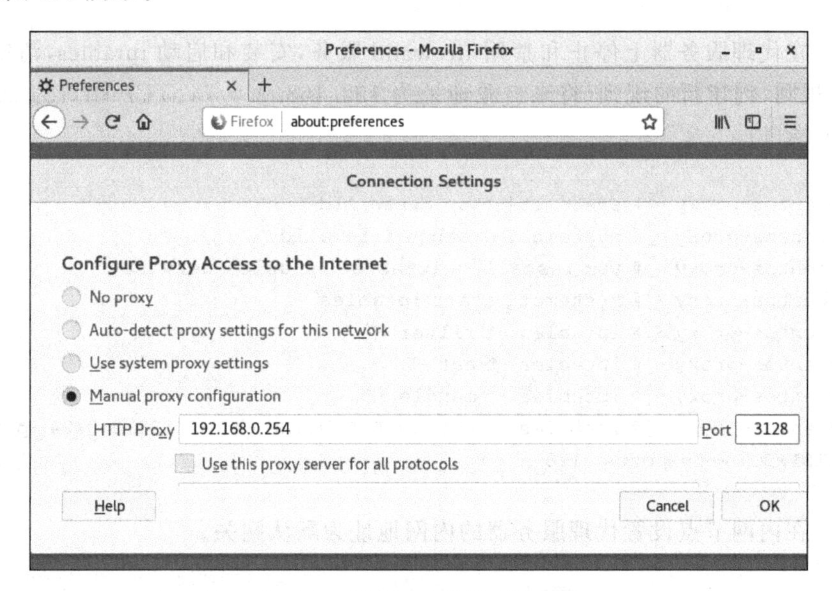

图 5.3　浏览器设置代理服务器

访问外网节点的 HTTP 服务。

```
[root@centos-lan ~]# firefox 10.0.0.2
```

步骤 5：在代理服务器上查看代理服务的日志文件。

```
[root@centos-proxy ~]# cat /var/log/squid/access.log
1624331775.654      3 192.168.0.251 TCP_MISS/200 410 GET http://10.0.0.2/ - HIER_
DIRECT/10.0.0.2 text/html
```

步骤 6：在外网节点上查看 HTTP 服务的日志文件。

```
[root@centos-wan ~]# cat /var/log/httpd/access_log
10.0.0.2 - - [22/Jun/2021:11:13:27 +0800] "GET / HTTP/1.1" 200 29 "-" "Mozilla/5.0
(X11; Linux x86_64; rv:68.0) Gecko/20100101 Firefox/68.0"
```

5.3.2　透明代理

利用 squid 和 NAT 功能可以实现透明代理，客户机不需要知道有代理服务器存在，也不需要在浏览器或其他的客户端中做任何设置，只需要将默认网关设置为代理服务器的内网地址即可。

在上一小节的基础上进行如下步骤的配置。

步骤 1：在代理服务器上修改配置文件，重新启动 squid 服务。

```
[root@centos-proxy ~]# vi /etc/squid/squid.conf
#http_port 3128
```

```
http_port 192.168.0.254:3128 transparent
//屏蔽原有的 http_port 3128 行,添加上面一行
[root@centos-proxy ~]# systemctl restart squid
```

步骤 2：在代理服务器上停止和禁用 firewalld 服务，安装和启动 iptables，清空所有表所有链的默认规则，创建新的规则（将来自源地址为 192.168.0.0/24、TCP 端口为 80 的访问直接转向 3128 端口）。

```
[root@centos-proxy ~]# systemctl stop firewalld
[root@centos-proxy ~]# systemctl disable firewalld
[root@centos-proxy ~]# yum install -y iptables iptables-services
[root@centos-proxy ~]# systemctl start iptables
[root@centos-proxy ~]# iptables -t filter -F
[root@centos-proxy ~]# iptables -t nat -F
[root@centos-proxy ~]# iptables -t mangle -F
[root@centos-proxy ~]# iptables -t nat -A PREROUTING -s 192.168.0.0/24 -p tcp --dport
80 -j REDIRECT --to-ports 3128
```

步骤 3：在内网节点设置代理服务器的内网地址为默认网关。

```
[root@centos-lan ~]# vi /etc/sysconfig/network-scripts/ifcfg-ens32
GATEWAY=192.168.0.254
[root@centos-lan ~]# systemctl restart network
```

打开浏览器 Firefox，按 Alt 键，选择 Edit→Preferences→General→Network Settings 命令，打开 Connection Settings 对话框，单击选中 No proxy 单选项，并访问外网节点的 HTTP 服务。

```
[root@centos-lan ~]# firefox 10.0.0.2
```

步骤 4：在代理服务器上查看代理服务的日志文件。

```
[root@centos-proxy ~]# cat /var/log/squid/access.log
1624332104.659      3 192.168.0.251 TCP_CLIENT_REFRESH_MISS/200 406 GET http://10.0.
0.2/ - ORIGINAL_DST/10.0.0.2 text/html
```

步骤 5：在外网节点上查看 HTTP 服务的日志文件。

```
[root@centos-wan ~]# cat /var/log/httpd/access_log
10.0.0.1 - - [22/Jun/2021:11:21:44 +0800] "GET / HTTP/1.1" 200 29 "-" "Mozilla/5.0
(X11; Linux x86_64; rv:68.0) Gecko/20100101 Firefox/68.0"
```

5.3.3 反向代理

通过反向代理可实现外网节点通过代理服务器访问内网节点的服务。拓扑结构如图 5.4 所示。

步骤 1：在内网节点停止和禁用 firewalld 服务，安装和启动万维网服务，创建网站默认

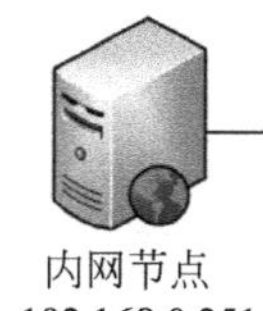

图 5.4 反向代理

页，进行本机访问测试。

```
[root@centos-lan ~]# systemctl stop firewalld
[root@centos-lan ~]# systemctl disable firewalld
[root@centos-lan ~]# yum install -y httpd
[root@centos-lan ~]# systemctl start httpd
[root@centos-lan ~]# echo " This is the LAN HTTP Server." > /var/www/html/index.html
[root@centos-lan ~]# firefox 192.168.0.251
```

步骤 2：在代理服务器上安装 squid 相关软件包、创建 ACL 规则、定义虚拟主机和设置内网节点，设置 firewalld 放行 squid 和万维网的服务流量。

```
[root@centos-proxy ~]# yum install -y squid
[root@centos-proxy ~]# vi /etc/squid/squid.conf
acl localnet src 10.0.0.0/24
// 创建 ACL 规则：定义 10.0.0.0/24 为本地网络
http_port 10.0.0.1:80 vhost
// 定义外网地址和 80 端口为虚拟主机
cache_peer 192.168.0.251 parent 80 0 originserver weight=10 max_conn=100
// 设置 cache_peer 为内网节点，父节点，端口 80，权重 10，最大连接数 100
[root@centos-proxy ~]# systemctl start squid
[root@centos-proxy ~]# firewall-cmd --permanent --add-service=squid
[root@centos-proxy ~]# firewall-cmd --permanent --add-service=http
[root@centos-proxy ~]# firewall-cmd --reload
```

步骤 3：在外网节点通过代理服务器的外网地址访问内网节点的 HTTP 服务。

```
[root@centos-wan ~]# firefox 10.0.0.1
```

步骤 4：在代理服务器上查看代理服务的日志文件。

```
[root@centos-proxy ~]# cat /var/log/squid/access.log
1624344507.070      6 10.0.0.2 TCP_MISS/200 396 GET http://10.0.0.1/ - FIRSTUP_
PARENT/192.168.0.251 text/html
```

步骤 5：在内网节点上查看 HTTP 服务的日志文件。

```
[root@centos-lan ~]# cat /var/log/httpd/access_log
192.168.0.254 - - [22/Jun/2021:14:48:27 +0800] " GET / HTTP/1.1" 200 29" -" " Mozilla/5.
0 ( X11; Linux x86_64; rv:68.0) Gecko/20100101 Firefox/68.0"
```

第 6 章

网络文件系统

Chapter 6

本章主要学习网络文件系统的相关知识，还包括安装和配置、配置实例、故障排除等。

本章的学习目标如下。

(1) 网络文件系统相关知识：了解网络文件系统的工作原理和组成。

(2) 安装和配置 NFS：掌握 NFS 的安装、启动、配置文件和客户机的配置。

(3) 网络文件系统配置实例：掌握网络文件系统配置实例。

(4) 网络文件系统故障排除：掌握网络文件系统故障排除。

6.1 网络文件系统相关知识

网络文件系统是文件系统的一个网络抽象，允许远程客户端以本地文件系统类似的方式通过网络进行访问。

6.1.1 网络文件系统工作原理

在 Linux 系统中实现资源共享要用到网络文件系统(Network File System，NFS)。NFS 与 Windows 下的“网上邻居”十分相似，它允许用户连接到一个共享位置，然后像对待本地硬盘一样进行相关操作。NFS 最早是由 Sun 公司于 1984 年开发出来的，其目的就是让不同计算机、不同操作系统之间可以彼此共享文件。由于 NFS 使用起来非常方便，因此很快得到了大多数 UNIX/Linux 系统的广泛支持，还被 IETE(国际互联网工程任务组)制定为 RFC 1904、RFC 1813 和 RFC 3010 标准。

1. NFS 的好处

(1) 在本地客户机上可以使用更少的磁盘空间，因为数据可以存放在服务器上，通过网络就可以访问。

(2) 用户不必在网络上的每台客户机中都设一个 home 目录，home 目录可以被放在服务器上，并且在网络上随时可以访问。

例如，客户机每次启动时就自动挂载服务器的共享目录/exports/nfs 到指定用户的 home 目录中。这样，客户机上的指定用户就可以把/home/用户名/nfs 当作本地硬盘，从而不用考虑网络访问问题，如图 6.1 所示。

(3) 诸如光驱之类的移动存储设备可以在网络上被其他设备使用。这可以减少整个网络上移动存储设备的数量。

2. NFS 和 RPC

绝大多数的网络服务都有固定端口，如 Web 服务的 80 端口、FTP 服务的 21 端口等，但是

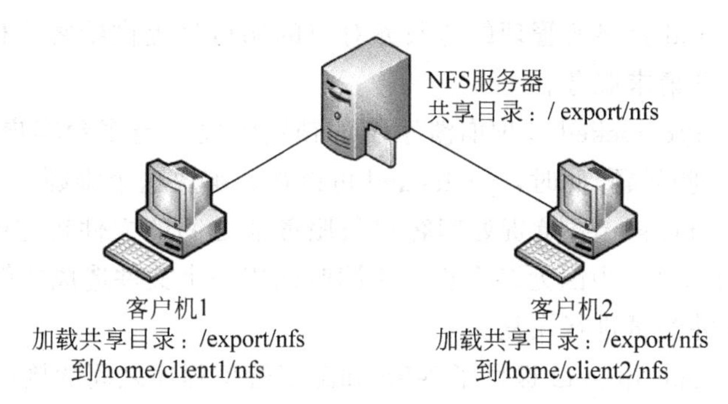

图 6.1 在客户机上将服务器上的共享目录加载到本地

NFS 服务的工作端口尚未确定。

因为 NFS 是一个很复杂的组件，涉及文件传输、身份验证等功能，每个功能都会占用一个端口。为了防止占用过多的固定端口，NFS 采用动态端口的方式来工作，当需要每个功能提供服务时都会随机选用一个小于 1024 的端口来提供服务。

RPC(Remote Procedure Call，远程过程调用)最主要的功能就是记录每个 NFS 功能对应的端口，RPC 工作在固定端口 111。当 NFS 启动时，会自动向 RPC 注册自己各个功能选用的端口，当客户机需要访问 NFS 服务时，就会访问服务器的 111 端口，RPC 会将 NFS 工作端口返回给客户机，如图 6.2 所示。

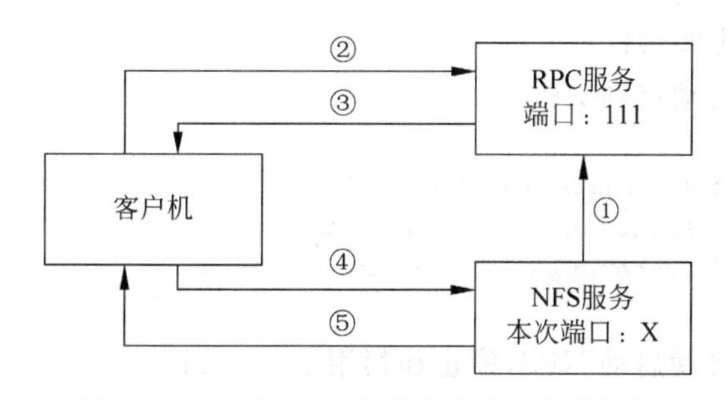

图 6.2 NFS 和 RPC 合作为客户机提供服务

① NFS 启动时，自动选择工作端口如小于 1024 的 X 端口，并向 RPC 注册，RPC 记录则在案。

② 客户机需要 NFS 提供服务时，首先向 RPC 查询 NFS 工作在哪个端口。

③ RPC 回答客户机，它工作在 X 端口。

④ 客户机访问 X 端口，请求服务。

⑤ NFS 服务经过认证，允许客户机访问自己的共享目录。

6.1.2 网络文件系统组成

NFS 主要由以下 6 个部分组成，其中，只有前面 3 个是必需的，后面 3 个是可选的。

(1) rpc. nfsd。rpc. nfsd 的主要作用就是检查客户机是否具备登录服务器的权限，负责处理 NFS 请求。

(2) rpc. mountd。rpc. mountd 主要作用就是管理 NFS 的文件系统。当客户机通过 rpc. nfsd 登录服务器后，在开始使用服务器的共享目录之前，rpc. mountd 会检查客户机的权限。

(3) rpcbind。rpcbind 的主要功能是进行端口映射工作。当客户机尝试连接并使用服务器提供的服务时,rpcbind 会将所管理的与服务对应的端口号提供给客户机,从而使客户机可以通过该端口向服务器请求服务。

(4) rpc. locked。rpc. locked 处理崩溃系统的锁定恢复。当多台客户机同时使用一个文件时,就有可能造成一些问题,此时,rpc. locked 可以帮助解决这个难题。

(5) rpc. stated。rpc. stated 负责处理客户与服务器之间的文件锁定问题,确定文件的一致性(与 rpc. locked 有关)。当因为多个客户机同时使用一个文件造成文件破坏时,rpc. stated 可以用来检测该文件并尝试进行恢复。

(6) rpc. quotad。rpc. quotad 提供了 NFS 和配额管理程序之间的接口。

6.2 安装和配置 NFS

要使用网络文件系统,必须先安装、启动和配置 NFS。

6.2.1 安装和启动 NFS

NFS 的运行至少需要以下两个软件包。

(1) rpcbind。rpcbind 负责端口映射工作。

(2) nfs-utils。提供 rpc. nfsd 和 rpc. mountd 这两个守护进程与其他相关文档、执行文件的套件。这是 NFS 的主要套件。

安装、启动和设置自动启动 RPC。

```
[root@centos-s ~]# yum install -y rpcbind
[root@centos-s ~]# systemctl start rpcbind
[root@centos-s ~]# systemctl enable rpcbind
```

安装、启动和设置自动启动 NFS,停止和禁用 firewalld。

```
[root@centos-s ~]# yum install -y nfs-utils
[root@centos-s ~]# systemctl start nfs
[root@centos-s ~]# systemctl enable nfs
Created symlink from /etc/systemd/system/multi - user. target. wants/nfs - server.
service to /usr/lib/systemd/system/nfs-server.service.
[root@centos-s ~]# systemctl stop firewalld
[root@centos-s ~]# systemctl disable firewalld
```

测试 NFS 的各个组件是否在正常运行、NFS 的 RPC 注册状态。如果看到 mountd 和 nfs,则说明 NFS 正常运行。

```
[root@centos-s ~]# rpcinfo -p | grep mountd
    100005    1   udp  20048  mountd
    100005    1   tcp  20048  mountd
    100005    2   udp  20048  mountd
    100005    2   tcp  20048  mountd
    100005    3   udp  20048  mountd
    100005    3   tcp  20048  mountd
```

```
[root@centos-s ~]# rpcinfo -p | grep nfs
    100003    3   tcp   2049  nfs
    100003    4   tcp   2049  nfs
    100227    3   tcp   2049  nfs_acl
    100003    3   udp   2049  nfs
    100003    4   udp   2049  nfs
    100227    3   udp   2049  nfs_acl
```

6.2.2 配置 NFS

NFS 的配置文件为/etc/exports,这个文件定义了本机的哪些目录进行共享,以及共享的权限。

修改服务配置文件后,一定要重新启动(restart)服务或者重新加载(reload)配置文件,新的配置才生效。

1. 配置文件格式

配置文件/etc/exports 的格式如下:

```
共享目录 [第一台主机(选项)] [可用主机名] [其他主机(可用通配符)]
```

在配置文件中,除了区分共享目录和客户机以及分隔多台客户机之外,其余的情形都不可使用空格。例如:

```
/home  Client(rw)
```

主机 Client 对目录/home 具有读取和写入权限。而如果使用了空格,例如:

```
/home  Client (rw)
```

主机 Client 对目录/home 具有读取权限(默认权限);其他主机对目录/home 具有读取和写入权限。

2. 主机命名规则

主机的命名规则如下。

(1) 完整的 IP 地址或者网段。例如:192.168.0.1、192.168.0.0/24、192.168.0.0/ 255.255.255.0。

(2) 主机名。主机名必须存在于文件/etc/hosts 内或者使用域名服务,只要能被解析就行(对应的 IP 地址),还可以支持通配符,例如 * 、? 等。

3. 选项

NFS 权限说明见表 6.1。

表 6.1 NFS 权限说明

选 项	说 明
rw	read-write,可读/写的权限
ro	read-only,只读权限

续表

选　项	说　明
sync	数据同步写入内存与硬盘当中
async	数据会先暂存于内存当中，而非直接写入硬盘
no_root_squash	登录 NFS 主机使用共享目录的用户，如果是 root，那么对于这个共享的目录来说，它就具有 root 的权限。这个设置“极不安全”，不建议使用
root_squash	在登录 NFS 主机使用共享目录的用户如果是 root，那么这个用户的权限将被压缩成匿名用户，通常它的 UID 与 GID 都会变成 nobody(nfsnobody)这个系统账号的身份
all_squash	无论登录 NFS 的用户身份如何，它的身份都会被压缩成匿名用户，即 nobody(nfsnobody)
anonuid	anon 是指 anonymous(匿名用户)，前面关于术语 squash 提到的匿名用户的 UID 设定值，通常为 nobody(nfsnobody)。可以自行设定 UID 值，这个 UID 必须要存在于/etc/passwd 文件当中
anongid	同 anonuid，但是变成 Group ID 就可以了

NFS 本身并不具备用户身份验证功能，识别用户时基于以下 3 种情况。

(1) root。如果客户机是以 root 身份访问 NFS，由于基于安全方面的考虑，NFS 会主动将 root 改成匿名用户，所以，root 只能访问服务器上的匿名资源。

(2) NFS 有客户机用户。如果 NFS 有客户机对应的用户和组群，客户机就能访问与 NFS 上同用户的资源。

(3) NFS 没有客户机用户。客户机只能访问匿名资源。

6.2.3 配置客户机

1. 查看 NFS 的共享目录

命令 showmount 用于查看 NFS 的共享目录，语法格式如下：

```
showmount [选项] [服务器地址]
```

showmount 常用选项和含义见表 6.2。

表 6.2 showmount 常用选项和含义

选项	说　明
-a	查看服务器上的共享目录和所有连接客户机信息
-d	只显示被客户机使用的共享目录
-e	显示服务器上所有的共享目录

2. 挂载 NFS 共享目录

加载 NFS 共享目录的语法格式如下：

```
mount -t nfs 服务器地址:共享目录 挂载点
```

3. 自动挂载 NFS 共享目录

在文件/etc/fstab 中添加如下内容。

```
服务器地址:共享目录          挂载点    nfs    default    0 0
```

6.3 网络文件系统配置实例

网络文件系统配置实例的拓扑结构如图 6.3 所示。

图 6.3 网络文件系统配置实例

各节点的网络配置见表 6.3。

表 6.3 各节点的网络配置

节　点	主 机 名	IP 地址和子网掩码
NFS 服务器	centos-s	192.168.0.251/24
NFS 客户机 1	centos-c1	192.168.0.1/24
NFS 客户机 2	centos-c2	192.168.0.2/24

步骤 1：按照节点网络配置表配置服务器和客户机的主机名、IP 地址和子网掩码，并测试节点之间的连通性。

步骤 2：在服务器上安装和启动 RPC。

```
[root@centos-s ~]# yum install -y rpcbind
[root@centos-s ~]# systemctl start rpcbind
```

步骤 3：在服务器上安装和启动 NFS，停止和禁用 firewalld。

```
[root@centos-s ~]# yum install -y nfs-utils
[root@centos-s ~]# systemctl start nfs
[root@centos-s ~]# systemctl stop firewalld
[root@centos-s ~]# systemctl disable firewalld
```

步骤 4：在服务器上创建共享目录，具体要求见表 6.4，重新加载服务配置文件。

表 6.4 共享目录要求

目　录	本 地 权 限	可访问的客户机	共享权限
/public	777	所有客户机	只读
/share1	777	192.168.0.1/24	读写
/share2	777	192.168.0.2/24	读写

```
[root@centos-s ~]# mkdir /public
[root@centos-s ~]# mkdir /share1
```

```
[root@centos-s ~]# mkdir /share2
[root@centos-s ~]# touch /public/public.txt
[root@centos-s ~]# touch /share1/share1.txt
[root@centos-s ~]# touch /share2/share2.txt
[root@centos-s ~]# chmod 777 /public
[root@centos-s ~]# chmod 777 /share1
[root@centos-s ~]# chmod 777 /share2
[root@centos-s ~]# vi /etc/exports
/public         *(ro)
/share1         192.168.0.1(rw)
/share2         192.168.0.2(rw)
[root@centos-s ~]# systemctl reload nfs
```

步骤5：在服务器上进行本机测试NFS的各个组件是否在正常运行、NFS的RPC注册状态，以及共享目录和参数的设置。

```
[root@centos-s ~]# rpcinfo -p | grep mountd
    100005    1   udp  20048  mountd
    100005    1   tcp  20048  mountd
    100005    2   udp  20048  mountd
    100005    2   tcp  20048  mountd
    100005    3   udp  20048  mountd
    100005    3   tcp  20048  mountd
[root@centos-s ~]# rpcinfo -p | grep nfs
    100003    3   tcp   2049  nfs
    100003    4   tcp   2049  nfs
    100227    3   tcp   2049  nfs_acl
    100003    3   udp   2049  nfs
    100003    4   udp   2049  nfs
    100227    3   udp   2049  nfs_acl
[root@centos-s ~]# rpcinfo -u 192.168.0.251 mountd
program 100005 version 1 ready and waiting
program 100005 version 2 ready and waiting
program 100005 version 3 ready and waiting
[root@centos-s ~]# rpcinfo -u 192.168.0.251 nfs
program 100003 version 3 ready and waiting
rpcinfo: RPC: Program/version mismatch; low version = 3, high version = 4
program 100003 version 4 is not available
[root@centos-s ~]# cat /var/lib/nfs/etab
/share2  192.168.0.2(rw,sync,wdelay,hide,nocrossmnt,secure,root_squash,no_all_
squash,no_subtree_check,secure_locks,acl,no_pnfs,anonuid=65534,anongid=65534,sec
=sys,rw,secure,root_squash,no_all_squash)
/share1  192.168.0.1(rw,sync,wdelay,hide,nocrossmnt,secure,root_squash,no_all_
squash,no_subtree_check,secure_locks,acl,no_pnfs,anonuid=65534,anongid=65534,sec
=sys,rw,secure,root_squash,no_all_squash)
/public  *(ro,sync,wdelay,hide,nocrossmnt,secure,root_squash,no_all_squash,no_
subtree_check,secure_locks,acl,no_pnfs,anonuid=65534,anongid=65534,sec=sys,ro,
secure,root_squash,no_all_squash)
```

步骤6：分别在客户机1和客户机2上查看服务器的共享目录，尝试挂载所有的共享目录（挂载点：/mnt/同名目录），列出挂载后的目录的内容。

(1) 在客户机 1 上标到。

```
[root@centos-c1 ~]# showmount -e 192.168.0.251
Export list for 192.168.0.251:
/public *
/share2 192.168.0.2
/share1 192.168.0.1
[root@centos-c1 ~]# mkdir /mnt/public
[root@centos-c1 ~]# mkdir /mnt/share1
[root@centos-c1 ~]# mkdir /mnt/share2
[root@centos-c1 ~]# mount -t nfs 192.168.0.251:public /mnt/public
[root@centos-c1 ~]# mount -t nfs 192.168.0.251:share1 /mnt/share1
[root@centos-c1 ~]# mount -t nfs 192.168.0.251:share2 /mnt/share2
mount.nfs: access denied by server while mounting 192.168.0.251:share2
[root@centos-c1 ~]# ls /mnt/public
public.txt
[root@centos-c1 ~]# ls /mnt/share1
share1.txt
[root@centos-c1 ~]# ls /mnt/share2
```

(2) 在客户机 2 上标到。

```
[root@centos-c2 ~]# showmount -e 192.168.0.251
Export list for 192.168.0.251:
/public *
/share2 192.168.0.2
/share1 192.168.0.1
[root@centos-c2 ~]# mkdir /mnt/public
[root@centos-c2 ~]# mkdir /mnt/share1
[root@centos-c2 ~]# mkdir /mnt/share2
[root@centos-c2 ~]# mount -t nfs 192.168.0.251:public /mnt/public
[root@centos-c2 ~]# mount -t nfs 192.168.0.251:share1 /mnt/share1
mount.nfs: access denied by server while mounting 192.168.0.251:share1
[root@centos-c2 ~]# mount -t nfs 192.168.0.251:share2 /mnt/share2
[root@centos-c2 ~]# ls /mnt/public
public.txt
[root@centos-c2 ~]# ls /mnt/share1
[root@centos-c2 ~]# ls /mnt/share2
share2.txt
```

6.4 网络文件系统配置流程

网络文件系统配置流程见表 6.5。

表 6.5 网络文件系统配置流程

序号	步　骤	命　令
1	安装 RPC 服务	yum install -yrpcbind
2	安装 NFS 服务	yum install -ynfs-utils

续表

序号	步　骤	命　令
3	建立共享资源	mkdir/touch
4	设置共享资源的本地权限	chmod
5	修改配置文件	vi /etc/exports
6	启动 RPC 服务	systemctl start rpcbind
7	启动 NFS 服务	systemctl start nfs
8	停止防火墙服务	systemctl stop firewalld
9	服务器测试	rpcinfo -p | grep mountd/nfs rpcinfo -u 本机地址 mountd/nfs cat /var/lib/nfs/etab
10	客户机访问	showmount -e 服务器地址 mount -tnfs 服务器地址：共享目录 挂载点

6.5 网络文件系统故障排除

NFS 采用客户机/服务器结构，并通过网络进行通信。因此，NFS 的常见故障可划分为网络、服务器、客户机 3 类。

1. 网络

网络故障常见于以下两个方面。

(1) 网络无法连通。使用命令 ping 检测网络是否连通，如果出现异常，检查物理线路、交换机等网络设备，或者防火墙设置。

(2) 无法解析主机名。服务器无法解析客户机的主机名会导致配置时出错，客户机无法解析服务器的主机名会导致使用命令 mount 基于主机名挂载时失败，所以需要在/etc/hosts 文件中添加相应的主机记录或者配置域名服务。

2. 服务器

(1) 检查 NFS 服务进程状态。为了 NFS 服务器正常工作，首先要保证所有相关的 NFS 服务进程为开启状态。

使用 rpcinfo 命令，可以查看 RPC 的相应信息，命令格式如下：

```
rpcinfo -p 主机名或 IP 地址
```

如果 NFS 相关进程并没有启动，启动 NFS 服务，再次使用 rpcinfo 测试。

(2) 注册 NFS 服务。

```
[root@centos-s ~]# rpcinfo -u 192.168.0.251 nfs
rpcinfo:RPC:Program not registered
Program 100003 is not available
```

出现该提示表明 rpc. nfsd 进程没有注册，需要在启动 RPC 服务后，再重新启动 NFS 服务进行注册。

```
[root@centos-s ~]# systemctl start rpcbind
[root@centos-s ~]# systemctl restart nfs
```

注册以后,再次使用命令 rpcinfo 进行检测。

```
[root@centos-s ~]# rpcinfo -u 192.168.0.251 mountd
[root@centos-s ~]# rpcinfo -u 192.168.0.251 nfs
```

如果一切正常,会发现 NFS 相关进程的 v2、v3 以及 v4 版本均注册完毕,NFS 服务器可以正常工作。

(3) 检测共享目录输出。客户机如果无法访问 NFS 共享目录,可以登录服务器,检查配置文件。确保文件/etc/exports 设定共享目录,并且客户机拥有相应权限。在通常情况下,使用 showmount 命令能够检测 NFS 共享目录输出情况。

```
[root@centos-s ~]# showmount -e 192.168.0.251
```

3. 客户机

(1) 服务器无响应：端口映射失败—RPC 超时。服务器已经关机,或者其 RPC 端口映射进程已关闭。重新启动服务 RPC。

(2) 服务器无响应：程序未注册。命令 mount 发送请求到达 NFS 端口映射进程,但是 NFS 相关守护程序没有注册。具体解决方法在服务器相关内容部分有介绍。

(3) 拒绝访问。客户机不具备访问 NFS 共享目录的权限。

(4) 不被允许。执行命令 mount 的用户权限过低,必须具有 root 或是系统组的用户才可以运行命令 mount。也就是说,只有 root 和系统组的用户才能够进行 NFS 共享目录的挂载和卸载。

第7章

Samba

本章主要学习 Samba 的相关知识，以及其安装和配置、配置实例、故障排除。

本章的学习目标如下。

(1) Samba 相关知识：了解 SMB 协议、Samba 功能和工作原理、通用命名规则。

(2) 安装和配置 Samba：掌握 Samba 的安装、启动、配置文件和客户机的配置。

(3) Samba 配置实例：掌握 Samba 配置实例。

(4) Samba 故障排除：掌握 Samba 故障排除。

7.1 Samba 相关知识

Samba 最先在 Linux 和 Windows 两个平台之间架起了一座桥梁。由于 Samba 的出现，我们可以在 Linux 和 Windows 之间互相通信，实现不同操作系统之间的资源共享，甚至可以使用 Samba Server 完全取代 Windows 域控制器，做域管理工作。

7.1.1 SMB 协议

SMB(Server Message Block，服务消息块)协议是局域网上共享资源的一种协议。它是 Microsoft 和 Intel 在 1987 年制定的协议，主要是作为 Microsoft 网络的通信协议。Samba 则是将 SMB 协议移植到 UNIX 上使用。

早期 SMB 运行于 NBT 协议(NetBIOS over TCP/IP)之上，使用 UDP 的 137、138 及 TCP 的 139 端口；后来发展到直接运行于 TCP/IP 之上，没有额外的 NBT 层，使用 TCP 的 445 端口。

7.1.2 Samba 功能

Samba 主要有如下两个功能。

(1) 资源共享。文件和打印机共享是 Samba 的主要功能。

(2) 身份验证和权限控制。Samba 支持用户模式和域模式等身份验证和权限控制，保护共享的文件和打印机。

7.1.3 Samba 工作过程

当客户机访问服务器时，信息通过 SMB 协议进行传输，其工作过程可以分成 4 个步骤，如图 7.1 所示。

(1) 协议协商(Negotiation Protocol)。客户机访问服务器时，发送数据包 negprot 请求，告知服务器其支持的 SMB 类型。服务器根据客户机的情况，选择最优的 SMB 类型并做出 negprot 响应。

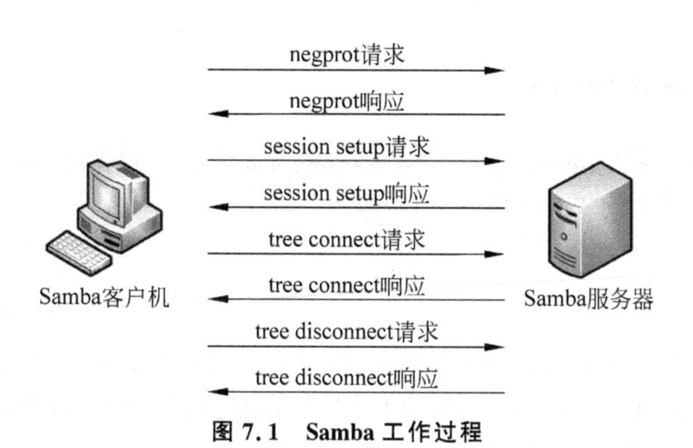

图 7.1 Samba 工作过程

(2) 建立连接(Session Setup)。当 SMB 类型确认后,客户机会发送数据包 session setup 请求,提交用户名和密码进行连接请求。如果服务器通过客户机的验证,将做出 session setup 响应。

(3) 访问共享资源(Tree Connect)。客户机访问共享资源时,发送数据包 tree connect 请求,告知服务器需要访问的共享资源名称。如果服务器允许客户机访问,将为每个客户机与共享资源建立连接。

(4) 断开连接(Tree Disconnect)。客户机使用共享资源完毕,向服务器发送数据包 tree disconnect 请求,与服务器断开连接。服务器做出响应。

7.1.4 Samba 相关进程

Samba 服务是由两个进程组成,分别是 nmbd 和 smbd。nmbd 的功能是进行 NetBIOS 名解析,并提供浏览服务,显示网络上的共享资源列表;smbd 的功能是用来管理 Samba 服务器上的共享目录、打印机等,主要是针对网络上的共享资源进行管理。

7.1.5 通用命名规则

通用命名规则(Universal Naming Convention,UNC)由三个部分组成,即服务器名、共享名和文件路径(可选),如\\server\share\file_path。

服务器名可以是主机名或者 IP 地址;共享名是共享资源的名称,共享名后附带一个"$"符号表示这是一个隐藏的共享,访问时必须输入完整的共享名。

7.2 安装和配置 Samba

要安装 Samba,必须先安装、启动和配置 Samba。

7.2.1 安装和启动 Samba

1. *安装、启动和设置自动启动 Samba*

```
[root@centos-s ~]# yum install -y samba
[root@centos-s ~]# systemctl start smb
[root@centos-s ~]# systemctl enable smb
```

2. 设置防火墙放行 Samba

```
[root@centos-s ~]# firewall-cmd --permanent --add-service=samba
[root@centos-s ~]# firewall-cmd --reload
```

7.2.2 配置文件

Samba 配置文件为/etc/samba/smb. conf，具体内容可以参考配置文件的范例/etc/samba/smb. conf. example。Samba 配置文件按照功能进行了分节，注释符号有“#”和“;”两个，以“#”为常用。Samba 配置文件的字段和含义见表 7.1。

表 7.1 Samba 配置文件的字段和含义

Samba 配置文件	字 段	含 义
[global]	workgroup = MYGROUP	工作组名称，比如：workgroup=SmileGroup
	server string = Samba Server Version %v	服务器描述，参数%v 为显示 SMB 版本号
	interfaces = lo eth0 192.168.12.2/24	当服务器有多个网络接口时，服务监听的网络接口
	hosts allow/deny = 127. 192.168.12.	允许/拒绝连接的主机/网段
	log file = /var/log/samba/log. %m	日志文件的路径，参数%m 为来访的主机名
	max log size = 50	每个日志文件的最大容量，单位为 KB
	security = user	安全验证的方式共有 5 种。 • user：需验证来访主机提供的密码后才可以访问；提升了安全性，系统默认方式 • share(已过时)：来访主机无须验证密码；比较方便，但安全性很差 • server(已过时)：使用独立的远程主机验证来访主机提供的密码(集中管理账户) • domain：使用域控制器进行身份验证 • ads：使用活动目录进行身份验证
	passdb backend = tdbsam	Samba 用户数据管理的方式，共有 3 种。 • smbpasswd：使用 smbpasswd 命令为系统用户设置 Samba 用户的密码 • tdbsam：创建数据库文件并使用 pdbedit 命令建立 Samba 用户 • ldapsam：基于 LDAP 服务进行用户数据管理
	load printers = yes	设置在 Samba 服务启动时是否共享打印机设备
	cups options = raw	打印机的选项
	printcap name = /etc/printcap	打印机控制命令文件名
[homes]	特殊共享目录，表示用户主目录	
[printers]	共享打印机的定义	

7.2.3 访问控制

访问控制语句的语法格式如下：

```
hosts allow/deny = 允许/拒绝访问的网络/主机(IP 地址/域名)
```

当需要输入多个网段/IP 地址的时候，使用“空格”隔开；也可以使用通配符，如 ALL、LOCAL、*、? 等。

```
hosts deny = 192.168.0.
```

表示禁止网段 192.168.0.0/24 的节点访问。

```
hosts allow = 192.168.0.1
```

表示允许节点 192.168.0.1 访问。

```
hosts allow =   192.168.0. EXCEPT 192.168.0.101
```

表示允许网段 192.168.0.0/24 的节点访问，除了节点 192.168.0.101。

访问控制的作用范围：在[global]处针对整台服务器起作用；而在共享资源处针对该共享资源起作用。

```
[global]
        hosts deny = ALL
        hosts allow = 192.168.0.1
```

即只有节点 192.168.0.1 才能访问 Samba 服务器。

```
[share]
        hosts deny = ALL
        hosts allow = 192.168.0.1
```

即只有节点 192.168.0.1 才能访问共享目录 share。

7.2.4 共享资源定义

Samba 共享资源字段的含义见表 7.2。

表 7.2 Samba 共享资源字段的含义

字　　段	含　　义
[共享名]	共享资源的名称
comment = 描述	共享资源的描述
path = 绝对路径	共享资源的绝对路径
public = yes/no	允许/拒绝匿名访问
guest ok = yes/no	允许/拒绝匿名访问
valid users = 用户名/@组群名	允许访问的用户/组群
browseable = yes/no	允许/拒绝浏览共享资源(隐藏共享)
read only = yes/no	是/否只读共享资源
writable = yes/no	允许/拒绝写入共享资源
write list = 用户名/@组群名	允许写入的用户/组群

writable 和 write list 的区别见表 7.3。

表 7.3 writable 和 write list 的区别

字 段	值	描 述
writable	yes/no	所有用户都允许/禁止写入
write list	写入权限账号列表	列表中的用户/组群允许写入

7.2.5 配置文件校验命令

命令 testparm 用于校验配置文件的语法是否正确。不指定配置文件路径时校验的配置文件是/etc/samba/smb.conf。

```
[root@centos-s ~]# testparm
Load smb config files from /etc/samba/smb.conf
Loaded services file OK.
Server role: ROLE_STANDALONE

Press enter to see a dump of your service definitions
// 以上输出表明配置文件没有语法问题
// 以下省略
```

7.2.6 服务密码文件

如果服务器提供的是非匿名共享资源,那么客户机需要提交用户名和密码以进行身份验证,验证通过后才可以访问共享资源。Samba 的用户名和密码存储在服务密码文件/etc/samba/smbpasswd 中。

因为 Samba 默认启用 tdbsam 验证,所以创建 Samba 用户前要在配置 smb.conf 文件中进行如下修改。

```
# passdb backend = tdbsam
// 屏蔽以上一行
smb passwd file = /etc/samba/smbpasswd
// 增加以上一行
```

创建 Samba 用户前需要先创建同名的 Linux 用户。

```
[root@centos-s ~]# useradd user1
[root@centos-s ~]# passwd user1
```

创建 Samba 用户的命令为 smbpasswd,语法格式如下:

```
smbpasswd -a 用户名
[root@centos-s ~]# smbpasswd -a user1
New SMB password:
Retype new SMB password:
Added user user1.
```

如果在创建 Samba 用户时输入两次密码后出现错误信息 Failed to add entry for user

XXX,这是因为 Linux 本地用户里没有这个用户。

```
[root@centos-s ~]# smbpasswd -a user2
New SMB password:
Retype new SMB password:
Failed to add entry for user user2.
```

客户机对共享资源的访问权限取决于服务器的本地系统权限和 Samba 共享权限之中更小的权限。

7.2.7 配置客户机

对于 Windows 客户机不需要做任何配置,直接在资源管理器或者运行对话框输入服务器的 UNC 地址即可访问,如图 7.2 所示。

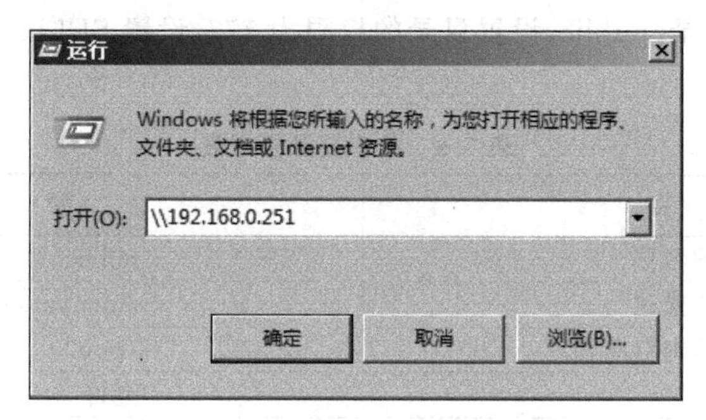

图 7.2 Windows 客户机访问共享资源

在 Linux 客户机上需要安装 Samba 客户端 samba-client 以访问共享资源。

```
[root@centos-c ~]# yum install -y samba-client
[root@centos-c ~]# smbclient -L 192.168.0.251
```

如果需要挂载共享资源,在 Linux 客户机上还需要安装 CIFS(Common Internet File System,通用网络文件系统)工具 cifs-utils。

```
[root@centos-c ~]# yum install -y cifs-utils
[root@centos-c ~]# mkdir /mnt/share
[root@centos-c ~]# mount -t cifs //192.168.0.251/share /mnt/share
```

7.3 Samba 配置实例

Samba 配置实例包括匿名共享、非匿名共享、用户名映射、访问控制和独立配置文件。

7.3.1 匿名共享

所谓匿名共享,即指客户机不需要输入用户名和密码就可以访问服务器的共享资源。匿名用户的用户名为 guest。拓扑结构如图 7.3 所示。

各节点的网络配置见表 7.4。

图 7.3 Samba 配置实例

表 7.4 各节点的网络配置

节　　点	主　机　名	IP 地址和子网掩码
Samba 服务器	centos-s	192.168.0.251/24
Linux 客户机	centos-c	192.168.0.1/24
Windows 客户机		192.168.0.2/24

在服务器上创建目录/public,设置目录的权限为 777,设置 SELinux,创建共享资源,具体要求见表 7.5。

表 7.5 共享资源要求表

项　　目	要　　求
共享资源的名称	public
共享资源的描述	Anonymous Share
共享资源的绝对路径	/public
匿名访问	允许
浏览共享资源	允许
只读共享资源	是

步骤 1：按照节点网络配置表配置 Samba 服务器、Linux 客户机、Windows 客户机的主机名、IP 地址和子网掩码,并测试节点之间的连通性。

步骤 2：在服务器上安装和启动 Samba,并设置 firewalld 放行 Samba 的流量。

```
[root@centos-s ~]# yum install -y samba
[root@centos-s ~]# systemctl start smb
[root@centos-s ~]# firewall-cmd --permanent --add-service=samba
[root@centos-s ~]# firewall-cmd --reload
```

步骤 3：在服务器上创建目录/public,设置目录的权限为 777,设置 SELinux,创建共享资源,校验和重新加载服务配置文件。

```
[root@centos-s ~]# mkdir /public
[root@centos-s ~]# echo "This is a public directory." > /public/public.txt
[root@centos-s ~]# chmod 777 /public
[root@centos-s ~]# chcon -t samba_share_t -R /public
[root@centos-s ~]# vi /etc/samba/smb.conf
[global]
        map to guest = bad user
//添加以上一行：匿名用户映射为 guest 用户
[public]
        comment = Anonymous Share
```

```
        path = /public
        public = yes
        guest ok = yes
        browseable = yes
        read only = yes
[root@centos-s ~]# testparm
[root@centos-s ~]# systemctl reload smb
```

步骤 4：设置在 Windows 客户机访问共享资源。

步骤 5：设置在 Linux 客户机上安装 Samba 客户端并访问共享资源，安装 CIFS 工具并挂载共享资源到/mnt/public。

```
[root@centos-c ~]# yum install -y samba-client
[root@centos-c ~]# smbclient -L 192.168.0.251
Enter SAMBA\root's password:
// 密码可以不输入
    Sharename       Type      Comment
    ---------       ----      -------
    public          Disk      Anonymous Share
// 以下省略
[root@centos-c ~]# yum install -y cifs-utils
[root@centos-c ~]# mkdir /mnt/public
[root@centos-c ~]# mount -t cifs //192.168.0.251/public /mnt/public
Password for root@//192.168.0.251/public:
// 密码可以不输入
[root@centos-c ~]# ls /mnt/public
public.txt
```

7.3.2 非匿名共享

所谓非匿名共享，即指在客户机上需要输入用户名和密码才可以访问服务器的共享资源。

在服务器上创建用户 user1 和 user2，创建 Samba 用户。

在服务器上创建目录/dir1 和/dir2，设置目录的权限为 777，设置 SELinux，创建共享资源，具体要求见表 7.6。

表 7.6 共享资源要求表

项　目	共享资源 1	共享资源 2
共享资源的名称	dir1	dir2
共享资源的描述	Directory 1	Directory 2
共享资源的绝对路径	/dir1	/dir2
浏览共享资源	允许	允许
允许访问的用户/组群	user1	user2
写入共享资源	允许	允许

步骤 1：在服务器上创建用户 user1 和 user2，创建 Samba 用户。

```
[root@centos-s ~]# useradd user1
[root@centos-s ~]# useradd user2
```

```
[root@centos-s ~]# passwd user1
[root@centos-s ~]# passwd user2
[root@centos-s ~]# smbpasswd -a user1
[root@centos-s ~]# smbpasswd -a user2
```

步骤 2：在服务器上创建目录/dir1 和/dir2，设置目录的权限为 777，设置 SELinux，创建共享资源，重新加载服务配置文件。

```
[root@centos-s ~]# mkdir /dir1
[root@centos-s ~]# mkdir /dir2
[root@centos-s ~]# echo "This is dir1 directory." > /dir1/dir1.txt
[root@centos-s ~]# echo "This is dir2 directory." > /dir2/dir2.txt
[root@centos-s ~]# chmod 777 /dir1
[root@centos-s ~]# chmod 777 /dir2
[root@centos-s ~]# chcon -t samba_share_t -R /dir1
[root@centos-s ~]# chcon -t samba_share_t -R /dir2
[root@centos-s ~]# vi /etc/samba/smb.conf
[dir1]
        comment = Directory 1
        path = /dir1
        browseable = yes
        valid users = user1
        writable = yes

[dir2]
        comment = Directory 2
        path = /dir2
        browseable = yes
        valid users = user2
        writable = yes
[root@centos-s ~]# testparm
[root@centos-s ~]# systemctl reload smb
```

步骤 3：在 Windows 客户机上分别以步骤 1 创建的两位用户的身份访问共享资源。

注意：当以某一位用户的身份访问共享资源后必须注销该用户才能以另一位用户的身份访问。

步骤 4：在 Linux 客户机上分别以步骤 1 创建的两位用户的身份访问共享资源，分别挂载共享资源到/mnt/dir1 和/mnt/dir2。

```
[root@centos-c ~]# smbclient -L 192.168.0.251 -U user1
Enter SAMBA\user1's password:
// 输入用户 1 的 Samba 密码

    Sharename       Type      Comment
    ---------       ----      -------
    public          Disk      Anonymous Share
    dir1            Disk      Directory 1
    dir2            Disk      Directory 2
    user1           Disk      Home Directories
```

```
// 显示用户 1 的主目录
// 以下省略
[root@centos-c ~]# smbclient -L 192.168.0.251 -U user2
Enter SAMBA\user2's password:
// 输入用户 2 的 Samba 密码

        Sharename       Type      Comment
        ---------       ----      -------
        public          Disk      Anonymous Share
        dir1            Disk      Directory 1
        dir2            Disk      Directory 2
        user2           Disk      Home Directories
// 显示用户 2 的主目录
// 以下省略
[root@centos-c ~]# mkdir /mnt/dir1
[root@centos-c ~]# mkdir /mnt/dir2
[root@centos-c ~]# mount -t cifs //192.168.0.251/dir1 /mnt/dir1 -o username=user1
Password for user1@//192.168.0.251/dir1:  ******
// 输入用户 1 的 Samba 密码
[root@centos-c ~]# mount -t cifs //192.168.0.251/dir2 /mnt/dir2 -o username=user2
Password for user2@//192.168.0.251/dir2:  ******
// 输入用户 2 的 Samba 密码
[root@centos-c ~]# ls /mnt/dir1
dir1.txt
[root@centos-c ~]# ls /mnt/dir2
dir2.txt
```

7.3.3 用户名映射

用户名映射又称虚拟用户，是指 Samba 的用户名和 Linux 的用户名不一样，这样可以在一定程度上提高安全性。Linux 用户名和 Samba 用户名可以混合使用。

在服务器上创建用户 user1 和 user2 的用户名映射，具体要求见表 7.7。

表 7.7 用户名映射表

Linux 用户名	Samba 用户名
user1	user101
user2	user202

步骤 1：在服务器上创建用户 user1 和 user2 的用户名映射，重新加载服务配置文件。

```
[root@centos-s ~]# vi /etc/samba/smb.conf
[global]
        username map = /etc/samba/smbusers
// 添加以上一行：虚拟用户文件
[root@centos-s ~]# vi /etc/samba/smbusers
user1 = user101
// 等号左边是 Linux 用户名，等号右边是 Samba 用户名
user2 = user202
```

```
[root@centos-s ~]# testparm
[root@centos-s ~]# systemctl reload smb
```

步骤 2：在 Windows 客户机上分别以映射后的用户名访问共享资源。

步骤 3：在 Linux 客户机上分别以映射后的用户名访问共享资源。

7.3.4 访问控制

所谓访问控制，即指允许或拒绝特定的主机连接到服务器或者访问特定的共享资源。

步骤 1：服务器允许主机 192.168.0.101 和 192.168.0.202 访问共享资源，拒绝所有其他主机，重新加载服务配置文件。

```
[root@centos-s ~]# vi /etc/samba/smb.conf
[global]
        hosts allow = 192.168.0.101 192.168.0.202
        hosts deny = ALL
// 添加以上两行
// 允许主机 192.168.0.101 和 192.168.0.202 访问共享资源，拒绝所有其他主机
[root@centos-s ~]# testparm
[root@centos-s ~]# systemctl reload smb
```

步骤 2：在 Windows 和 Linux 客户机上分别访问共享资源。

在 Windows 客户机上无法访问服务器，如图 7.4 所示。

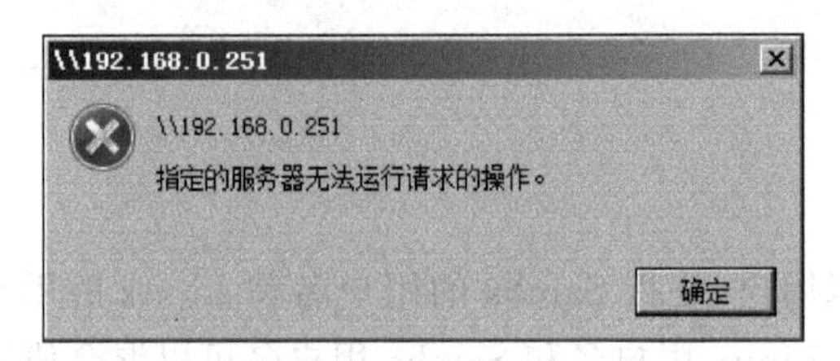

图 7.4 在 Windows 客户机上无法访问服务器

```
[root@centos-c ~]# smbclient -L 192.168.0.251
protocol negotiation failed: NT_STATUS_INVALID_NETWORK_RESPONSE
```

步骤 3：在 Linux 和 Windows 客户机上分别修改 IP 地址为 192.168.0.101 和 192.168.0.202 后访问共享资源。

```
[root@centos-c ~]# vi /etc/sysconfig/network-scripts/ifcfg-ens32
IPADDR=192.168.0.101
// 修改 IP 地址为：192.168.0.101
[root@centos-c ~]# systemctl restart network
[root@centos-c ~]# smbclient -L 192.168.0.251
Enter SAMBA\root's password:
```

7.3.5 独立配置文件

通过独立配置文件可以针对不同的用户和组群定义共享资源。本小节是在第 2 小节的基

础上继续如下的配置，所以必须先恢复第 3～4 小节对配置文件的修改。

在服务器上创建组群 usergroup，将 user1 和 user2 的主组群修改为 usergroup；创建用户 admin，创建 Samba 用户。

在服务器上创建目录/diradmin，设置目录的权限为 777，设置 SELinux，通过独立配置文件创建共享资源，具体要求见表 7.8。

表 7.8 共享资源要求表

项　　目	共享资源 1	共享资源 2	共享资源 3
共享资源名称	dir1	dir2	admin
共享资源描述	Directory 1	Directory 2	Directory Admin
共享资源绝对路径	/dir1	/dir2	/diradmin
浏览共享资源	允许	允许	拒绝
允许访问的用户/组群	usergroup、admin	usergroup、admin	admin
写入共享资源	允许	允许	允许

步骤 1：在服务器上创建组群 usergroup，将 user1 和 user2 的主组群修改为 usergroup；创建用户 admin，创建 Samba 用户。

```
[root@centos-s ~]# groupadd usergroup
[root@centos-s ~]# usermod -g usergroup user1
[root@centos-s ~]# usermod -g usergroup user2
[root@centos-s ~]# useradd admin
[root@centos-s ~]# passwd admin
[root@centos-s ~]# smbpasswd -a admin
```

步骤 2：在服务器上创建目录/diradmin，设置目录的权限为 777，设置 SELinux，通过独立配置文件创建共享资源，具体要求见表 7.8，重新加载服务配置文件。

```
[root@centos-s ~]# mkdir /diradmin
[root@centos-s ~]# echo " This is admin directory." > /diradmin/diradmin.txt
[root@centos-s ~]# chmod 777 /diradmin
[root@centos-s ~]# chcon -t samba_share_t -R /diradmin
[root@centos-s ~]# vi /etc/samba/smb.conf
[global]
        config file = /etc/samba/smb.conf.%G
        config file = /etc/samba/smb.conf.%U
// 添加以上两行，说明独立配置文件的路径
// %G 是代替具体的组群名；%U 是代替具体的用户名
       # username map = /etc/samba/smbusers
       # hosts allow = 192.168.0.101 192.168.0.202
       # hosts deny = ALL
// 屏蔽以上三行，恢复第 3~4 小节对配置文件的修改
[root@centos-s ~]# cp /etc/samba/smb.conf /etc/samba/smb.conf.usergroup
// 创建组群 usergroup 的独立配置文件
[root@centos-s ~]# cp /etc/samba/smb.conf /etc/samba/smb.conf.admin
// 创建用户 admin 的独立配置文件
[root@centos-s ~]# vi /etc/samba/smb.conf
[dir1]
```

```
        # valid users = user1
// 屏蔽以上一行,允许访问的用户/组群由独立配置文件决定
[dir2]
        # valid users = user2
// 屏蔽以上一行,允许访问的用户/组群由独立配置文件决定
[root@centos-s ~]# vi /etc/samba/smb.conf.usergroup
[dir1]
        valid users = @usergroup
// 将 user1 修改为@usergroup
[dir2]
        valid users = @usergroup
// 将 user2 修改为@usergroup
[root@centos-s ~]# vi /etc/samba/smb.conf.admin
[dir1]
        valid users = admin
// 将 user1 修改为 admin
[dir2]
        valid users = admin
// 将 user2 修改为 admin
[diradmin]
         comment = Directory Admin
         path = /diradmin
         browseable = no
         valid users = admin
         writable = yes
[root@centos-s ~]# testparm /etc/samba/smb.conf
[root@centos-s ~]# testparm /etc/samba/smb.conf.usergroup
[root@centos-s ~]# testparm /etc/samba/smb.conf.admin
[root@centos-s ~]# systemctl reload smb
```

步骤 3：在 Windows 客户机上分别以三位用户的身份访问共享资源。

步骤 4：在 Linux 客户机上分别以三位用户的身份访问共享资源。

```
[root@centos-c ~]# smbclient //192.168.0.251/dir1 -U user1
Enter SAMBA\user1's password:
Try "help" to get a list of possible commands.
smb: \> ls
  .                                   D         0  Mon Apr 26 15:56:26 2021
  ..                                  D         0  Mon Apr 26 08:49:44 2021
  dir1.txt                            N        24  Mon Apr 26 08:35:05 2021

        10475520 blocks of size 1024. 6443600 blocks available
smb: \> quit
[root@centos-c ~]# smbclient //192.168.0.251/dir2 -U user1
Enter SAMBA\user1's password:
Try "help" to get a list of possible commands.
smb: \> ls
  .                                   D         0  Mon Apr 26 15:56:30 2021
  ..                                  D         0  Mon Apr 26 08:49:44 2021
  dir2.txt                            N        24  Mon Apr 26 08:35:12 2021
```

```
        10475520 blocks of size 1024. 6443640 blocks available
smb: \> quit
[root@centos-c ~]# smbclient //192.168.0.251/dir1 -U user2
Enter SAMBA\user2's password:
Try"help" to get a list of possible commands.
smb: \> ls
  .                                   D        0  Mon Apr 26 15:56:26 2021
  ..                                  D        0  Mon Apr 26 08:49:44 2021
  dir1.txt                            N       24  Mon Apr 26 08:35:05 2021

        10475520 blocks of size 1024. 6443640 blocks available
smb: \> quit
[root@centos-c ~]# smbclient //192.168.0.251/dir2 -U user2
Enter SAMBA\user2's password:
Try"help" to get a list of possible commands.
smb: \> ls
  .                                   D        0  Mon Apr 26 15:56:30 2021
  ..                                  D        0  Mon Apr 26 08:49:44 2021
  dir2.txt                            N       24  Mon Apr 26 08:35:12 2021

        10475520 blocks of size 1024. 6443640 blocks available
smb: \> quit
[root@centos-c ~]# smbclient -L 192.168.0.251 -U admin
Enter SAMBA\admin's password:

    Sharename       Type      Comment
    ---------       ----      -------
    public          Disk      Anonymous Share
    dir1            Disk      Directory 1
    dir2            Disk      Directory 2
[root@centos-c ~]# mkdir /mnt/diradmin
[root@centos-c ~]# mount -t cifs //192.168.0.251/diradmin /mnt/diradmin -o username
=admin
Password for admin@//192.168.0.251/diradmin:  ******
[root@centos-c ~]# ls /mnt/diradmin
diradmin.txt
```

7.4 Samba 配置流程

Samba 配置流程见表 7.9。

表 7.9 Samba 配置流程

序号	步　　骤	命　　令
1	安装软件包	yum install -y samba
2	创建 Linux 用户,并设置密码	useradd/passwd 用户名
3	创建 Samba 用户	smbpasswd -a 用户名
4	建立共享资源	mkdir

续表

序号	步　骤	命　令
5	设置共享资源的本地权限	chmod
6	修改配置文件	vi /etc/samba/smb.conf
7	测试配置文件的正确性	testparm
8	启动服务	systemctl start smb
9	设置 SELinux	chcon -t samba_share_t -R 共享资源
10	设置防火墙放行服务	firewall-cmd --permanent --add-service=samba firewall-cmd --reload
11	在 Windows 客户机上访问	Win + R，输入 UNC：\\服务器地址
12	在 Linux 客户机上访问	yum install -y samba-client smbclient -L 服务器地址 -U 用户名%密码 smbclient //服务器地址/共享名 -U 用户名%密码
13	在 Linux 客户机上挂载	yum install -ycifs-utils mount -tcifs //服务器地址/共享名 挂载点 -o username=用户名

7.5 Samba 故障排除

1. 使用命令 testparm 校验配置文件的语法

如果配置文件存在语法问题，则校验结果可能如下所示。

```
[root@centos-s ~]# testparm
Unknown parameter encountered: "matp to guest"
Ignoring unknown parameter"matp to guest"
```

2. 使用 Samba 客户端 samba-client 测试

(1) 如果服务器正常，并且用户名和密码正确，可以获取共享资源列表，如下所示。

```
[root@centos-s ~]# smbclient -L 192.168.0.251 -U user%pass

    Sharename       Type      Comment
// 以下省略
```

(2) 如果返回信息为 Error NT_STATUS_HOST_UNREACHABLE，如下所示。

```
[root@centos-c ~]# smbclient -L 192.168.0.251 -U user%pass
do_connect: Connection to 192.168.0.251 failed(Error NT_STATUS_HOST_UNREACHABLE)
```

说明服务器的防火墙没有放行服务流量。

(3) 如果返回信息为 Error NT_STATUS_CONNECTION_REFUSED，如下所示。

```
[root@centos-s ~]# smbclient -L 192.168.0.251 -U user%pass
do_connect: Connection to 192.168.0.251 failed(Error NT_STATUS_CONNECTION_REFUSED)
```

说明服务器的服务没有启动。

(4) 如果返回信息为"protocol negotiation failed: NT_STATUS_INVALID_NETWORK_RESPONSE",如下所示。

```
[root@centos-s ~]# smbclient -L 192.168.0.251 -U user%pass
protocol negotiation failed: NT_STATUS_INVALID_NETWORK_RESPONSE
```

说明在配置文件中设置了 hosts deny,拒绝本机连接。

(5) 如果返回信息为 session setup failed: NT_STATUS_LOGON_FAILURE,如下所示。

```
[root@centos-s ~]# smbclient -L 192.168.0.251 -U user%pass
session setup failed: NT_STATUS_LOGON_FAILURE
```

说明用户密码错误。

第 8 章 动态主机配置协议

Chapter 8

本章主要学习动态主机配置协议的相关知识以及其安装和配置、配置实例、故障排除。

本章的学习目标如下。

(1) 动态主机配置协议相关知识：了解动态主机配置协议的分配方式和工作过程。

(2) 安装和配置 DHCP：掌握 DHCP 的安装、启动、配置文件和客户机的配置。

(3) 动态主机配置协议配置实例：掌握动态主机配置协议配置实例。

(4) 动态主机配置协议故障排除：掌握动态主机配置协议故障排除。

8.1 动态主机配置协议相关知识

动态主机配置协议(Dynamic Host Configuration Protocol,DHCP)的主要作用是集中的管理和分配 IP 地址,提升 IP 地址的使用率。

8.1.1 动态主机配置协议概述

DHCP 的前身是 BOOTP(Bootstrap Protocol,引导程序协议)。BOOTP 原本用于无盘工作站网络,无盘工作站通过网卡上的 BOOT ROM 芯片(而不是磁盘)启动并连接网络;BOOTP 会自动地为工作站设置 TCP/IP 配置。但 BOOTP 有一个缺点,在设置前必须事先获得工作站网卡的 MAC 地址;而 MAC 地址与 IP 地址是一一对应的,因此 BOOTP 缺乏"动态性",在 IP 地址有限的环境中,会造成资源的浪费。

DHCP 可以说是 BOOTP 的增强版本,兼容 BOOTP。DHCP 分为两个部分,即一个是服务端,另一个是客户端。所有的 TCP/IP 配置数据都由服务端集中管理,并负责处理客户端的请求;客户端使用从服务端分配下来的 TCP/IP 配置数据。相比较 BOOTP,DHCP 通过"租约"机制定时回收那些不再使用的 IP 地址,从而有效且动态的管理和分配 IP 地址。DHCP 还可以指定客户端的路由器(默认网关)、DNS 服务器等配置。

8.1.2 动态主机配置协议分配方式

DHCP 提供了 3 种 TCP/IP 配置的分配方式。

(1) 自动分配(Automatic Allocation)。一旦客户端第一次成功地从服务端租用到 IP 地址之后,就永远使用这个地址。

(2) 动态分配(Dynamic Allocation)。当客户端第一次从服务端租用到 IP 地址之后,并非永久使用这个地址。只要租约到期,客户端就得释放(Release)这个 IP 地址并由服务端回收。当然,该客户端可以比其他客户端更优先地更新(Renew)租约(即继续使用该 IP 地址),或者是租用其他 IP 地址。动态分配比自动分配更加灵活,可以满足当可供分配的 IP 地址数量少于客户端的数量时的需求。

例如，一家 ISP 只能提供 1000 个 IP 地址给用户使用，但并不意味着他的用户最多只能有 1000 个。因为用户们的各自行为习惯的不同，很少会出现全部用户在同一时间同时联网的情况，这样，该 ISP 就可以将这 1000 个 IP 地址轮流的租用给用户使用即可，这也是为什么用户每次联网后分配到的 IP 地址跟上一次不同的原因，除非用户申请的是一个固定 IP 地址，但是这种情况下需要另外收费。

(3) 静态分配(地址绑定、保留地址)。服务端将一些 IP 地址保留下来给一些特殊用途的节点(如服务器等)使用，也可以按照硬件地址来固定地分配 IP 地址。

8.1.3　动态主机配置协议工作过程

动态主机配置协议的工作过程如图 8.1 所示。

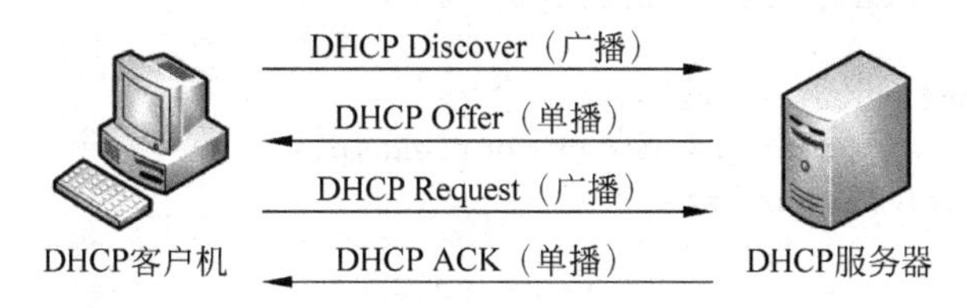

图 8.1　动态主机配置协议的工作过程

(1) 客户机寻找服务器。当客户机连接到网络时，如果发现本机上没有任何 TCP/IP 配置，它会向网络发出一个 DHCP Discover 的广播数据包。因为客户机还不知道自己属于哪一个网络，所以数据包的来源地址为 0.0.0.0，而目的地址则为 255.255.255.255，然后附上 DHCP Discover 的信息，向网络进行广播。

(2) 服务器提供 IP 地址租约。当服务器监听到客户机发出的 DHCP Discover 广播后，它会从还没有出租的 IP 地址中选择一个 IP 地址，连同其他的 TCP/IP 配置数据，回应给客户机一个 DHCP Offer 的单播数据包。

(3) 客户机接受 IP 地址租约。如果客户机收到网络上多个服务器 DHCP Offer 的数据包，只会挑选其中一个，通常是最先抵达的那个，并且向网络发送一个 DHCP Request 的广播数据包，告诉所有服务器它将接受哪一个服务器提供的 IP 地址租约。

(4) 服务器确认 IP 地址租约。被接受的服务器向客户机发送一个 DHCP ACK 的单播数据包，用于确认 IP 地址租约生效。同时，客户机还会向网络发送一个 ARP 广播数据包，查询本网络有没有其他节点使用该 IP 地址。如果发现该 IP 地址已经被使用，客户机将发送一个 DHCP Decline 的单播数据包给服务器，拒绝接受其 IP 地址租约，并重新发送 DHCP Discover 的广播数据包。

8.2　安装和配置 DHCP

要使用动态主机配置协议，必须先安装、启动和配置 DHCP。

8.2.1　安装和启动 DHCP

安装、启动和设置自动启动 DHCP。

```
[root@centos-s ~]# yum install -y dhcp
[root@centos-c ~]# systemctl start dhcpd
Job for dhcpd.service failed because the control process exited with error code. See
"systemctl status dhcpd.service" and"journalctl -xe" for details.
//未配置 DHCP 前无法启动 DHCP
[root@centos-c ~]# systemctl enable dhcpd
```

无须设置防火墙以放行 DHCP。

8.2.2 配置文件

DHCP 的配置文件(/etc/dhcp/dhcpd.conf)默认内容如下：

```
[root@centos-s ~]# cat /etc/dhcp/dhcpd.conf
#
# DHCP Server Configuration file.
#    see /usr/share/doc/dhcp*/dhcpd.conf.example
#    see dhcpd.conf(5) man page
#
```

要求我们参阅配置文件样例/usr/share/doc/dhcp*/dhcpd.conf.example 或者配置文件手册。

1. 组成和框架

配置文件的组成包括选项、参数和声明。选项以关键字 option 开始；注释符号是#。每一行以;作为结束标志；花括号{和}所在行除外。

配置文件的框架如下：

```
#全局配置
选项      #全局生效
参数      #全局生效
#局部配置
声明{
  选项      #声明内部生效
  参数      #声明内部生效
}
```

2. 常用选项和参数

DHCP 配置文件的常用选项和参数见表 8.1。

表 8.1 DHCP 配置文件的常用选项和参数

选项和参数	含义
option domain-name "internal.example.org";	域名
option domain-name-servers ns1.internal.example.org;	域名服务器地址
default-lease-time 600;	默认租约时间，单位是秒
max-lease-time 7200;	最大租约时间，单位是秒

续表

选项和参数	含　义
ddns-update-style [类型]；	DNS 服务动态更新类型，包括 none(不动态更新)、interim(互动更新模式)、ad-hoc(特殊更新模式)
range 10.5.5.26 10.5.5.30；	分配的 IP 地址范围
option routers 10.5.5.1；	网关地址
option broadcast-address 10.5.5.31；	广播地址
hardware ethernet 08:00:07:26:c0:a5；	网卡类型和硬件地址
fixed-address fantasia.fugue.com；	静态分配地址
server-name "toccata.fugue.com"；	DHCP 服务器名

3. 子网声明

子网即作用域。子网声明包括子网的网络号和子网掩码，格式如下：

```
subnet 网络号 netmask 子网掩码{
  选项或参数
}
```

例如：

```
subnet 10.1.0.0 netmask 255.255.255.0{
  range 10.1.0.1 10.1.0.250;
  option domain-name-servers 10.1.0.251;
  option domain-name" test.com";
  option routers 10.1.0.251;
  option broadcast-address 10.1.0.255;
  default-lease-time 600;
  max-lease-time 7200;
}
```

4. 静态分配

所谓静态分配(地址绑定、保留地址)，是指将硬件地址和 IP 地址进行绑定，客户机始终得到的是固定 IP 地址。静态分配的声明格式如下：

```
host 客户机主机名{
  hardware 网络接口类型 硬件地址;
  fixed-address 固定 IP 地址;
}
```

例如：

```
host clienthostname{
  hardware ethernet 12:34:56:78:AB:CD;
  fixed-address 12.34.56.78;
}
```

8.2.3 配置文件校验命令

命令 dhcpd 用于校验配置文件的语法是否正确。例如以下的输出表明配置文件没有问题。

```
[root@centos-s ~]# dhcpd
Internet Systems Consortium DHCP Server 4.2.5
Copyright 2004-2013 Internet Systems Consortium.
All rights reserved.
For info, please visit https://www.isc.org/software/dhcp/
Not searching LDAP since ldap-server, ldap-port and ldap-base-dn were not specified
in the config file
Wrote 0 leases to leases file.
Listening on LPF/ens32/00:0c:29:8d:ed:d0/10.1.0.0/24
Sending on   LPF/ens32/00:0c:29:8d:ed:d0/10.1.0.0/24
Sending on   Socket/fallback/fallback-net
```

8.2.4 租约数据库

租约数据库(/var/lib/dhcpd/dhcpd.leases)用于保存已分配的 IP 地址的租约,其中包含客户机的主机名、MAC 地址、分配的 IP 地址,以及租约时间等相关信息。

```
[root@centos-s ~]# cat /var/lib/dhcpd/dhcpd.leases
```

8.2.5 配置客户机

在 Windows 客户机中配置客户机时需要打开网络连接的“属性”对话框,并打开“Internet 协议版本 4(TCP/IPv4)属性”对话框,选中“自动获得 IP 地址”和“自动获得 DNS 服务器地址”单选按钮,单击“确定”和“关闭”按钮,如图 8.2 所示。

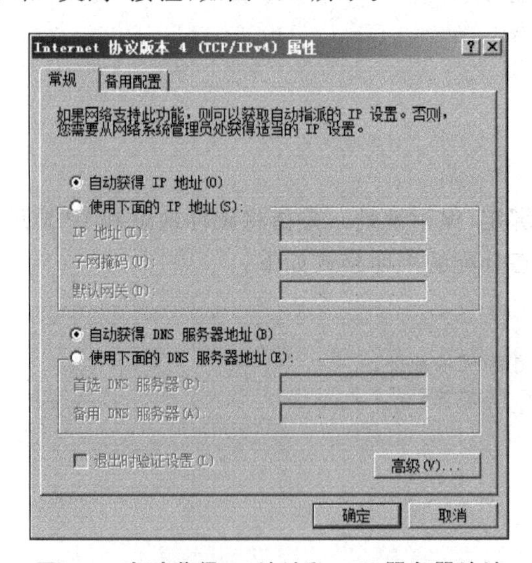

图 8.2 自动获得 IP 地址和 DNS 服务器地址

在 Linux 客户机上需要编辑网卡配置文件,设置 BOOTPROTO = dhcp,删除字段 IPADDR、PREFIX/NETMASK、GATEWAY 和 DNS,并重新启动网络服务。

```
[root@centos-c ~]# vi /etc/sysconfig/network-scripts/ifcfg-ens32
TYPE=Ethernet
BOOTPROTO=dhcp
DEVICE=ens32
ONBOOT=yes
[root@centos-c ~]# systemctl restart network
[root@centos-c ~]# ifconfig ens32
```

8.3 动态主机配置协议配置实例

部署 DHCP 之前应该先进行规划，明确哪些 IP 地址用于自动分配给客户机(即作用域中应包含的 IP 地址)，哪些 IP 地址用于固定分配给特定的节点，哪些 IP 地址属于保留地址暂时不用于分配。

例如：

(1) IP 地址段 192.168.0.0/24。

(2) 默认网关为 192.168.0.1。

(3) 保留的地址范围为 192.168.0.2～10。

(4) 动态分配的地址范围为 192.168.0.11～250。

(5) 静态分配的地址范围为 192.168.0.251～254。

部署 DHCP 服务应满足下列需求。

(1) 服务器的 IP 地址、子网掩码、DNS 服务器等 TCP/IP 配置必须手动指定。

(2) 服务器必须要有可供分配的 IP 地址。

如果使用虚拟机 VMware 来配置，必须停止服务 VMware DHCP Service：

在主窗口选择"计算机管理"→"服务和应用程序"→"服务"→VMware DHCP Service→"停止"命令。

8.3.1 单网卡单作用域

单网卡单作用域的拓扑结构如图 8.3 所示。

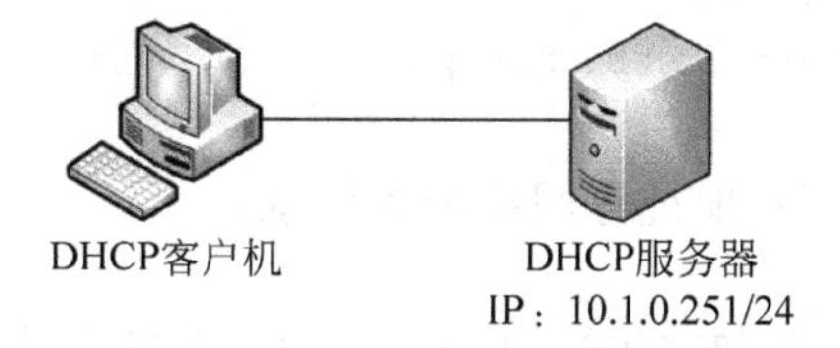

图 8.3 单网卡单作用域的拓扑结构

各节点的网络配置见表 8.2。

表 8.2 各节点的网络配置

节　点	主 机 名	IP 地址和子网掩码
DHCP 服务器	centos-s	10.1.0.251/24
DHCP 客户机	centos-c	

服务器作用域的具体要求见表8.3。

表8.3 服务器作用域的具体要求

选　　项	值
作用域	10.1.0.0/24
地址范围	10.1.0.101～200
域名服务器	10.1.0.251
域名	test.com
默认网关	10.1.0.251
广播地址	10.1.0.255
默认租约时间/s	600
最大租约时间/s	7200

步骤1：按照节点网络配置表配置服务器的主机名、IP地址和子网掩码，以及客户机的主机名，并测试配置的正确性。

步骤2：在服务器上安装DHCP。

```
[root@centos-s ~]# yum install -y dhcp
```

步骤3：在服务器上创建作用域，测试配置文件的正确性，启动DHCP。

```
[root@centos-s ~]# vi /etc/dhcp/dhcpd.conf
ddns-update-style none;

subnet 10.1.0.0 netmask 255.255.255.0{
  range 10.1.0.101 10.1.0.200;
  option domain-name-servers 10.1.0.251;
  option domain-name "test.com";
  option routers 10.1.0.251;
  option broadcast-address 10.1.0.255;
  default-lease-time 600;
  max-lease-time 7200;
}
[root@centos-s ~]# dhcpd
[root@centos-s ~]# systemctl start dhcpd
```

步骤4：在客户机上获取IP地址等网络配置信息。

```
[root@centos-c ~]# vi /etc/sysconfig/network-scripts/ifcfg-ens32
TYPE=Ethernet
BOOTPROTO=dhcp
DEVICE=ens32
ONBOOT=yes
[root@centos-c ~]# systemctl restart network
[root@centos-c ~]# ifconfig ens32
ens32: flags=4163<UP,BROADCAST,RUNNING,MULTICAST>  mtu 1500
        inet 10.1.0.101  netmask 255.255.255.0  broadcast 10.1.0.255
        ether 00:0c:29:07:10:07  txqueuelen 1000  (Ethernet)
```

步骤 5：在服务器上查看 DHCP 租约数据库。

```
[root@centos-s ~]# cat /var/lib/dhcpd/dhcpd.leases
lease 10.1.0.101{
  starts 1 2021/05/24 08:20:29;
  ends 1 2021/05/24 08:30:29;
  cltt 1 2021/05/24 08:20:29;
  binding state active;
  next binding state free;
  rewind binding state free;
  hardware ethernet 00:0c:29:07:10:07;
  client-hostname" centos-c ";
}
```

8.3.2　静态分配

步骤 1：在服务器上修改作用域，为客户机 centos-c 分配固定 IP 地址，测试配置文件的正确性，然后重新启动 DHCP。

```
[root@centos-s ~]# vi /etc/dhcp/dhcpd.conf
subnet 10.1.0.0 netmask 255.255.255.0{
...

  host centos-c{
    hardware ethernet 00:0c:29:07:10:07;
    fixed-address 10.1.0.11;
  }
}
[root@centos-s ~]# dhcpd
[root@centos-s ~]# systemctl restart dhcpd
```

步骤 2：在客户机上重新获取 IP 地址等网络配置信息。

```
[root@centos-c ~]# systemctl restart network
[root@centos-c ~]# ifconfig ens32
ens32: flags=4163<UP,BROADCAST,RUNNING,MULTICAST>  mtu 1500
        inet 10.1.0.11  netmask 255.255.255.0  broadcast 10.1.0.255
        ether 00:0c:29:07:10:07  txqueuelen 1000  (Ethernet)
```

步骤 3：在服务器上查看 DHCP 租约数据库。由于是静态分配，所以租约数据库没有该 IP 地址的记录。

8.3.3　多网卡多作用域

多网卡多作用域可以实现分别为多个网络分配不同的 IP 地址等网络配置，其中一块网卡连接到一个网络，分配一个作用域。拓扑结构如图 8.4 所示。

服务器第一块网卡的网络连接类型为仅主机模式(VMnet1)，添加一块网卡，网络连接类型为 NAT 模式(VMnet8)。

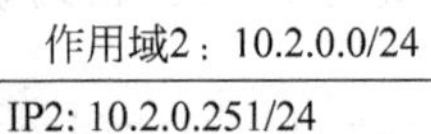

图 8.4 多网卡多作用域的拓扑结构

客户机 1 的网络连接类型为仅主机模式(VMnet1)；客户机 2 的网络连接类型为 NAT 模式(VMnet8)。

各节点的网络配置见表 8.4。

表 8.4 各节点的网络配置

节　　点	主　机　名	IP 地址和子网掩码	虚 拟 网 络
DHCP 服务器	centos-s	10.1.0.251/24	仅主机/VMnet1
		10.2.0.251/24	NAT/VMnet8
DHCP 客户机 1	centos-c1		仅主机/VMnet1
DHCP 客户机 2	centos-c2		NAT/VMnet8

对服务器作用域的具体要求见表 8.5。

表 8.5 服务器作用域的具体要求

选　　项	作用域 1	作用域 2
作用域	10.1.0.0/24	10.2.0.0/24
地址范围	10.1.0.101～200	10.2.0.101～200
域名服务器	10.1.0.251	10.2.0.251
域名	test1.com	test2.com
默认网关	10.1.0.251	10.2.0.251
广播地址	10.1.0.255	10.2.0.255
默认租约时间	600(s)	600
最大租约时间	7200(s)	7200

步骤 1：按照节点网络配置表配置服务器的主机名、IP 地址和子网掩码，以及客户机的主机名，并测试配置的正确性。

步骤 2：在服务器上创建作用域，测试配置文件的正确性，启动 DHCP。

```
[root@centos-s ~]# vi /etc/dhcp/dhcpd.conf
ddns-update-style none;

subnet 10.1.0.0 netmask 255.255.255.0 {
  range 10.1.0.101 10.1.0.200;
  option domain-name-servers 10.1.0.251;
  option domain-name "test1.com";
  option routers 10.1.0.251;
  option broadcast-address 10.1.0.255;
  default-lease-time 600;
  max-lease-time 7200;
}
```

```
subnet 10.2.0.0 netmask 255.255.255.0{
  range 10.2.0.101 10.2.0.200;
  option domain-name-servers 10.2.0.251;
  option domain-name "test2.com";
  option routers 10.2.0.251;
  option broadcast-address 10.2.0.255;
  default-lease-time 600;
  max-lease-time 7200;
}
[root@centos-s ~]# dhcpd
[root@centos-s ~]# systemctl restart dhcpd
```

步骤 3：在客户机 1 和客户机 2 上获取 IP 地址等网络配置信息。

（1）客户机 1。

```
[root@centos-c1 ~]# vi /etc/sysconfig/network-scripts/ifcfg-ens32
TYPE=Ethernet
BOOTPROTO=dhcp
DEVICE=ens32
ONBOOT=yes
[root@centos-c1 ~]# systemctl restart network
[root@centos-c1 ~]# ifconfig ens32
ens32: flags=4163<UP,BROADCAST,RUNNING,MULTICAST>  mtu 1500
        inet 10.1.0.101  netmask 255.255.255.0  broadcast 10.1.0.255
        ether 00:0c:29:07:10:07  txqueuelen 1000  (Ethernet)
```

（2）客户机 2。

```
[root@centos-c2 ~]# vi /etc/sysconfig/network-scripts/ifcfg-ens32
TYPE=Ethernet
BOOTPROTO=dhcp
DEVICE=ens32
ONBOOT=yes
[root@centos-c2 ~]# systemctl restart network
[root@centos-c2 ~]# ifconfig ens32
ens32: flags=4163<UP,BROADCAST,RUNNING,MULTICAST>  mtu 1500
        inet 10.2.0.101  netmask 255.255.255.0  broadcast 10.2.0.255
        ether 00:0c:29:5e:7d:3e  txqueuelen 1000  (Ethernet)
```

步骤 4：在服务器上查看 DHCP 租约数据库。

```
[root@centos-s ~]# cat /var/lib/dhcpd/dhcpd.leases
lease 10.1.0.101{
  starts 2 2021/05/25 09:16:58;
  ends 2 2021/05/25 09:26:58;
  cltt 2 2021/05/25 09:16:58;
  binding state active;
  next binding state free;
  rewind binding state free;
  hardware ethernet 00:0c:29:07:10:07;
```

```
  client-hostname"centos-c1";
}
lease 10.2.0.101{
  starts 2 2021/05/25 09:18:52;
  ends 2 2021/05/25 09:28:52;
  cltt 2 2021/05/25 09:18:52;
  binding state active;
  next binding state free;
  rewind binding state free;
  hardware ethernet 00:0c:29:5e:7d:3e;
  client-hostname"centos-c2";
}
```

8.3.4 超级作用域

多网卡多作用域虽然可以满足作用域管理,但是增加了网络拓扑的复杂性。超级作用域(单网卡多作用域)可以将多个作用域合为单个管理实体,实现单网卡多作用域。超级作用域可以为单个物理网络上的客户机提供多个作用域的租约,也可以使用新的IP地址范围扩展地址空间。拓扑结构如图8.5所示。

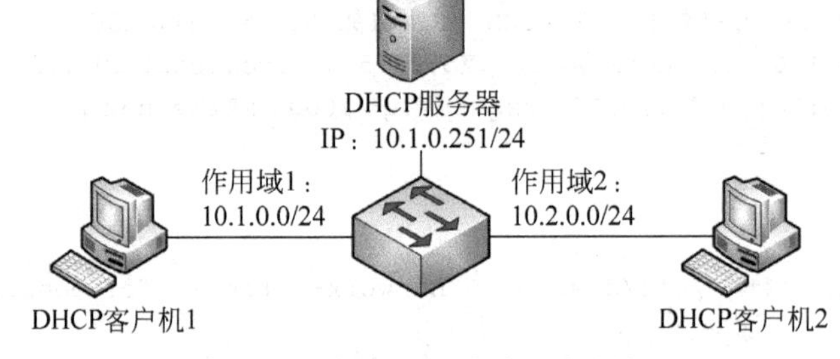

图8.5 超级作用域的拓扑结构

在服务器上删除第二块网卡,将服务器和客户机的网络连接类型均设为仅主机模式(VMnet1)。

各节点的网络配置见表8.6。

表8.6 各节点的网络配置

节　　点	主　机　名	IP地址和子网掩码
DHCP服务器	centos-s	10.1.0.251/24
DHCP客户机1	centos-c1	
DHCP客户机2	centos-c2	

服务器作用域的具体要求见表8.7。

表8.7 服务器作用域的具体要求

选　　项	作用域1	作用域2
作用域	10.1.0.0/24	10.2.0.0/24
地址范围	10.1.0.111～111	10.2.0.111～111

续表

选　　项	作用域 1	作用域 2
域名服务器	10.1.0.251	10.2.0.251
域名	test1.com	test2.com
默认网关	10.1.0.251	10.2.0.251
广播地址	10.1.0.255	10.2.0.255
默认租约时间(s)	600	600
最大租约时间(s)	7200	7200

步骤 1：在服务器上创建超级作用域，测试配置文件的正确性，然后重新启动 DHCP。

```
[root@centos-s ~]# vi /etc/dhcp/dhcpd.conf
ddns-update-style none;

shared-network superscope{

  subnet 10.1.0.0 netmask 255.255.255.0{
    range 10.1.0.111 10.1.0.111;
    option domain-name-servers 10.1.0.251;
    option domain-name "test1.com";
    option routers 10.1.0.251;
    option broadcast-address 10.1.0.255;
    default-lease-time 600;
    max-lease-time 7200;
  }

  subnet 10.2.0.0 netmask 255.255.255.0{
    range 10.2.0.111 10.2.0.111;
    option domain-name-servers 10.2.0.251;
    option domain-name "test2.com";
    option routers 10.2.0.251;
    option broadcast-address 10.2.0.255;
    default-lease-time 600;
    max-lease-time 7200;
  }

}
[root@centos-s ~]# dhcpd
[root@centos-s ~]# systemctl restart dhcpd
```

步骤 2：在客户机上获取 IP 地址等网络配置信息。

(1) 客户机 1。

```
[root@centos-c1 ~]# systemctl restart network
[root@centos-c1 ~]# ifconfig ens32
ens32: flags=4163<UP,BROADCAST,RUNNING,MULTICAST>  mtu 1500
        inet 10.1.0.111  netmask 255.255.255.0  broadcast 10.1.0.255
        ether 00:0c:29:07:10:07  txqueuelen 1000  (Ethernet)
```

(2) 客户机 2。

```
[root@centos-c2 ~]# systemctl restart network
[root@centos-c2 ~]# ifconfig ens32
ens32: flags=4163<UP,BROADCAST,RUNNING,MULTICAST>  mtu 1500
        inet 10.2.0.111  netmask 255.255.255.0  broadcast 10.2.0.255
        ether 00:0c:29:5e:7d:3e  txqueuelen 1000  (Ethernet)
```

步骤 3：在服务器上查看 DHCP 租约数据库。

```
[root@centos-s ~]# cat /var/lib/dhcpd/dhcpd.leases
lease 10.1.0.111 {
  starts 2 2021/05/25 09:35:28;
  ends 2 2021/05/25 09:45:28;
  cltt 2 2021/05/25 09:35:28;
  binding state active;
  next binding state free;
  rewind binding state free;
  hardware ethernet 00:0c:29:07:10:07;
  client-hostname "centos-c1";
}
lease 10.2.0.111 {
  starts 2 2021/05/25 09:36:32;
  ends 2 2021/05/25 09:46:32;
  cltt 2 2021/05/25 09:36:32;
  binding state active;
  next binding state free;
  rewind binding state free;
  hardware ethernet 00:0c:29:5e:7d:3e;
  client-hostname "centos-c2";
}
```

8.3.5 中继代理

中继代理可以将 DHCP 请求中继到指定的 DHCP 服务器，能够实现跨网络分配 TCP/IP 配置。拓扑结构如图 8.6 所示。

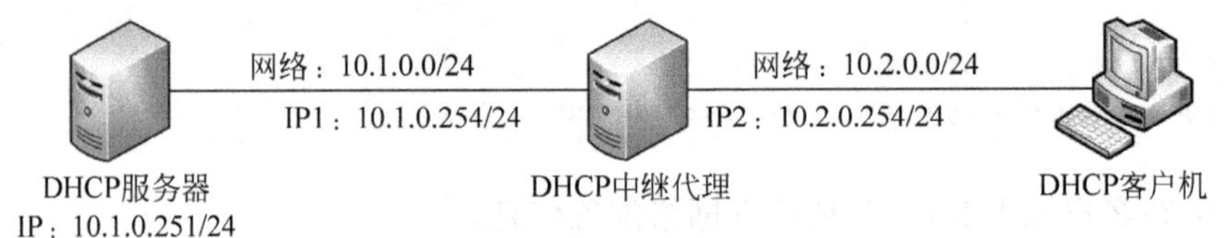

图 8.6 中继代理的拓扑结构

其中，服务器网卡的网络连接类型为仅主机模式(VMnet1)；中继代理第一块网卡的网络连接类型为仅主机模式(VMnet1)，再添加一块网卡，将网络连接类型设为 NAT 模式(VMnet8)；设置客户机的网络连接类型为 NAT 模式(VMnet8)。

各节点的网络配置见表 8.8。

表 8.8 各节点的网络配置

节　　点	主　机　名	IP 地址和子网掩码	虚 拟 网 络
DHCP 服务器	centos-s	10.1.0.251/24	仅主机/VMnet1
DHCP 中继代理	centos-r	10.1.0.254/24	仅主机/VMnet1
		10.2.0.254/24	NAT 模式/VMnet8
DHCP 客户机	centos-c		NAT 模式/VMnet8

服务器作用域的具体要求见表 8.9。

表 8.9 服务器作用域的具体要求

选　　项	作用域 1	作用域 2
作用域	10.1.0.0/24	10.2.0.0/24
地址范围	10.1.0.101-200	10.2.0.101-200
域名服务器	10.1.0.251	10.2.0.251
域名	test1.com	test2.com
默认网关	10.1.0.254	10.2.0.254
广播地址	10.1.0.255	10.2.0.255
默认租约时间(s)	600	600
最大租约时间(s)	7200	7200

步骤 1：按照节点网络配置表配置服务器和中继代理的主机名、IP 地址和子网掩码，以及客户机的主机名，并测试连通性。

步骤 2：在服务器上安装 DHCP，创建作用域，测试配置文件的正确性，启动 DHCP，添加去往网络 2 的路由。

```
[root@centos-s ~]# yum install -y dhcp
[root@centos-s ~]# vi /etc/dhcp/dhcpd.conf
ddns-update-style none;

subnet 10.1.0.0 netmask 255.255.255.0{
  range 10.1.0.101 10.1.0.200;
  option domain-name-servers 10.1.0.251;
  option domain-name "test1.com";
  option routers 10.1.0.254;
  option broadcast-address 10.1.0.255;
  default-lease-time 600;
  max-lease-time 7200;
}

subnet 10.2.0.0 netmask 255.255.255.0{
  range 10.2.0.101 10.2.0.200;
  option domain-name-servers 10.2.0.251;
  option domain-name "test2.com";
  option routers 10.2.0.254;
  option broadcast-address 10.2.0.255;
  default-lease-time 600;
  max-lease-time 7200;
}
```

```
[root@centos-s ~]# dhcpd
[root@centos-s ~]# systemctl restart dhcpd
// 以下两条为服务器添加去往网络 10.2.0.0/24 的路由；两个命令任选一个即可
[root@centos-s ~]# ip route add 10.2.0.0/24 via 10.1.0.251
// 10.1.0.251：本节点的出口地址
[root@centos-s ~]# ip route add 10.2.0.0/24 via 10.1.0.254
// 10.1.0.254：下一个节点的入口地址
```

步骤 3：设置中继代理启用 IPv4 转发功能。

```
[root@centos-r ~]# vi /etc/sysctl.conf
net.ipv4.ip_forward = 1
[root@centos-r ~]# sysctl -p
[root@centos-r ~]# cat /proc/sys/net/ipv4/ip_forward
1
```

步骤 4：在中继代理主机上安装 DHCP，创建中继代理，启动中继代理。

```
[root@centos-r ~]# yum install -y dhcp
[root@centos-r ~]# cp /lib/systemd/system/dhcrelay.service /etc/systemd/system
[root@centos-r ~]# vi /etc/systemd/system/dhcrelay.service
[Service]
ExecStart=/usr/sbin/dhcrelay -d --no-pid 10.1.0.251
// 把 DHCP 数据包中继到 10.1.0.251
[root@centos-r ~]# systemctl --system daemon-reload
[root@centos-r ~]# systemctl start dhcrelay
```

步骤 5：在客户机上获取 IP 地址等网络配置信息。

```
[root@centos-c ~]# systemctl restart network
[root@centos-c ~]# ifconfig ens32
ens32: flags=4163<UP,BROADCAST,RUNNING,MULTICAST>  mtu 1500
        inet 10.2.0.101  netmask 255.255.255.0  broadcast 10.2.0.255
        ether 00:0c:29:07:10:07  txqueuelen 1000  (Ethernet)
```

步骤 6：在服务器上查看 DHCP 租约数据库和日志文件。

```
[root@centos-s ~]# cat /var/lib/dhcpd/dhcpd.leases
lease 10.2.0.101 {
  starts 2 2021/05/25 10:17:13;
  ends 2 2021/05/25 10:27:13;
  cltt 2 2021/05/25 10:17:13;
  binding state active;
  next binding state free;
  rewind binding state free;
  hardware ethernet 00:0c:29:07:10:07;
  client-hostname "centos-c";
}
[root@centos-s ~]# tail -n 10 /var/log/messages
May 25 18:17:12 centos-s dhcpd: DHCPDISCOVER from 00:0c:29:07:10:07 via 10.2.0.254
```

```
May 25 18:17:12 centos-s dhcpd: DHCPDISCOVER from 00:0c:29:07:10:07 via 10.2.0.254
May 25 18:17:13 centos-s dhcpd: DHCPOFFER on 10.2.0.101 to 00:0c:29:07:10:07 ( centos-
c ) via 10.2.0.254
May 25 18:17:13 centos-s dhcpd: DHCPOFFER on 10.2.0.101 to 00:0c:29:07:10:07 ( centos-
c ) via 10.2.0.254
May 25 18:17:13 centos-s dhcpd: DHCPREQUEST for 10.2.0.101 ( 10.1.0.251) from 00:0c:
29:07:10:07 ( centos-c ) via 10.2.0.254
May 25 18:17:13 centos-s dhcpd: DHCPACK on 10.2.0.101 to 00:0c:29:07:10:07 ( centos-
c ) via 10.2.0.254
May 25 18:17:13 centos-s dhcpd: DHCPREQUEST for 10.2.0.101 ( 10.1.0.251) from 00:0c:
29:07:10:07 ( centos-c ) via 10.2.0.254
May 25 18:17:13 centos-s dhcpd: DHCPACK on 10.2.0.101 to 00:0c:29:07:10:07 ( centos-
c ) via 10.2.0.254
```

步骤7：在中继代理服务器上查看日志文件。

```
[root@centos-r ~]# tail -n 10 /var/log/messages
May 25 18:17:12 centos-r dhcrelay: Forwarded BOOTREQUEST for 00:0c:29:07:10:07 to 10.
1.0.251
May 25 18:17:13 centos-r dhcrelay: Forwarded BOOTREPLY for 00:0c:29:07:10:07 to 10.2.
0.101
May 25 18:17:13 centos-r dhcrelay: Forwarded BOOTREQUEST for 00:0c:29:07:10:07 to 10.
1.0.251
May 25 18:17:13 centos-r dhcrelay: Forwarded BOOTREPLY for 00:0c:29:07:10:07 to 10.2.
0.101
May 25 18:17:13 centos-r dhcrelay: Forwarded BOOTREPLY for 00:0c:29:07:10:07 to 10.2.
0.101
May 25 18:17:13 centos-r dhcrelay: Forwarded BOOTREPLY for 00:0c:29:07:10:07 to 10.2.
0.101
```

8.4 动态主机配置协议配置流程

动态主机配置协议配置流程见表8.10。

表8.10 动态主机配置协议配置流程

序号	步骤	命令
1	安装软件包	yum install -ydhcp
2	修改配置文件,创建作用域	vi /etc/dhcp/dhcpd.conf
3	测试配置文件的正确性	dhcpd
4	启动服务	systemctl start dhcpd
5	客户机获取配置	vi /etc/sysconfig/network-scripts/ifcfg-ensXX BOOTPROTO=dhcp systemctl restart network ifconfigensXX
6	服务器查看DHCP租约文件	cat /var/lib/dhcpd/dhcpd.leases

8.5 动态主机配置协议故障排除

1. 使用命令 dhcpd 校验配置文件的语法

如果遇到服务无法启动，可以使用命令 dhcpd 对配置文件进行校验。根据提示信息进行修改和调试。例如：

```
[root@centos-s ~]# dhcpd
//省略部分输出
No subnet declaration for ens32 (192.168.0.251).
//没有用于网卡 ens32(192.168.0.251)的子网声明
//以下省略
```

2. 租约数据库

如果租约数据库不存在，则无法启动服务，此时可以手动建立租约数据库。

```
[root@centos-s ~]# touch /var/lib/dhcpd/dhcpd.leases
```

3. 客户机无法获得 IP 地址

如果服务器配置已完成且没有语法错误，但是客户机却仍无法获得 IP 地址，这通常是由于服务器无法接收来自 255.255.255.255 的客户机的 Request 数据包造成的，说明服务器的网卡没有设置多播功能，解决方法是在路由表中加入 255.255.255.255 以激活多播功能。命令如下：

```
[root@centos-s ~]# route add -host 255.255.255.255 dev ens32
```

上述命令创建了一个到地址 255.255.255.255 的路由。

如果提示 255.255.255.255：Unknown host，那么需要在文件/etc/hosts 中添加一条记录：

```
255.255.255.255          dhcp-server
```

第 9 章

域名系统

Chapter 9

本章主要学习域名系统的相关知识及其安装和配置、配置实例、故障排除。

本章的学习目标如下。

(1) 域名系统相关知识：了解域名解析、域名服务器类型、资源记录类型、子域、文件 hosts。

(2) 安装和配置 DNS：掌握 DNS 的安装、启动、配置文件和客户机的配置。

(3) 域名系统配置实例：掌握域名系统配置实例。

(4) 域名系统故障排除：掌握域名系统故障排除。

9.1 域名系统相关知识

域名系统(Domain Name System，DNS)服务是互联网的一项核心服务，使用 TCP 和 UDP 的 53 端口，是由多台域名服务器构成的域名和 IP 地址互相关联的一个分布式数据库。

9.1.1 域名系统概述

IP 地址主要用于标识连接到互联网中的计算机，但是由于 IP 地址是数字形式，不便于记忆，为了解决这个问题，人们发明了域名系统——用字符来标识计算机，IP 地址和域名之间的关联就是由域名系统完成的。域名系统相当于电话号码本，域名 www.example.com 相当于人名，而 IP 地址 12.34.56.78 则相当于电话号码。我们用域名访问站点时，域名系统会自动将域名转换成 IP 地址，通常，一个 IP 地址可以对应多个域名，一个域名也可以对应多个 IP 地址。

域名(Domain Name)是一种字符型标识，是互联网中联网计算机的名称。域名系统的体系结构是一棵倒置的树，树根在最上面，每个叶子结点由一个完全合格域名(Fully Qualified Domain Name，FQDN)标识，能准确表示它相对于树根的位置。域名系统体系结构如图 9.1 所示。

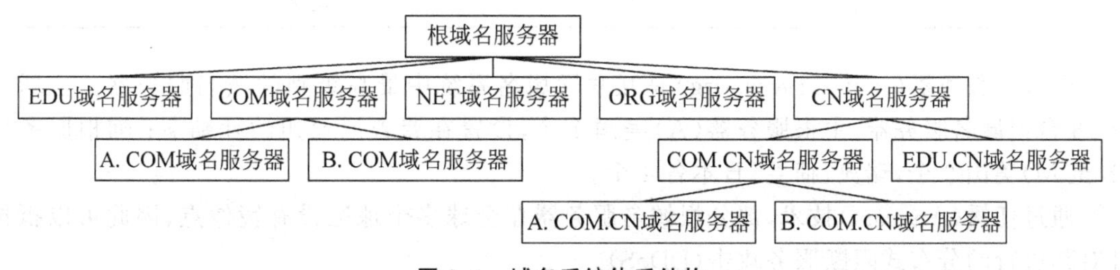

图 9.1 域名系统体系结构

完全合格域名有严格的命名限制，只允许使用大小写英文字母、数字 0～9 和连接符(-)。域名不区分大小写。小数点(.)在域名部分之间或者结尾(如“www.example.com.”)处使用。早期的域名必须以小数点“.”结尾，用户访问形如“www.example.com”的域名时必须在浏览器的地址栏中输入“www.example.com.”，这样域名系统才能够进行域名解析。如今域名系统服务器已经可以自动补上结尾的小数点，也仍然可以处理这种结尾带小数点的域名。

域名是从右向左进行解析，域名的最右边部分是域名结构的最高级部分；域名的最左边部分是域名结构的最低级部分。域名结构一般不超过5级。完全合格域名的形式如下：

```
主机名.机构名.顶级域名
```

例如：www.example.com。其中，com表示顶级域名，example表示机构名，www表示主机名。

顶级域名(Top-Level Domains或First-Level Domains，TLDs)分为通用顶级域名和国家地区代码顶级域名。

通用顶级域名(generic Top-Level Domains，gTLDs)也称国际域名、英文国际顶级域名、国际顶级类别域名、英文国际域名，见表9.1。

表9.1 部分通用顶级域名

域　名	建立时间	使用范围说明
.com		供商业机构使用，但无限制，最常用，被大部分人熟悉和使用
.net	1985年1月	原供网络服务供应商使用，现无限制
.org	1985年1月	原供不属于其他通用顶级域类别的组织使用，现无限制
.edu	1985年1月	供美国教育机构使用
.gov	1985年1月	供美国政府机构使用
.mil	1985年1月	供美国军事机构使用

国家地区代码顶级域名(country code Top-Level Domains，ccTLDs)也称国家域名，一般是基于ISO-3166的两个字母组合，见表9.2。

表9.2 部分国家地区代码顶级域名

代码顶级域名	国家/地区
.cn	中国大陆
.de	德国
.jp	日本
.uk	英国
.eu	欧盟
.hk	香港
.tw	台湾

根域名服务器(root-servers.org)是互联网域名系统中最高级别的域名服务器。全球共有13台根域名服务器，主根服务器(A)美国1个，设置在弗吉尼亚州的杜勒斯；辅根服务器(B至M)美国9个，瑞典、荷兰、日本各1个。

通过任播(Anycast)技术，部分根域名服务器在全球多个地区设有镜像点，因此可以抵抗针对其进行的分布式阻断服务攻击(DDoS)。

9.1.2 域名解析

域名解析有正向解析(域名→IP地址)和反向解析(IP地址→域名)两种，而DNS查询也有两种方式,包括递归查询和迭代查询。

1. 递归查询

递归查询是指 DNS 客户机向首选 DNS 服务器发出查询请求后,如果该 DNS 服务器内没有所需的数据,则 DNS 服务器就会代替 DNS 客户机向其他的 DNS 服务器进行查询。在递归查询中,DNS 服务器必须向 DNS 客户机做出回答。一般由 DNS 客户机提出的查询请求,都是递归查询方式。

2. 迭代查询

进行迭代查询时,DNS 客户机允许 DNS 服务器根据自己的缓存或区域数据库来做出回答。迭代查询多用于 DNS 服务器与 DNS 服务器之间的查询方式。

递归查询示例:解析域名 www.example.com.cn,如图 9.2 所示。

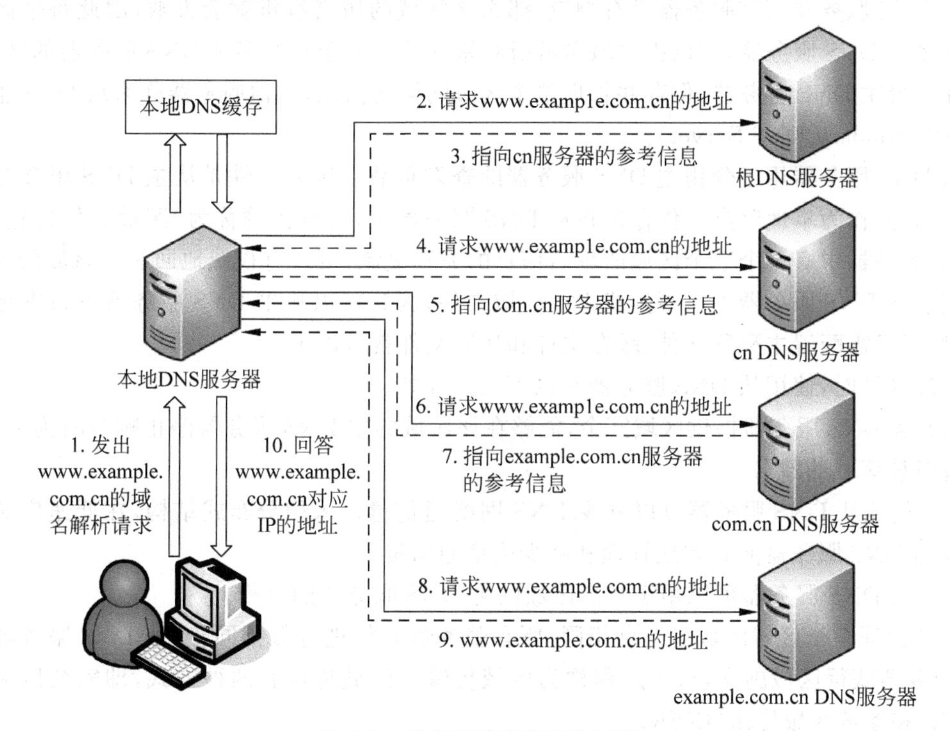

图 9.2 域名系统递归查询过程

(1) 本地主机发送“解析”请求,如本地 DNS 服务器首先检查其自身缓存,如果存在域名 www.example.com.cn 对应的 IP 地址的记录,则直接返回 IP 地址,否则执行下一步。

(2) 向根域名服务器查询 www.example.com.cn 的 IP 地址,根域名服务器返回 cn 域名服务器的 IP 地址。

(3) 本地 DNS 服务器再向 cn 的域名服务器查询同样的问题,返回 com.cn 域名服务器的 IP 地址。

(4) 本地 DNS 服务器从 com.cn 的域名服务器处获得 example.com.cn 域名服务器的 IP 地址。

(5) 本地 DNS 服务器从 example.com.cn 的域名服务器获得 www.example.com.cn 的

IP 地址。

9.1.3 域名服务器类型

1. 主 DNS 服务器

主 DNS 服务器(Master/Primary DNS Server)负责维护所管辖域的域名信息。它从域管理员构造的区域文件中加载域名信息,该文件包含着该服务器具有管理权的一部分域结构的最精确信息。一般来说,配置主 DNS 服务器需要一整套的文件,包括主配置文件、正向区域文件、反向区域文件、缓存文件和环回文件等。

2. 从 DNS 服务器

DNS 划分若干区域进行管理,每个区域由一个或多个 DNS 服务器负责解析。如果采用单独的 DNS 服务器而该服务器没有响应,那么该区域的域名解析就会失败,因此每个区域建议使用多个 DNS 服务器,可以提供域名解析容错功能。对于存在多个 DNS 服务器的区域,必须选择一台主 DNS 服务器,保存并管理整个区域的域名信息,其他服务器称为从 DNS 服务器(Slave/Secondary DNS Server)。

从 DNS 服务器用于分担主 DNS 服务器的查询负载。区域文件是从主 DNS 服务器中传输出来的,并作为本地磁盘文件存储在从 DNS 服务器中,这种传输称为"区域文件传输"。在从 DNS 服务器中有一个整个区域的域名信息的完整复制,可以有权威地回答对该域的查询请求。配置从 DNS 服务器不需要生成本地区域文件,因为可以从主 DNS 服务器下载本地区域文件,所以只需配置主配置文件、缓存文件和环回文件就可以了。

管理区域时,使用从 DNS 服务器有以下几点好处。

(1) 从 DNS 服务器提供区域冗余,能够在该区域的主 DNS 服务器停止响应时为 DNS 客户机解析该区域的域名。

(2) 创建从 DNS 服务器可以减少 DNS 网络通信量。采用分布式结构,在低速广域网链路中添加 DNS 服务器能有效地管理和减少网络通信量。

(3) 从 DNS 服务器可以用于减少区域的主 DNS 服务器的负载。

为了保证整个区域的域名信息相同,所有服务器必须进行数据同步,从 DNS 服务器从主 DNS 服务器获得区域副本,这个过程称为区域传输。区域传输有两种方式,即完全区域传输(AXFR)和增量区域传输(IXFR)。

满足发生区域传输的条件时,从 DNS 服务器会向主 DNS 服务器发送查询请求,更新其区域文件,如图 9.3 所示。

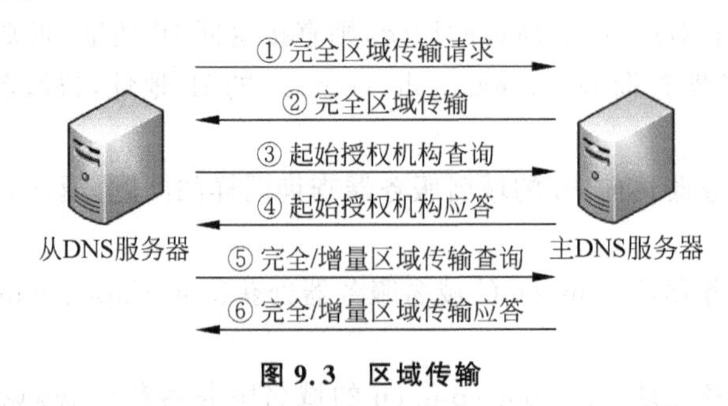

图 9.3 区域传输

3. 转发 DNS 服务器

转发 DNS 服务器(Forwarder DNS Server)可以向其他 DNS 服务器转发解析请求。在本地 DNS 服务器收到 DNS 客户机的解析请求后,首先会尝试从其本地数据库中查找;若未能找到,则需要向其他指定的 DNS 服务器转发解析请求;其他 DNS 服务器完成解析后会返回解析结果,转发 DNS 服务器将该解析结果缓存在自己的 DNS 缓存中,并向 DNS 客户机返回解析结果。在缓存期内,如果 DNS 客户机请求解析相同的名称,则转发 DNS 服务器会立即回应 DNS 客户机;否则,将会再次发生转发解析的过程。

目前网络中所有的 DNS 服务器均被配置为转发 DNS 服务器,向指定的其他 DNS 服务器或根域名服务器转发自己无法完成的解析请求。

按照转发类型的区别,转发 DNS 服务器可以分为以下两种类型。

(1) 完全转发 DNS 服务器。将所有区域的 DNS 查询请求发送到其他 DNS 服务器。

(2) 条件转发 DNS 服务器。转发指定域的 DNS 查询请求。

设置转发 DNS 服务器的注意事项如下。

(1) 转发 DNS 服务器的查询模式必须允许递归查询,否则无法正确完成转发。

(2) 转发 DNS 服务器列表如果为多个 DNS 服务器则会依次尝试,直到获得查询信息为止。

(3) 配置区域委派时如果使用转发 DNS 服务器,有可能会产生区域引用的错误。

4. 缓存 DNS 服务器

缓存 DNS 服务器(Caching-only DNS Server)会通过查询其他 DNS 服务器并将获得的信息存放在它的缓存中。缓存 DNS 服务器不是权威性的服务器,因为它提供的所有信息都是间接信息。另外,缓存 DNS 服务器不需要建立独立的区域。

9.1.4 资源记录类型

DNS 包括如下资源记录类型。

(1) SOA 记录(Start of Authority,起始授权机构)。定义了该域中的哪个名称服务器是授权的名称服务器。

(2) NS 记录(Name Server,名称服务器)。表示该区域的授权服务器和 SOA 中指定的该区域的主 DNS 服务器和从 DNS 服务器。

(3) A 记录(Address,主机)。列出区域中域名到 IP 地址的映射。

(4) PTR 记录(Pointer,指针)。列出区域中 IP 地址到域名的映射。

(5) CNAME 记录(Canonical Name,别名)。用于将一个域名映射到另一个域名。

(6) MX 记录(Mail Exchanger,邮件交换器)。用于电子邮件应用程序发送邮件时根据收信人的地址后缀来定位邮件服务器。

9.1.5 子域

子域应用环境包括:

(1) 域增加了新的分支或站点,需要添加子域扩展域名空间。

(2) 域规模不断扩大,记录条目不断增多,该域的 DNS 数据库变得过于庞大,用户检索

DNS 信息时间增加。

(3) 需要将 DNS 域名空间的部分管理工作分散到其他部门或地理位置。

子域的类型包括:

(1) 区域委派。父域建立子域并将子域的解析工作委派到额外的 DNS 服务器,并在父域的权威 DNS 服务器中登记相应的委派记录。

(2) 虚拟子域。建立子域时,子域管理工作并不委派给其他的 DNS 服务器,而是与父域一起存储在同一台 DNS 服务器。

9.1.6 文件 hosts

文件 hosts 用于本地名称解析,存储 IP 地址和主机名/域名的静态映射关系,优先级高于 DNS 服务器,低于本地 DNS 缓存。hosts 文件的格式如下:

```
IP 地址  主机名/域名
```

假设要添加域名为 www.test.com,IP 地址为 192.168.0.1 的记录,则可在 hosts 文件中添加如下内容。

```
192.168.0.1  www.test.com
```

9.2 安装和配置 DNS

要使用域名系统,必须先安装、启动和配置 BIND。

9.2.1 BIND 概述

BIND 是一款实现 DNS 服务器的开放源码软件,能够运行在当前大多数的操作系统平台之上,由 Internet 软件联合会(Internet Software Consortium,ISC)非营利性机构负责开发和维护。

9.2.2 安装和启动 BIND

(1) 安装、启动和设置自动启动 BIND。

```
[root@centos-s ~]# yum install -y bind
[root@centos-s ~]# systemctl start named
[root@centos-s ~]# systemctl enable named
```

(2) 设置防火墙放行 BIND。

```
[root@centos-s ~]# firewall-cmd --permanent --add-service=dns
[root@centos-s ~]# firewall-cmd --reload
```

9.2.3 配置文件

BIND 配置文件分为主配置文件、根区域文件、正向和反向区域文件。

1. 主配置文件

在主配置文件/etc/named.conf中一般以“//”作为注释的开始，或者使用“/*...*/”作为注释的界定；每一行语句以“;”作为结尾，左花括号“{”除外。

```
[root@centos-s ~]# vi /etc/named.conf
options {
        listen-on port 53 { 127.0.0.1; };
// 监听 DNS 查询请求的本机 IPv4 地址及端口
        listen-on-v6 port 53 { ::1; };
// 监听 DNS 查询请求的本机 IPv6 地址及端口
        directory       "/var/named";
// 区域文件所在路径
        dump-file       "/var/named/data/cache_dump.db";
        statistics-file "/var/named/data/named_stats.txt";
        memstatistics-file "/var/named/data/named_mem_stats.txt";
        recursing-file  "/var/named/data/named.recursing";
        secroots-file   "/var/named/data/named.secroots";
        allow-query     { localhost; };
// DNS 查询请求允许接收的 DNS 客户机
        recursion yes;
// 允许递归查询
        dnssec-enable yes;
// 启用 DNSSEC
        dnssec-validation yes;
// 确认 DNSSEC
        bindkeys-file "/etc/named.root.key";

        managed-keys-directory "/var/named/dynamic";

        pid-file "/run/named/named.pid";
        session-keyfile "/run/named/session.key";
};

logging {
// BIND 服务日志参数
        channel default_debug {
                file "data/named.run";
                severity dynamic;
        };
};

zone "." IN {
// 根域名服务器的配置信息，一般不能改动
        type hint;
        file "named.ca";
};

include "/etc/named.rfc1912.zones";
include "/etc/named.root.key";
```

(1) options 全局选项设置。

- listen-on：侦听 DNS 查询请求的本机 IPv4 地址及端口。若未指定，默认监听 DNS 服务器的所有 IP 地址的 53 端口。若要设置 DNS 服务器监听 192.168.0.1 这个 IP 地址，端口号 5353，则可做如下配置。

```
listen-on port 5353 { 192.168.0.1; };
```

- allow-query：DNS 查询请求允许接收的 DNS 客户机。例如，若仅允许 127.0.0.1 和 192.168.0.0/24 网段的主机查询该 DNS 服务器，则可做如下配置。

```
allow-query{ 127.0.0.1; 192.168.0.0/24 };
```

- forwarders：用于定义 DNS 转发器。在设置了转发器后，所有非本域的和在缓存中无法找到的域名查询，可由指定的 DNS 转发器来完成解析工作并做缓存。

forward 用于指定转发方式，仅在 forwarders 转发器列表不为空时有效，其格式如下：

```
forward first | only;
```

其中，"forward first;"为默认方式，此时 DNS 服务器会将用户的域名查询请求先转发给 forwarders 设置的转发器，由转发器来完成域名的解析工作，若指定的转发器无法完成解析或无响应，则再由 DNS 服务器自身来完成域名的解析。

若设置为"forward only;"方式，则 DNS 服务器仅将用户的域名查询请求转发给转发器，若指定的转发器无法完成域名解析或无响应，DNS 服务器自身也不会试着对其进行域名解析。

例如，某地区的 DNS 服务器为 10.0.0.1 和 10.0.0.2，若要将其设置为 DNS 服务器的转发器，则配置命令如下：

```
forwarders{ 10.0.0.1; 10.0.0.2; };
forward first;
```

(2) zone 区域声明。

- 主 DNS 服务器的正向区域声明格式如下：

```
zone "区域名称" IN{
        type master;
        file "区域文件名";
        allow-update{ none; };
};
```

- 从 DNS 服务器的正向区域声明格式如下：

```
zone "区域名称" IN{
        type slave;
        file "区域文件名";
        masters{ 主 DNS 服务器地址; };
};
```

反向区域的声明格式与正向相同，只是 file 所指定的要读取的区域文件不同，另外就是区域的名称不同。若要反向解析 x. y. z 网段的主机，则反向区域名称应设置为 z. y. x. in-addr. arpa。

2. 根区域文件

根区域文件 named. ca 包含了互联网的根域名服务器的名字和地址。当 DNS 服务器接到客户机的查询请求时，如果在 DNS 缓存中找不到相应的数据，就会通过根域名服务器进行查询。

以“;”开始的行都是注释，其他行是根域名服务器的 NS 记录和 A 记录。

```
. 518400  IN  NS  a.root-servers.net.
```

参数说明如下。

.：根域。

518400：存活期。

IN：网络类型，IN 是 Internet 类型。

NS：资源记录类型。

a. root-servers. net.：根域名服务器的完全合格域名。

```
a.root-servers.net.  518400  IN  A  198.41.0.4
```

参数说明如下。

a. root-servers. net.：根域名服务器的完全合格域名。

518400：存活期。

IN：网络类型。

A：资源记录类型。

198.41.0.4：根域名服务器 A 对应的 IP 地址。

由于文件 named. ca 会随着根域名服务器的变化而发生变化，所以最好定期从国际互联网络信息中心(InterNIC)的 FTP 服务器(ftp://rs. internic. net/domain/)下载最新的版本，文件名为 named. root，将该文件改名为 named. ca，然后复制到/var/named 目录下。

3. 正向和反向区域文件

正向和反向区域文件的文件名一定要与主配置文件的区域声明指定的文件名一致，所有记录行都要顶格写，前面不要留有空格，否则会导致 DNS 服务不能正常工作。以下是区域文件的起始部分。

```
$ TTL 1D
@       IN SOA  @root.test.com.(
                                        0       ; serial
                                        1D      ; refresh
                                        1H      ; retry
                                        1W      ; expire
                                        3H )    ; minimum
```

参数说明如下。

TTL：生存期，单位是秒。对于没有特别指定存活周期的资源记录，默认取最小值为 1 天，即 86400 秒。1D 表示 1 天。

@：该域的替代符。

IN：网络类型，IN 表示 Internet。

SOA：资源记录类型，SOA 表示起始授权机构。

root. test. com. ：该域管理员的电子邮箱，将“@”变为“.”。

serial：区域文件序列号，表示文件的新旧。

refresh：更新时间间隔。

retry：重试时间间隔。

expiry：过期时间。

名称服务器记录定义举例如下：

```
@  IN  NS  dns.test.com.
```

邮件交换器记录定义举例如下(数字表示优先级别，数字越小，优先级别越高)：

```
@  IN  MX  10  mail.test.com.
```

地址记录定义举例如下：

```
www  IN  A  192.168.0.251
```

别名记录定义举例如下(web. test. com. 是 www. test. com. 的别名)：

```
web  IN  CNAME  192.168.0.251
```

指针记录定义举例如下(IP 地址只写最后一字节)：

```
251  IN  PTR  dns.test.com.
```

直接域名解析可以解析机构域名到某个 IP 地址。DNS 服务器默认只能解析完全合格域名，不能直接将机构域名解析成 IP 地址。以下两行是直接域名解析的两种形式。

```
@  IN  A  192.168.0.251
```

或

```
test.com.  IN  A  192.168.0.251
```

泛域名解析是将一个机构域名下的所有主机和子域名都解析到同一个 IP 地址上，通常用于将不存在的主机名解析到某个 IP 地址。以下两行是直接域名解析的两种形式。

```
*  IN  A  192.168.0.251
```

或

```
*.test.com.  IN  A  192.168.0.251
```

9.2.4 配置和区域文件校验命令

(1) 命令 named-checkconf 用于校验配置文件的语法是否正确。

```
[root@centos-s ~]# named-checkconf
// 配置文件正确则无返回结果
```

(2) 命令 named-checkzone 用于校验区域文件的语法是否正确。其语法格式如下:

```
named-checkzone 区域名 区域文件名
[root@centos-s ~]# named-checkzone test.com /var/named/test.com.zone
zone test.com/IN: loaded serial 0
OK
// 区域文件正确则返回 OK
```

9.2.5 客户机配置

文件/etc/resolv.conf 用于指定系统所用的 DNS 服务器地址,还可以设置当前主机所在的域以及 DNS 搜寻路径等。

```
[root@centos-c ~]# vi /etc/resolv.conf
nameserver 192.168.0.251
```

9.3 域名系统配置实例

域名系统的配置实例包括主 DNS 服务器、从 DNS 服务器、转发 DNS 服务器、子域(区域委派和虚拟子域)。

9.3.1 主 DNS 服务器

主 DNS 服务器的拓扑结构如图 9.4 所示。

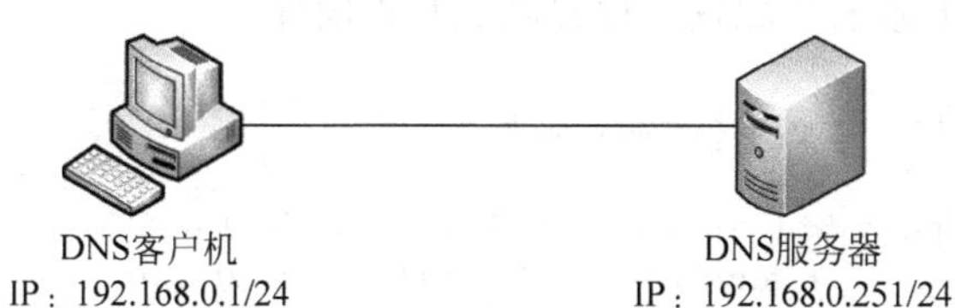

图 9.4 主 DNS 服务器的拓扑结构

各节点的网络配置见表 9.3。

表 9.3 各节点的网络配置

节　　点	主　机　名	IP 地址和子网掩码
DNS 服务器	centos-s1	192.168.0.251/24
DNS 客户机	centos-c	192.168.0.1/24

DNS 服务具体要求见表 9.4～表 9.6。

表 9.4 DNS 服务的需求表——主配置文件

正向解析区域名	test.com
反向解析区域名	0.168.192.in-addr.arpa

表 9.5 DNS 服务的需求表——正向区域文件

资源记录类型	域　　名	IP 地址
NS 记录	dns.test.com	
A 记录	dns.test.com	192.168.0.251
A 记录	www.test.com	192.168.0.251
别名记录	web.test.com	www.test.com
MX 记录	mail.test.com	
A 记录	mail.test.com	192.168.0.252
直接解析域名	test.com	192.168.0.251
泛域名解析	*.test.com	192.168.0.251

表 9.6 DNS 服务的需求表——反向区域文件

资源记录类型	域　　名	IP 地址
NS 记录	dns.test.com	
指针记录	dns.test.com	192.168.0.251
指针记录	www.test.com	192.168.0.251
MX 记录	mail.test.com	
指针记录	mail.test.com	192.168.0.252

步骤 1：按照节点网络配置表配置服务器和客户机的主机名、IP 地址和子网掩码，并测试配置的正确性。

步骤 2：在服务器上安装软件包。

```
[root@centos-s1 ~]# yum install -y bind
```

步骤 3：在服务器上修改主配置文件并测试其正确性。

```
[root@centos-s1 ~]# vi /etc/named.conf
options{
        listen-on port 53{ any; };    // 127.0.0.1 改为 any
        allow-query     { any; };     // localhost 改为 any
        ...                           // 中间省略
        dnssec-validation no;         // yes 改为 no
};

zone "test.com" IN{
        type master;
        file "test.com.zone";
        allow-update{ none; };
};
```

```
zone "0.168.192.in-addr.arpa" IN{
        type master;
        file "0.168.192.in-addr.arpa.zone";
        allow-update{ none; };
};
[root@centos-s1 ~]# named-checkconf
```

步骤 4：在服务器上创建正向区域文件并测试其正确性。

```
[root@centos-s1 ~]# cp -p /var/named/named.localhost /var/named/test.com.zone
[root@centos-s1 ~]# vi /var/named/test.com.zone
$ TTL 1D
@       IN SOA  @root.test.com. (
                                        0       ; serial
                                        1D      ; refresh
                                        1H      ; retry
                                        1W      ; expire
                                        3H )    ; minimum
@               IN      NS              dns.test.com.
dns             IN      A               192.168.0.251
www             IN      A               192.168.0.251
web             IN      CNAME           192.168.0.251
@               IN      MX      10      mail.test.com.
mail            IN      A               192.168.0.252
@               IN      A               192.168.0.251
test.com.       IN      A               192.168.0.251
*               IN      A               192.168.0.251
*.test.com.     IN      A               192.168.0.251
[root@centos-s1 ~]# named-checkzone test.com /var/named/test.com.zone
```

步骤 5：在服务器上创建反向区域文件并测试其正确性。

```
[root@centos-s1 ~]# cp -p /var/named/test.com.zone /var/named/0.168.192.in-addr.
arpa.zone
[root@centos-s1 ~]# vi /var/named/0.168.192.in-addr.arpa.zone
$ TTL 1D
@       IN SOA  @root.test.com. (
                                        0       ; serial
                                        1D      ; refresh
                                        1H      ; retry
                                        1W      ; expire
                                        3H )    ; minimum
@               IN      NS              dns.test.com.
251             IN      PTR             dns.test.com.
251             IN      PTR             www.test.com.
@               IN      MX      10      mail.test.com.
252             IN      PTR             mail.test.com.
[root@centos-s1 ~]# named-checkzone 0.168.192.in-addr.arpa /var/named/0.168.192.in-
addr.arpa.zone
```

步骤 6：在服务器上启动服务，设置 firewalld 放行服务流量。

```
[root@centos-s1 ~]# systemctl start named
[root@centos-s1 ~]# firewall-cmd --permanent --add-service=dns
[root@centos-s1 ~]# firewall-cmd --reload
```

步骤 7：在客户机上配置 DNS 服务器，并使用命令 nslookup 验证 DNS 服务。

```
[root@centos-c ~]# vi /etc/resolv.conf
nameserver 192.168.0.251
[root@centos-c ~]# nslookup
> server
Default server: 192.168.0.251
Address: 192.168.0.251#53
> www.test.com
Server:    192.168.0.251
Address:   192.168.0.251#53

Name:  www.test.com
Address: 192.168.0.251
> web.test.com
Server:    192.168.0.251
Address:   192.168.0.251#53

web.test.com  canonical name = 192.168.0.251.test.com.
Name:  192.168.0.251.test.com
Address: 192.168.0.251
> test.com
Server:    192.168.0.251
Address:   192.168.0.251#53

Name:  test.com
Address: 192.168.0.251
> ftp.test.com
Server:    192.168.0.251
Address:   192.168.0.251#53

Name:  ftp.test.com
Address: 192.168.0.251
> 192.168.0.251
251.0.168.192.in-addr.arpa  name = www.test.com.
251.0.168.192.in-addr.arpa  name = dns.test.com.
> exit
```

9.3.2 从 DNS 服务器

从 DNS 服务器的拓扑结构如图 9.5 所示。

各节点的网络配置见表 9.7。

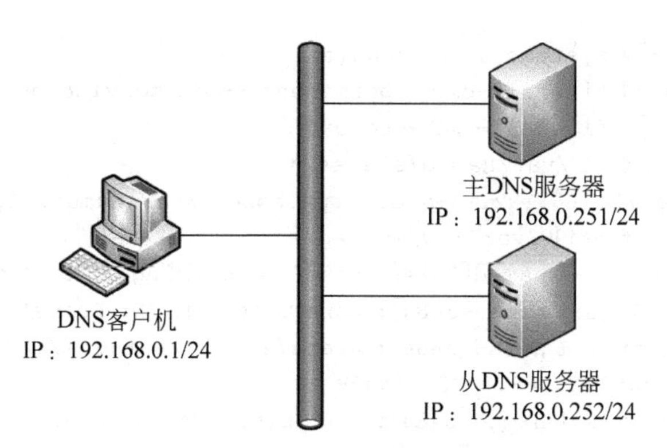

图 9.5 从 DNS 服务器的拓扑结构

表 9.7 各节点的网络配置

节　　点	主　机　名	IP 地址和子网掩码
主 DNS 服务器	centos-s1	192.168.0.251/24
从 DNS 服务器	centos-s2	192.168.0.252/24
客户机	centos-c	192.168.0.1/24

步骤 1：按照节点网络配置表配置服务器和客户机的主机名、IP 地址和子网掩码，并测试配置的正确性。

步骤 2：在从 DNS 服务器上安装软件包。

```
[root@centos-s2 ~]# yum install -y bind
```

步骤 3：在从 DNS 服务器上修改主配置文件并测试其正确性。

```
[root@centos-s2 ~]# vi /etc/named.conf
options {
        listen-on port 53 { any; };
        allow-query     { any; };
        ...        // 中间省略
        dnssec-validation no;
};

zone "test.com" IN {
        type slave;
        file "slaves/test.com.zone";
        masters { 192.168.0.251; };
};

zone "0.168.192.in-addr.arpa" IN {
        type slave;
        file "slaves/0.168.192.in-addr.arpa.zone";
        masters { 192.168.0.251; };
};
[root@centos-s2 ~]# named-checkconf
```

步骤 4：在从 DNS 服务器上启动服务，并设置 firewalld 放行服务流量，查看系统日志。

```
[root@centos-s2 ~]# systemctl start named
[root@centos-s2 ~]# firewall-cmd --permanent --add-service=dns
[root@centos-s2 ~]# firewall-cmd --reload
[root@centos-s2 ~]# ls /var/named/slaves/*
/var/named/slaves/0.168.192.in-addr.arpa.zone  /var/named/slaves/test.com.zone
[root@centos-s2 ~]# tail /var/log/messages
May 18 11:02:39 centos-1 named[3484]: resolver priming query complete
May 18 11:02:39 centos-1 named[3484]: zone test.com/IN: Transfer started.
May 18 11:02:39 centos-1 named[3484]: transfer of 'test.com/IN' from 192.168.0.251#
53: connected using 192.168.0.252#35308
May 18 11:02:39 centos-1 named[3484]: zone test.com/IN: transferred serial 0
May 18 11:02:39 centos-1 named[3484]: transfer of 'test.com/IN' from 192.168.0.251#
53: Transfer status: success
May 18 11:02:39 centos-1 named[3484]: transfer of 'test.com/IN' from 192.168.0.251#
53: Transfer completed: 1 messages, 10 records, 260 bytes, 0.001 secs (260000 bytes/
sec)
May 18 11:02:39 centos-1 named[3484]: zone test.com/IN: sending notifies (serial 0)
May 18 11:02:39 centos-1 named[3484]: zone 0.168.192.in-addr.arpa/IN: Transfer
started.
May 18 11:02:39 centos-1 named[3484]: transfer of '0.168.192.in-addr.arpa/IN' from
192.168.0.251#53: connected using 192.168.0.252#36971
May 18 11:02:39 centos-1 named[3484]: zone 0.168.192.in-addr.arpa/IN: transferred
serial 0
May 18 11:02:39 centos-1 named[3484]: transfer of '0.168.192.in-addr.arpa/IN' from
192.168.0.251#53: Transfer status: success
May 18 11:02:39 centos-1 named[3484]: transfer of '0.168.192.in-addr.arpa/IN' from
192.168.0.251#53: Transfer completed: 1 messages, 7 records, 218 bytes, 0.002 secs
(109000 bytes/sec)
May 18 11:02:39 centos-1 named[3484]: zone 0.168.192.in-addr.arpa/IN: sending
notifies (serial 0)
```

步骤 5：断开主 DNS 服务器的网络，在客户机上添加从 DNS 服务器，并使用命令 nslookup 验证 DNS 服务。

```
[root@centos-c ~]# vi /etc/resolv.conf
nameserver 192.168.0.251
nameserver 192.168.0.252
```

9.3.3 转发 DNS 服务器

转发 DNS 服务器的拓扑结构如图 9.6 所示。

步骤 1：将从 DNS 服务器改为完全转发 DNS 服务器并测试其正确性，然后重新启动服务，并删除上一小节同步的区域文件。

```
[root@centos-s2 ~]# vi /etc/named.conf
options {
        listen-on port 53 { any; };
        allow-query     { any; };
        ...       // 中间省略
```

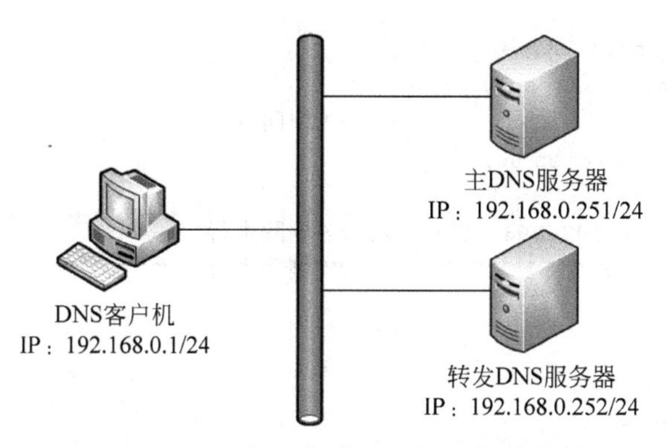

图 9.6 转发 DNS 服务器的拓扑结构

```
        dnssec-validation no;

        forwarders { 192.168.0.251; };
        forward only;
};
[root@centos-s2 ~]# named-checkconf
[root@centos-s2 ~]# systemctl restart named
[root@centos-s2 ~]# rm -rf /var/named/slaves/*.zone
```

步骤 2：连接主 DNS 服务器的网络，在客户机上删除主 DNS 服务器，设置转发 DNS 服务器并使用命令 nslookup 验证 DNS 服务。

```
[root@centos-c ~]# vi /etc/resolv.conf
nameserver 192.168.0.252
[root@centos-c ~]# nslookup
> www.test.com
Server:     192.168.0.252
Address:    192.168.0.252#53

Non-authoritative answer:
Name:   www.test.com
Address: 192.168.0.251
> 192.168.0.251
251.0.168.192.in-addr.arpa   name = www.test.com.
251.0.168.192.in-addr.arpa   name = dns.test.com.

Authoritative answers can be found from:
0.168.192.in-addr.arpa   nameserver = dns.test.com.
dns.test.com   internet address = 192.168.0.251
> exit
```

步骤 3：将从 DNS 服务器改为条件转发 DNS 服务器并测试其正确性，然后重新启动服务，并在客户机上使用命令 nslookup 验证 DNS 服务。

```
[root@centos-s2 ~]# vi /etc/named.conf
options {
```

```
        listen-on port 53 { any; };
        allow-query     { any; };
        ...                                  // 中间省略
        dnssec-validation no;

        forwarders { 192.168.0.251; };  // 删除本行
        forward only;                        // 删除本行
};

zone "test.com" IN {
        type forward;
        forwarders { 192.168.0.251; };
};
[root@centos-s2 ~]# named-checkconf
[root@centos-s2 ~]# systemctl restart named
```

9.3.4 子域—区域委派

子域—区域委派的拓扑结构如图 9.7 所示。

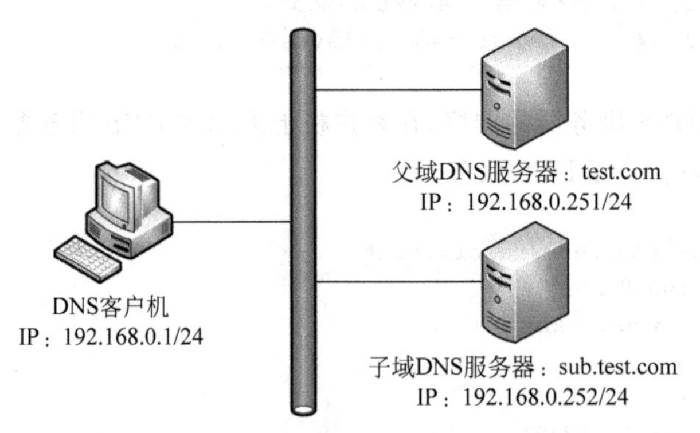

图 9.7 子域—区域委派的拓扑结构

各节点的网络配置见表 9.8。

表 9.8 各节点的网络配置

节 点	主 机 名	IP 地址和子网掩码
父域 DNS 服务器	centos-s1	192.168.0.251/24
子域 DNS 服务器	centos-s2	192.168.0.252/24
DNS 客户机	centos-c	192.168.0.1/24

父域 DNS 服务器创建区域委派，具体要求见表 9.9 和表 9.10。

表 9.9 父域 DNS 服务器 DNS 服务的需求表——正向区域文件

资源记录类型	域 名	IP 地址
NS 记录	sub. test. com	
A 记录	dns. sub. test. com	192.168.0.252

表 9.10 父域 DNS 服务器 DNS 服务的需求表——反向区域文件

资源记录类型	域　　名	IP 地址
指针记录	dns. sub. test. com	192.168.0.252

子域 DNS 服务器 DNS 服务具体要求见表 9.11～表 9.13。

表 9.11 子域 DNS 服务器 DNS 服务的需求表——主配置文件

子域正向解析区域名	sub. test. com
子域反向解析区域名	sub. 0. 168. 192. in-addr. arpa

表 9.12 子域 DNS 服务器 DNS 服务的需求表——正向区域文件

资源记录类型	域　　名	IP 地址
NS 记录	dns. sub. test. com	
A 记录	dns. sub. test. com	192.168.0.252
A 记录	www. sub. test. com	192.168.0.252

表 9.13 子域 DNS 服务器 DNS 服务的需求表——反向区域文件

资源记录类型	域　　名	IP 地址
NS 记录	dns. test. com	
指针记录	dns. sub. test. com	192.168.0.252
指针记录	www. sub. test. com	192.168.0.252

步骤 1：在父域 DNS 服务器上创建区域委派，测试其正确性并重新启动服务。

```
[root@centos-s1 ~]# vi /var/named/test.com.zone
sub.test.com.           IN      NS      dns.sub.test.com.
dns.sub.test.com.       IN      A       192.168.0.252
[root@centos-s1 ~]# named-checkzone test.com /var/named/test.com.zone
[root@centos-s1 ~]# vi /var/named/0.168.192.in-addr.arpa.zone
252             IN      PTR             dns.sub.test.com.
[root@centos-s1 ~]# named-checkzone 0.168.192.in-addr.arpa /var/named/0.168.192.in
-addr.arpa.zone
[root@centos-s1 ~]# systemctl restart named
```

步骤 2：在子域 DNS 服务器上修改主配置文件并测试其正确性。

```
[root@centos-s2 ~]# vi /etc/named.conf
zone "sub.test.com" IN{
        type master;
        file "sub.test.com.zone";
};

zone "sub.0.168.192.in-addr.arpa" IN{
        type master;
        file "sub.0.168.192.in-addr.arpa.zone";
};
[root@centos-s2 ~]# named-checkconf
```

步骤 3：在子域 DNS 服务器上创建正向区域文件并测试其正确性。

```
[root@centos-s2 ~]# cp -p /var/named/named.localhost /var/named/sub.test.com.zone
[root@centos-s2 ~]# vi /var/named/sub.test.com.zone
$ TTL 1D
@       IN SOA  sub.test.com. root.sub.test.com. (
                                        0       ; serial
                                        1D      ; refresh
                                        1H      ; retry
                                        1W      ; expire
                                        3H )    ; minimum
@       IN      NS      dns.sub.test.com.
dns     IN      A       192.168.0.252
www     IN      A       192.168.0.252
[root@centos-s2 ~]# named-checkzone sub.test.com /var/named/sub.test.com.zone
```

步骤 4：在子域 DNS 服务器上创建反向区域文件并测试其正确性。

```
[root@centos-s2 ~]# cp -p /var/named/sub.test.com.zone /var/named/sub.0.168.192.in-
addr.arpa.zone
[root@centos-s2 ~]# vi /var/named/sub.0.168.192.in-addr.arpa.zone
$ TTL 1D
@       IN SOA  sub.test.com. root.sub.test.com. (
                                        0       ; serial
                                        1D      ; refresh
                                        1H      ; retry
                                        1W      ; expire
                                        3H )    ; minimum
@       IN      NS      dns.sub.test.com.
252     IN      PTR     dns.sub.test.com.
252     IN      PTR     www.sub.test.com.
[root@centos-s2 ~]# named-checkzone sub.0.168.192.in-addr.arpa /var/named/sub.0.
168.192.in-addr.arpa.zone
```

步骤 5：在子域 DNS 服务器上重新启动服务。

```
[root@centos-s2 ~]# systemctl restart named
```

步骤 6：在客户机上删除从 DNS 服务器，并使用命令 nslookup 验证 DNS 服务。

```
[root@centos-c ~]# vi /etc/resolv.conf
nameserver 192.168.0.251
[root@centos-c ~]# nslookup
> www.sub.test.com
Server:    192.168.0.251
Address:   192.168.0.251#53
```

```
Non-authoritative answer:
Name:  www.sub.test.com
Address: 192.168.0.252
> 192.168.0.252
252.0.168.192.in-addr.arpa  name = mail.test.com.
252.0.168.192.in-addr.arpa  name = dns.sub.test.com.
> exit
```

9.3.5 子域—虚拟子域

子域—虚拟子域的拓扑结构如图 9.8 所示。

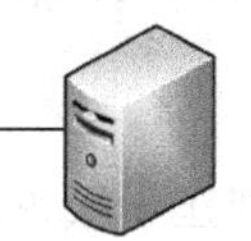

图 9.8 子域—虚拟子域的拓扑结构

在服务器主配置文件中添加子域，具体要求见表 9.14。

表 9.14 DNS 服务的需求表——主配置文件

子域正向解析区域名	sub. test. com
子域反向解析区域名	sub. 0. 168. 192. in-addr. arpa

在服务器上创建子域正向和反向区域文件，具体要求见表 9.15 和表 9.16。

表 9.15 DNS 服务的需求表——子域正向区域文件

资源记录类型	域　名	IP 地址
NS 记录	dns. sub. test. com	
A 记录	dns. sub. test. com	192. 168. 0. 252
A 记录	www. sub. test. com	192. 168. 0. 252

表 9.16 DNS 服务的需求表——子域反向区域文件

资源记录类型	域　名	IP 地址
NS 记录	dns. test. com	
指针记录	dns. sub. test. com	192. 168. 0. 252
指针记录	www. sub. test. com	192. 168. 0. 252

步骤 1：在服务器主配置文件中添加子域并测试其正确性。

```
[root@centos-s1 ~]# vi /etc/named.conf
zone "sub.test.com" IN {
        type master;
        file "sub.test.com.zone";
};
```

```
zone "sub.0.168.192.in-addr.arpa" IN{
        type master;
        file "sub.0.168.192.in-addr.arpa.zone";
};
[root@centos-s1 ~]# named-checkconf
```

步骤 2：在服务器上删除父域正向和反向区域文件的区域委派信息。

```
[root@centos-s1 ~]# vi /var/named/test.com.zone
sub.test.com.          IN      NS      dns.sub.test.com.       // 删除本行
dns.sub.test.com.      IN      A       192.168.0.252           // 删除本行
[root@centos-s1 ~]# vi /var/named/0.168.192.in-addr.arpa.zone
252            IN      PTR             dns.sub.test.com.       // 删除本行
```

步骤 3：在服务器上创建子域正向和反向区域文件并测试其正确性，然后重新启动服务。

```
[root@centos-s1 ~]# cp -p /var/named/test.com.zone /var/named/sub.test.com.zone
[root@centos-s1 ~]# vi /var/named/sub.test.com.zone
$ TTL 1D
@       IN SOA  sub.test.com. root.sub.test.com. (
                                        0       ; serial
                                        1D      ; refresh
                                        1H      ; retry
                                        1W      ; expire
                                        3H )    ; minimum
@       IN      NS      dns.sub.test.com.
dns     IN      A       192.168.0.251
www     IN      A       192.168.0.252
[root@centos-s1 ~]# named-checkzone sub.test.com /var/named/sub.test.com.zone
[root@centos-s1 ~]# cp -p /var/named/sub.test.com.zone /var/named/sub.0.168.192.in-
addr.arpa.zone
[root@centos-s1 ~]# vi /var/named/sub.0.168.192.in-addr.arpa.zone
$ TTL 1D
@       IN SOA  sub.test.com. root.sub.test.com. (
                                        0       ; serial
                                        1D      ; refresh
                                        1H      ; retry
                                        1W      ; expire
                                        3H )    ; minimum
@       IN      NS      dns.sub.test.com.
251     IN      PTR     dns.sub.test.com.
252     IN      PTR     www.sub.test.com.
[root@centos-s1 ~]# named-checkzone sub.0.168.192.in-addr.arpa /var/named/sub.0.
168.192.in-addr.arpa.zone
[root@centos-s1 ~]# systemctl restart named
```

步骤 4：在客户机上使用命令 nslookup 验证 DNS 服务。

9.4 域名系统配置流程

域名系统配置流程见表 9.17。

表 9.17 域名系统配置流程

序号	步 骤	命 令
1	安装软件包	yum install -ybind
2	修改主配置文件并测试其正确性	vi /etc/named. conf named-checkconf
3	创建正向区域文件并测试其正确性	cp -p /var/named/named. localhost /var/named/正向区域名. zone vi /var/named/正向区域名. zone named-checkzone 正向区域名 /var/named/正向区域名. zone
4	创建反向区域文件并测试其正确性	cp -p /var/named/正向区域名. zone /var/named/z. y. x. in-addr. arpa. zone vi /var/named/z. y. x. in-addr. arpa. zone named-checkzone z. y. x. in-addr. arpa /var/named/z. y. x. in-addr. arpa. zone
5	启动服务	systemctl start named
6	设置防火墙以放行服务	firewall-cmd --permanent --add-service=dns firewall-cmd --reload
7	在客户机上配置 DNS 服务器	vi /etc/resolv. conf
8	在客户机上测试	nslookup

9.5 域名系统故障排除

1. nslookup

命令 nslookup 可用来诊断域名系统基础结构的信息。命令 nslookup 支持两种模式,即非交互模式和交互模式。

(1) 非交互式模式。非交互式模式仅仅可以查询主机和域名信息,语法格式如下:

```
nslookup 域名或 IP 地址
```

(2) 交互模式。交互模式允许用户通过 DNS 服务器查询主机和域名信息或者获取一个域的主机列表。用户可以按照需要,输入指令进行交互式的操作。

交互模式下,nslookup 可以自由查询主机或者域名信息。下面举例说明 nslookup 命令的使用方法。

① 运行 nslookup。

② 正向查询,查询域名 www. test. com 所对应的 IP 地址。

```
> www.test.com
Server:    192.168.0.251
Address:   192.168.0.251#53

Name:  www.test.com
Address: 192.168.0.251
```

③ 反向查询,查询 IP 地址 192.168.0.1 所对应的域名。

```
> 192.168.0.251
251.0.168.192.in-addr.arpa  name = dns.test.com.
251.0.168.192.in-addr.arpa  name = www.test.com.
```

④ 显示当前设置的所有值。

```
> set all
Default server: 192.168.0.251
Address: 192.168.0.251#53

Set options:
  novc       nodebug    nod2
  search     recurse
  timeout = 0     retry = 3   port = 53   ndots = 1
  querytype = A       class = IN
  srchlist =
```

⑤ 查询 test.com 域的 DNS 配置。

"set type="等号右边的取值可以是 SOA、NS、MX、A、PTR、CNAME 和 ANY。

```
> set type=soa
> test.com
Server:    192.168.0.251
Address:   192.168.0.251#53

test.com
    origin = test.com
    mail addr = root.test.com
    serial = 0
    refresh = 86400
    retry = 3600
    expire = 604800
    minimum = 10800
> set type=ns
> test.com
Server:    192.168.0.251
Address:   192.168.0.251#53

test.com  nameserver = dns.test.com.
> set type=mx
```

```
> test.com
Server:    192.168.0.251
Address:   192.168.0.251#53

test.com  mail exchanger = 10 mail.test.com.
```

2. dig

命令 dig(Domain Information Groper)是一个灵活的命令行方式的域名查询工具,用于从 DNS 服务器获取特定的信息。例如,查看域名 www. test. com 的信息。

```
[root@centos-c ~]# dig www.test.com

; <<>> DiG 9.11.4-P2-RedHat-9.11.4-16.P2.el7 <<>> www.test.com
;; global options: +cmd
;; Got answer:
;; ->>HEADER<<- opcode: QUERY, status: NOERROR, id: 18801
;; flags: qr aa rd ra; QUERY: 1, ANSWER: 1, AUTHORITY: 1, ADDITIONAL: 2

;; OPT PSEUDOSECTION:
; EDNS: version: 0, flags:; udp: 4096
;; QUESTION SECTION:
;www.test.com.      IN  A

;; ANSWER SECTION:
www.test.com.    86400  IN  A  192.168.0.251

;; AUTHORITY SECTION:
test.com.    86400  IN  NS  dns.test.com.

;; ADDITIONAL SECTION:
dns.test.com.    86400  IN  A  192.168.0.251

;; Query time: 1 msec
;; SERVER: 192.168.0.251#53(192.168.0.251)
;; WHEN: Tue May 11 10:31:30 CST 2021
;; MSG SIZE  rcvd: 91
```

3. host

命令 host 用于简单的主机名的信息查询,在默认情况下,host 只在主机名和 IP 地址之间进行转换。以下是一些常见的用法。

(1) 正向查询主机地址。

```
[root@centos-c ~]# host test.com
test.com has address 192.168.0.251
test.com mail is handled by 10 mail.test.com.
[root@centos-c ~]# host dns.test.com
dns.test.com has address 192.168.0.251
```

(2) 反向查询 IP 地址对应的域名。

```
[root@centos-c ~]# host 192.168.0.251
251.0.168.192.in-addr.arpa domain name pointer www.test.com.
251.0.168.192.in-addr.arpa domain name pointer dns.test.com.
```

(3) 查询不同类型的资源记录配置,选项“-t”后可以加 SOA、NS、MX、A、PTR、CNAME。

```
[root@centos-c ~]# host -t soa test.com
test.com has SOA record test.com. root.test.com. 0 86400 3600 604800 10800
[root@centos-c ~]# host -t ns test.com
test.com name server dns.test.com.
[root@centos-c ~]# host -t mx test.com
test.com mail is handled by 10 mail.test.com.
```

(4) 查询整个 test.com 域的信息。

```
[root@centos-c ~]# host -l test.com
test.com has address 192.168.0.251
test.com name server dns.test.com.
*.test.com has address 192.168.0.251
dns.test.com has address 192.168.0.251
mail.test.com has address 192.168.0.252
www.test.com has address 192.168.0.251
```

第 10 章

万 维 网

Chapter 10

本章主要学习万维网的相关知识及其安装和配置与配置实例等。

本章的学习目标如下。

(1) 万维网相关知识：了解万维网的工作原理和相关名词。

(2) 安装和配置 Apache：掌握 Apache 的安装、启动、配置文件。

(3) 万维网配置实例：掌握万维网配置实例。

10.1 万维网相关知识

万维网(World Wide Web,WWW)服务是 Internet 上被广泛应用的一种信息服务技术。

10.1.1 万维网工作过程

WWW 采用的是客户机/服务器结构,服务器整理和储存各种 WWW 资源,并响应客户机的请求,把所需的信息资源传送给用户。

万维网的服务器即 Web 服务器,也被称为 HTTP 服务器,通过 HTTP 协议与客户机进行通信,而客户机上的客户端通常指的是 Web 浏览器。HTTP(HyperText Transfer Protocol,超文本传输协议)是一种让 Web 服务器与客户机通过网络发送与接收数据的协议,它实际上是一个请求、响应协议——客户机发出一个请求(Request),服务器响应(Response)这个请求,HTTP 通常使用 TCP 的 80 端口。万维网的工作工程如图 10.1 所示。

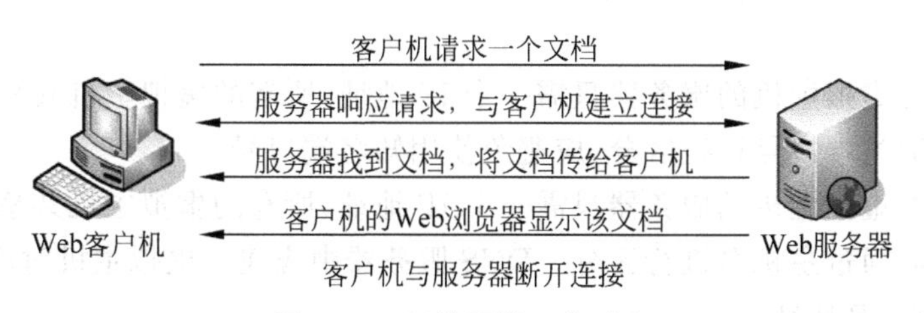

图 10.1 万维网的工作过程

(1) 客户机的 Web 浏览器向服务器请求一个文档。

(2) 服务器接收到请求后,发送一个应答并与客户机建立连接。

(3) 服务器查找所请求的文档,若查找到,就传送给客户机;若查找不到,则发送一个相应的错误提示文档给客户机。

(4) 客户机的 Web 浏览器接收到文档后将它显示出来。

(5) 当用户浏览完成后,就可关闭浏览器断开与服务器的连接。

10.1.2 万维网相关名词

1. 统一资源定位符

URL(Uniform Resource Locator,统一资源定位符)用于标明 Internet 上信息资源的位置。

URL 一般由三部分组成,其形式为“协议类型://域名/路径及文件名”。如“http://www.test.com/dir/index.html”。

2. 主目录

主目录是 Web 站点用于已发布文件的中心位置,也是用户访问 Web 站点时首先访问的位置。

3. 虚拟目录

虚拟目录是为服务器上不在主目录下的一个物理目录或者其他计算机上的目录而指定的好记的名称,又称“别名”。因为别名通常比物理目录的路径短,所以它更便于用户使用;同时,使用别名还更加安全,因为用户不知道文件在服务器上的物理位置;通过使用别名,还可以更轻松地移动站点中的目录,因为无须更改目录的 URL,而只需更改别名与物理目录之间的映射即可。

4. 默认页

默认页也称首页、主页,通常是一个 Web 站点的第一个网页,也是用户浏览 Web 站点时默认打开的网页。

5. 虚拟主机

通过配置虚拟主机,可以在单台服务器上运行多个 Web 站点,对于访问量不大的站点来说,这样做可以降低单个站点的运营成本。虚拟主机可以基于 IP 地址、端口号和主机名来实现。

基于 IP 地址的虚拟主机需要服务器配置多个 IP 地址,并为各虚拟主机分配一个唯一的 IP 地址。

基于端口号的虚拟主机的服务器只需一个 IP 地址,所有的虚拟主机共享同一个 IP 地址。各虚拟主机之间通过端口号进行区分,应避免使用知名端口号。

基于主机名的虚拟主机的服务器只需一个 IP 地址,所有的虚拟主机共享同一个 IP 地址,而各虚拟主机之间通过主机名进行区分。DNS 服务器中应建立虚拟主机对应的 A 记录,以使它们解析到同一个 IP 地址。

10.2 安装和配置 Apache

要使用万维网,必须先安装、启动和配置 Apache。

10.2.1 Apache 概述

Apache(Apache HTTP Server)起初是由伊利诺伊大学香槟分校的国家超级计算机应用中心(NCSA)开发的,此后,Apache 通过开放源代码团体的成员的努力而得以不断地发展和加强。Apache 服务器享有牢靠、可信的美誉,已用在超过半数的 Internet 网站中,几乎包含了所有的最热门和访问量最大的网站。Apache 支持众多功能,这些功能绝大部分都是通过编译模块实现的,这些功能包括从服务器端的编程语言支持到身份认证方案等。

10.2.2 安装和启动 Apache

(1) 安装、启动和设置自动启动 Apache。

```
[root@centos-s ~]# yum install -y httpd
[root@centos-s ~]# systemctl start httpd
[root@centos-s ~]# systemctl enable httpd
```

(2) 设置防火墙以放行 Apache。

```
[root@centos-s ~]# firewall-cmd --permanent --add-service=http
[root@centos-s ~]# firewall-cmd --reload
```

(3) 测试 Apache 是否安装和启动成功,如图 10.2 所示。

```
[root@centos-s ~]# firefox 127.0.0.1
```

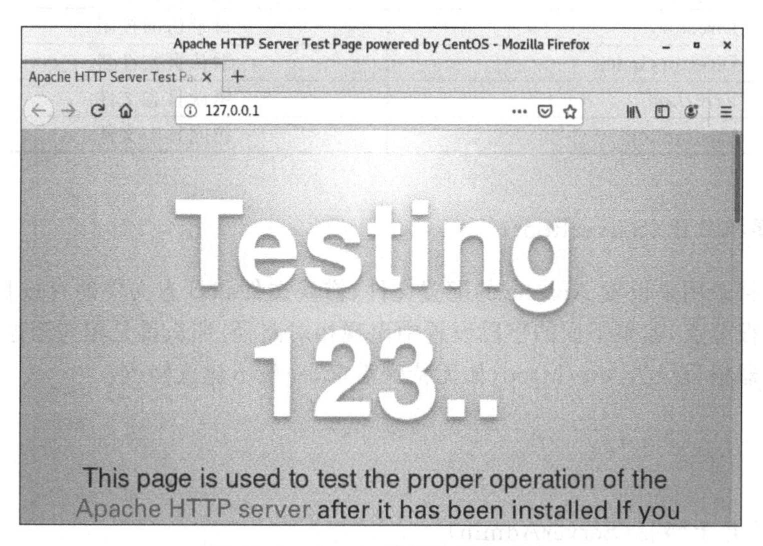

图 10.2 Apache 安装和启动成功

10.2.3 配置文件

Apache 的相关目录和文件见表 10.1。

表 10.1 Apache 的相关目录和文件

相关目录和文件	存放位置
服务目录	/etc/httpd
主配置文件	/etc/httpd/conf/httpd.conf
网站数据目录	/var/www/html

主配置文件/etc/httpd/conf/httpd.conf不区分大小写，以"#"开始的行为注释行。除了注释和空行外，服务器把其他的行认为是完整的或部分的指令。指令又分为类似于Shell的命令和伪HTML标记，指令的语法格式为"参数名 参数值"，而伪HTML标记的语法格式如下：

```
<标记>
    参数名 参数值
</标记>
```

其中，Apache的配置文件常用参数和用途见表10.2。

表10.2 Apache的配置文件常用参数和用途

参 数	用 途
ServerRoot	服务器根目录
Listen	监听的IP地址与端口号
User	运行服务的用户
Group	运行服务的组群
ServerAdmin	管理员电子邮箱
ServerName	服务器名
DocumentRoot	文档根目录
Directory	目录访问控制
DirectoryIndex	默认页文件名
ErrorLog	错误日志文件
CustomLog	访问日志文件

1. 服务器根目录(ServerRoot)

服务器根目录用来设置Apache的配置文件、错误文件和日志文件的存放目录，该目录是整个目录树的根节点，如果下面的字段设置中出现相对路径，那么就是相对于这个路径的。默认情况下服务器根目录为/etc/httpd，如无特殊需求，一般不建议修改。

```
ServerRoot "/etc/httpd"
```

2. 管理员电子邮箱(ServerAdmin)

当客户端访问服务器发生错误时，服务器通常会将带有错误提示信息的网页反馈给客户端，并且上面一般包含管理员的电子邮箱，以便用户联系管理员解决出现的错误。

```
ServerAdmin root@localhost
```

3. 服务器名(ServerName)

服务器名用于设置服务器的域名及端口号。

```
ServerName www.example.com:80
```

4. 文档根目录(DocumentRoot)

一般情况下一个网站的所有文件都保存在文档根目录中。在默认情形下,除了记号和别名将改指它处以外所有的请求都从这里开始。

```
DocumentRoot "/var/www/html"
```

5. 目录访问控制字段

目录访问控制字段的含义见表 10.3。

表 10.3 目录访问控制字段的含义

访问控制字段	含　义
Options	特定目录中的服务器特性,具体参数选项的取值见下表
AllowOverride	如何使用访问控制文件.htaccess
Order	Apache 缺省的访问权限及 Allow 和 Deny 语句的处理顺序
Allow	允许访问 Apache 服务器的主机,可以是主机名也可以是 IP 地址
Deny	拒绝访问 Apache 服务器的主机,可以是主机名也可以是 IP 地址

目录字段 Options 的可取值见表 10.4。

表 10.4 目录字段 Options 的可取值

可　取　值	描　　述
Indexes	允许目录浏览。当访问的目录中没有 DirectoryIndex 参数指定的网页文件时,会列出目录中的目录清单
Multiviews	允许内容协商的多重视图
All	支持除 Multiviews 以外的所有选项,如果没有 Options 语句,默认为 All
ExecCGI	允许在该目录下执行 CGI 脚本
FollowSysmLinks	可以在该目录中使用符号链接,以访问其他目录
Includes	允许服务器端使用 SSI(服务器包含)技术
IncludesNoExec	允许服务器端使用 SSI(服务器包含)技术,禁止执行 CGI 脚本
SymLinksIfOwnerMatch	目录文件与目录属于同一用户时支持符号链接

10.2.4 个人主页

个人主页指的是服务器的用户创建的个人 Web 站点。个人主页的 URL 格式一般为"http://服务器地址/～username"。其中,username 必须是 Linux 中存在的合法用户名。

个人主页存放的目录在个人主页配置文件/etc/httpd/conf.d/userdir.conf 中设置,其中参数 UserDir 的默认值为 disable,表示不启用个人主页;参数值 public_html 表示个人主页的目录在用户主目录的目录 public_html 中。如果想启用个人主页,只需要进行如下改动即可。

```
<IfModule mod_userdir.c>
    #UserDir disabled              //将本行用注释符号"#"进行屏蔽
```

```
    UserDir public_html    //将本行的注释符号"#"删除
</IfModule>
```

10.2.5 用户身份认证

所谓用户身份认证，是指用户需要输入用户名和密码才可以访问 Web 站点，通过文件“.htaccess”实现目录的访问控制。用于身份认证的用户跟 Linux 的用户是分开独立的。

默认情况下目录的访问控制字段 AllowOverride 取值为 none，即忽略文件.htaccess；将其修改为 AuthConfig 即可启用用户身份认证。AllowOverride 的可选参数见表 10.5。

表 10.5　AllowOverride 的可选参数

参　　数	指　　令	作　　用
AuthConfig	AuthDBMGroupFile，AuthDBMUserFile，AuthGroupFile，AuthName，AuthType，AuthUserFile，Require	进行认证、授权以及安全的相关指令
FileInfo	DefaultType，ErrorDocument，ForceType，LanguagePriority，SetHandler，SetInputFilter，SetOutputFilter	控制文件处理方式的相关指令
Indexes	AddDescription，AddIcon，AddIconByEncoding，DefaultIcon，AddIconByType，DirectoryIndex，ReadmeName，FancyIndexing，HeaderName，IndexIgnore，IndexOptions	控制目录列表方式的相关指令
Limit	Allow，Deny，Order	进行目录访问控制的相关指令
Options	Options，XBitHack	启用不能在主配置文件中使用的各种选项
All	全部指令组	可以使用以上所有指令
None	禁止使用所有指令	禁止处理.htaccess 文件

创建用于身份认证的 Apache 用户 test，并设置密码。

```
[root@centos-s ~]# htpasswd -c /usr/local/.htpasswd test
New password:
Re-type new password:
Adding password for user test
```

启用目录的身份认证和定义认证名称。

```
<Directory "/dir_auth">
    AllowOverride AuthConfig
#启用身份认证
    AuthName Auth_Zone
#定义的认证名称，与文件.htpasswd 的认证名称必须一致
</Directory>
```

编辑身份认证文件.htaccess，该文件一般位于对应的目录中。

```
AuthName "Auth_Zone"
#认证名称
AuthType Basic
#认证类型
```

```
AuthUserFile /usr/local/.htpasswd
# 文件.htpasswd的路径
Require valid-user
# 只有文件.htpasswd中的用户才是有效用户,才能访问
```

10.2.6 配置文件校验命令

命令 apachectl configtest 用于校验配置文件/etc/httpd/conf/httpd.conf 的语法是否正确。

```
[root@centos-s ~]# apachectl configtest
AH00558: httpd: Could not reliably determine the server's fully qualified domain
name, using fe80::20c:29ff:fe81:5a4. Set the 'ServerName' directive globally to
suppress this message
Syntax OK
//无法可靠地确定服务器的完全合格域名
//设置ServerName指令在全局范围内禁止显示此消息
//语法正确
```

10.3 万维网配置实例

万维网配置实例包括默认 Web 服务器、虚拟目录、个人主页、身份认证、虚拟主机(基于IP 地址、端口号和主机名)。

10.3.1 默认 Web 服务器

默认 Web 服务器的拓扑结构如图 10.3 所示。

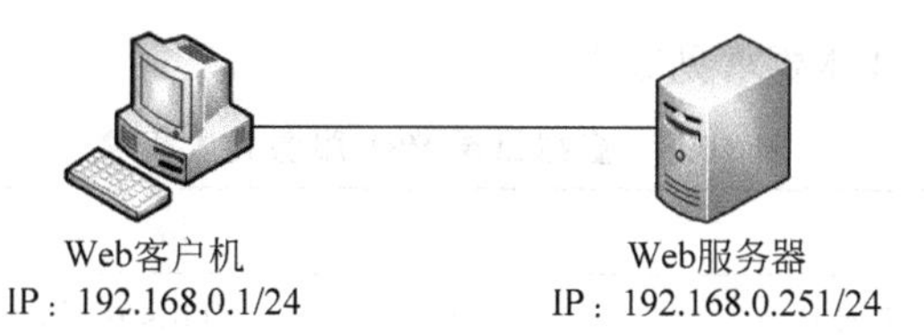

图 10.3 默认 Web 服务器的拓扑结构

各节点的网络配置见表 10.6。

表 10.6 各节点的网络配置

节 点	主 机 名	IP 地址和子网掩码
Web 服务器	centos-s	192.168.0.251/24
Web 客户机	centos-c	192.168.0.1/24

默认 Web 服务器具体要求见表 10.7。

表 10.7 默认 Web 服务器具体要求

默认页文件内容	This is the default Web site.

步骤1：按照节点网络配置表配置服务器和客户机的主机名、IP地址和子网掩码，并测试配置的正确性。

步骤2：在服务器上安装软件包。

```
[root@centos-s ~]# yum install -y httpd
```

步骤3：在服务器上编辑默认页文件内容。

```
[root@centos-s ~]# echo "This is the default Web site." > /var/www/html/index.html
```

步骤4：在服务器上启动服务，并设置防火墙以放行服务流量。

```
[root@centos-s ~]# systemctl start httpd
[root@centos-s ~]# firewall-cmd --permanent --add-service=http
[root@centos-s ~]# firewall-cmd --reload
```

步骤5：在客户机上访问服务，如图10.4所示。

```
[root@centos-c ~]# firefox http://192.168.0.251/
```

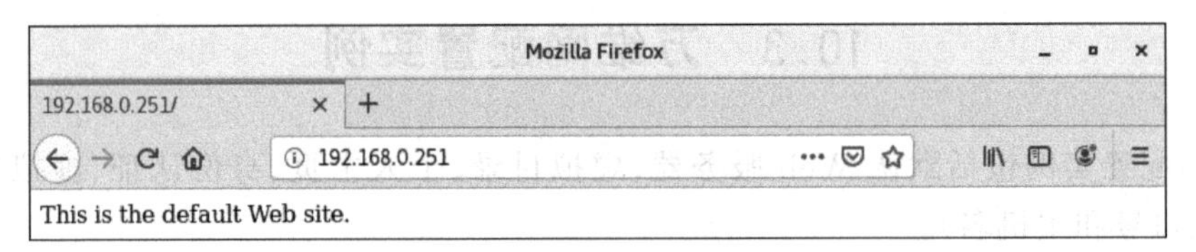

图10.4 访问默认Web服务

10.3.2 虚拟目录

虚拟目录Web服务具体要求见表10.8。

表10.8 虚拟目录Web服务具体要求

物理目录	/dir
默认页文件内容	This is the virtual directory.
虚拟目录	vir

步骤1：在服务器上创建用于虚拟目录的物理目录。

```
[root@centos-s ~]# mkdir /dir
[root@centos-s ~]# echo "This is the virtual directory." > /dir/index.html
[root@centos-s ~]# chcon -u system_u -t httpd_sys_content_t -R /dir
```

步骤2：在服务器上修改配置文件，添加虚拟目录，测试配置文件的正确性。

```
[root@centos-s ~]# vi /etc/httpd/conf/httpd.conf
Alias /vir "/dir"
```

```
<Directory"/dir">
    AllowOverride None
    Require all granted
</Directory>
[root@centos-s ~]# apachectl configtest
```

步骤 3：在服务器上重新启动服务，通过客户机访问虚拟目录。

在服务器上重新启动服务。

```
[root@centos-s ~]# systemctl restart httpd
```

通过客户机访问虚拟目录，如图 10.5 所示。

```
[root@centos-c ~]# firefox http://192.168.0.251/vir/
```

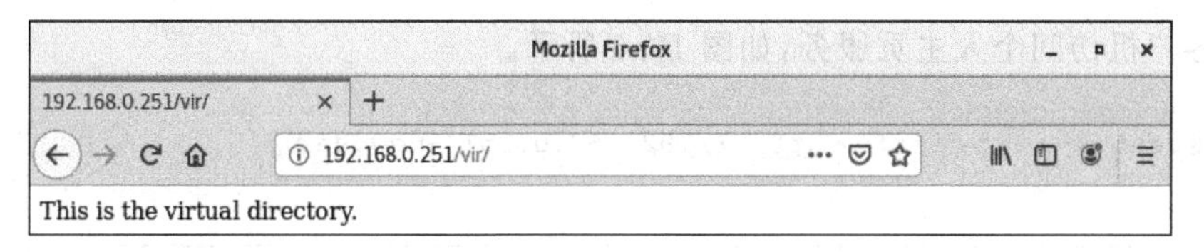

图 10.5 访问虚拟目录

10.3.3 个人主页

个人主页 Web 服务具体要求见表 10.9。

表 10.9 个人主页 Web 服务具体要求

用户名	newuser
默认页文件内容	This is the personal home page.

步骤 1：在服务器上创建用户及其个人主页，修改用户主目录权限。

```
[root@centos-s ~]# useradd newuser
[root@centos-s ~]# mkdir /home/newuser/public_html
[root@centos-s ~]# echo "This is the personal home page." > /home/newuser/public_
html/index.html
[root@centos-s ~]# chmod 705 -R /home/newuser
[root@centos-s ~]# chcon -u system_u -t httpd_sys_content_t -R /home/newuser
```

步骤 2：在服务器上修改个人主页配置文件，启用个人主页功能。

```
[root@centos-s ~]# vi /etc/httpd/conf.d/userdir.conf
<IfModule mod_userdir.c>
    #
    # UserDir is disabled by default since it can confirm the presence
    # of a username on the system(depending on home directory
    # permissions).
```

```
    #
    #UserDir disabled          // 将本行用注释符号" # "进行屏蔽

    #
    # To enable requests to /~user/ to serve the user's public_html
    # directory, remove the " UserDir disabled " line above, and uncomment
    # the following line instead:
    #
    UserDir public_html        // 将本行的注释符号" # "删除
</IfModule>
```

步骤 3：在服务器上重新启动服务，通过客户机访问个人主页服务。
在服务器上重新启动服务。

```
[root@centos-s ~]# systemctl restart httpd
```

通过客户机访问个人主页服务，如图 10.6 所示。

```
[root@centos-c ~]# firefox http://192.168.0.251/~newuser/
```

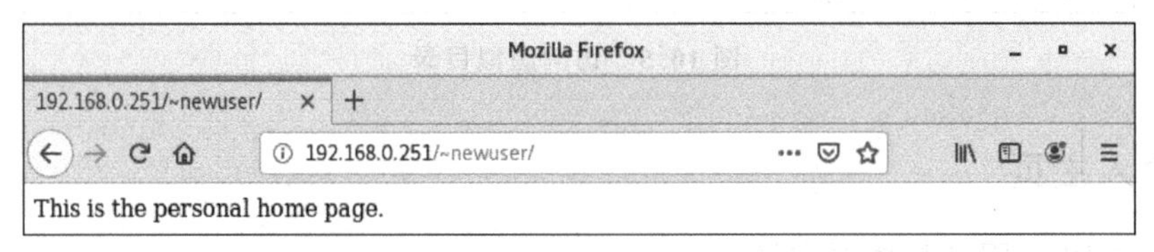

图 10.6 访问个人主页

10.3.4 身份认证

身份认证 Web 服务具体要求见表 10.10。

表 10.10 身份认证 Web 服务具体要求

物理目录	/dir_auth
默认页文件内容	This is the authentication Web Site.
虚拟目录	auth

步骤 1：在服务器上创建用于身份认证的物理目录和用户。

```
[root@centos-s ~]# mkdir /dir_auth
[root @ centos - s ~] # echo " This is the authentication Web Site." > /dir _ auth/
index.html
[root@centos-s ~]# chcon -u system_u -t httpd_sys_content_t -R /dir_auth
[root@centos-s ~]# htpasswd -c /usr/local/.htpasswd newuser
New password:
Re-type new password:
Adding password for user newuser
```

步骤 2：在服务器上修改配置文件，添加身份认证的虚拟目录，测试配置文件的正确性。

```
[root@centos-s ~]# vi /etc/httpd/conf/httpd.conf
Alias /auth "/dir_auth"

<Directory "/dir_auth">
    AllowOverride AuthConfig
    AuthName Auth_Zone
</Directory>
[root@centos-s ~]# apachectl configtest
```

步骤 3：在服务器物理目录中创建用于身份认证的文件.htaccess。

```
[root@centos-s ~]# vi /dir_auth/.htaccess
AuthName "Auth_Zone"
AuthType Basic
AuthUserFile /usr/local/.htpasswd
Require valid-user
```

步骤 4：在服务器上重新启动服务，通过客户机访问身份认证的虚拟目录。
在服务器上重新启动服务。

```
[root@centos-s ~]# systemctl restart httpd
```

通过客户机访问身份认证的虚拟目录，如图 10.7 所示。

```
[root@centos-c ~]# firefox http://192.168.0.251/auth/
```

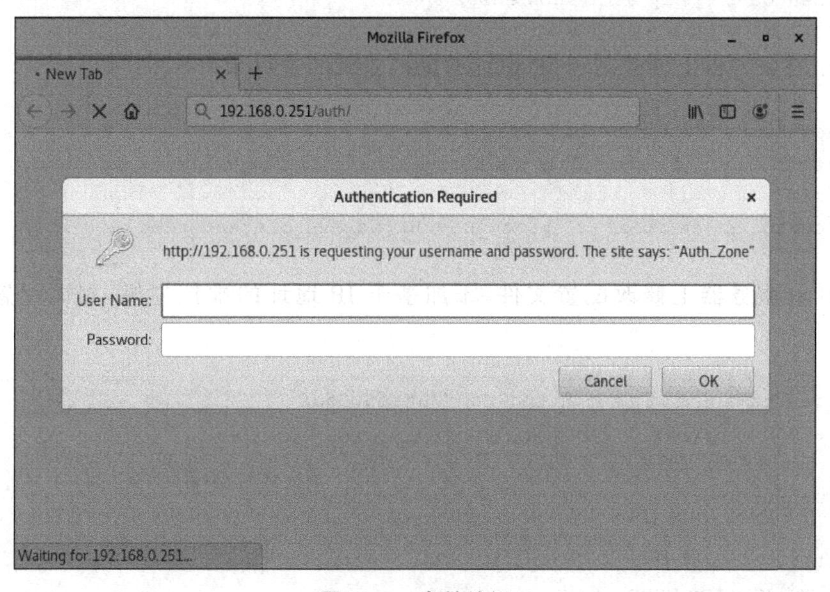

图 10.7　身份认证

10.3.5 基于 IP 地址的虚拟主机

基于 IP 地址的虚拟主机的拓扑结构如图 10.8 所示。

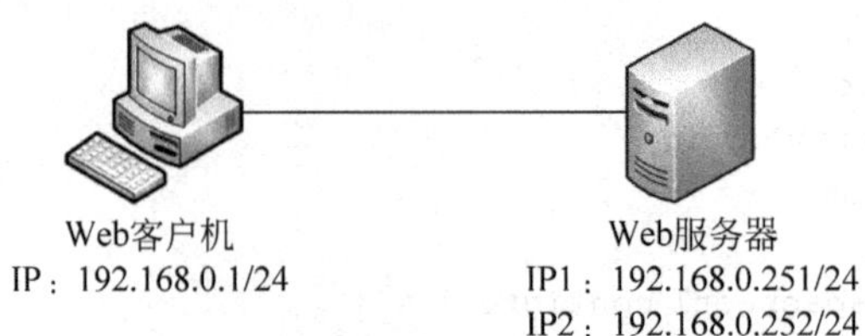

图 10.8 基于 IP 地址的虚拟主机的拓扑结构

基于 IP 地址的虚拟主机 Web 服务具体要求见表 10.11。

表 10.11 基于 IP 地址的虚拟主机 Web 服务具体要求

主目录	/dir_ip
默认页文件内容	This is the virtual host based on IP address.
虚拟主机的 IP 地址	IP 地址 2

步骤 1：在服务器上添加一个 IP 地址。

```
[root@centos-s ~]# vi /etc/sysconfig/network-scripts/ifcfg-ens32
IPADDR0=192.168.0.251
PREFIX0=24
IPADDR1=192.168.0.252
PREFIX1=24
[root@centos-s ~]# systemctl restart network
[root@centos-s ~]# ip addr show ens32
```

步骤 2：在服务器上创建基于 IP 地址的虚拟主机的主目录。

```
[root@centos-s ~]# mkdir /dir_ip
[root@centos-s ~]# echo " This is the virtual host based on IP address." > /dir_ip/
index.html
[root@centos-s ~]# chcon -u system_u -t httpd_sys_content_t -R /dir_ip
```

步骤 3：在服务器上修改配置文件，添加基于 IP 地址的虚拟主机，测试配置文件的正确性。

```
[root@centos-s ~]# vi /etc/httpd/conf/httpd.conf
<VirtualHost 192.168.0.252:80>
    DocumentRoot /dir_ip
</VirtualHost>

<Directory "/dir_ip">
    AllowOverride None
    Require all granted
</Directory>
[root@centos-s ~]# apachectl configtest
```

步骤 4：在服务器上重新启动服务，通过客户机访问基于 IP 地址的虚拟主机。

在服务器上重新启动服务。

```
[root@centos-s ~]# systemctl restart httpd
```

通过客户机访问基于 IP 地址的虚拟主机，如图 10.9 所示。

```
[root@centos-c ~]# firefox http://192.168.0.252/
```

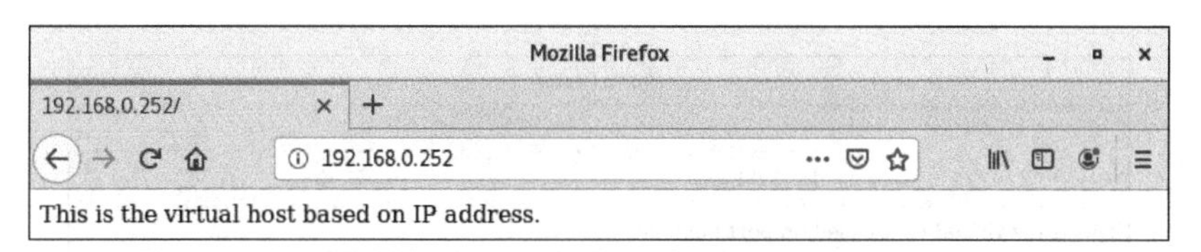

图 10.9 访问基于 IP 地址的虚拟主机

10.3.6 基于端口号的虚拟主机

基于端口号的虚拟主机 Web 服务具体要求见表 10.12。

表 10.12 基于端口号的虚拟主机 Web 服务具体要求

主目录	/dir_port
默认页文件内容	This is the virtual host based on port number.
虚拟主机的端口号	8080

步骤 1：在服务器上创建基于端口号的虚拟主机的主目录。

```
[root@centos-s ~]# mkdir /dir_port
[root@centos-s ~]# echo "This is the virtual host based on port number." > /dir_port/
index.html
[root@centos-s ~]# chcon -u system_u -t httpd_sys_content_t -R /dir_port
```

步骤 2：在服务器上修改配置文件，添加监听的端口号和基于端口号的虚拟主机，测试配置文件的正确性。

```
[root@centos-s ~]# vi /etc/httpd/conf/httpd.conf
Listen 8080

<VirtualHost *:8080>
    DocumentRoot /dir_port
</VirtualHost>

<Directory "/dir_port">
    AllowOverride None
    Require all granted
</Directory>
[root@centos-s ~]# apachectl configtest
```

步骤 3：在服务器上重新启动服务，设置防火墙，放行添加的端口号。

```
[root@centos-s ~]# systemctl restart httpd
[root@centos-s ~]# firewall-cmd --permanent --add-port=8080/tcp
[root@centos-s ~]# firewall-cmd --reload
```

步骤 4：通过客户机访问基于端口号的虚拟主机，如图 10.10 所示。

```
[root@centos-c ~]# firefox http://192.168.0.251:8080/
```

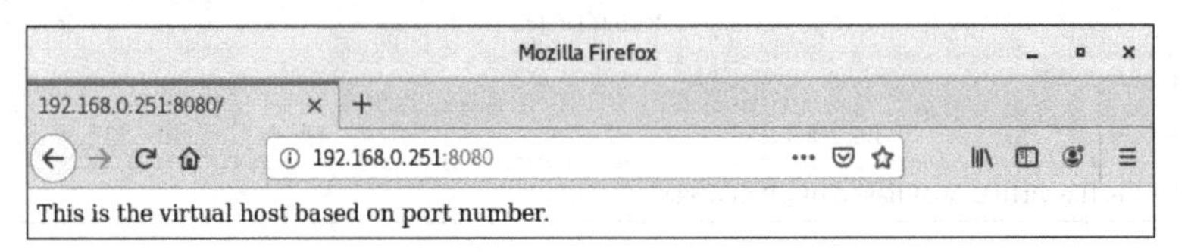

图 10.10 访问基于端口号的虚拟主机

10.3.7 基于主机名的虚拟主机

基于主机名的虚拟主机的拓扑结构如图 10.11 所示。

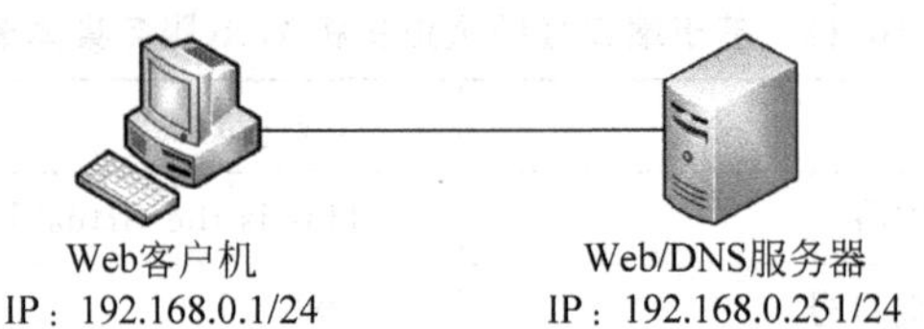

图 10.11 基于主机名的虚拟主机的拓扑结构

在服务器上安装并配置 DNS 服务，具体要求见表 10.13 和表 10.14。

表 10.13 DNS 服务的需求表——主配置文件

正向解析区域名	test.com
反向解析区域名	0.168.192.in-addr.arpa

表 10.14 DNS 服务的需求表——正向区域文件

资源记录类型	域　　名	IP 地址
NS 记录	dns.test.com	
A 记录	dns.test.com	192.168.0.251
A 记录	www.test.com	192.168.0.251
A 记录	web.test.com	192.168.0.251

基于主机名的虚拟主机 Web 服务具体要求见表 10.15。

表 10.15 基于主机名的虚拟主机 Web 服务具体要求

主目录	/dir_name
默认页文件内容	This is the virtual host based on host name.
虚拟主机的主机名	web.test.com

步骤 1：在服务器上安装并配置 DNS 服务。启动服务，配置防火墙放行服务流量。

```
[root@centos-s ~]# yum install -y bind
[root@centos-s ~]# vi /etc/named.conf
options{
        listen-on port 53{ any; };          // 127.0.0.1 改为 any
        allow-query     { any; };           // localhost 改为 any
        ...                                 // 中间省略
        dnssec-validation no;               // yes 改为 no
};

zone"test.com" IN{
        type master;
        file"test.com.zone";
        allow-update{ none; };
};
[root@centos-s ~]# named-checkconf
[root@centos-s ~]# vi /var/named/test.com.zone
$ TTL 1D
@       IN SOA  @root.test.com. (
                                        0       ; serial
                                        1D      ; refresh
                                        1H      ; retry
                                        1W      ; expire
                                        3H )    ; minimum
@               IN      NS              dns.test.com.
dns             IN      A               192.168.0.251
www             IN      A               192.168.0.251
web             IN      A               192.168.0.251
[root@centos-s ~]# named-checkzone test.com /var/named/test.com.zone
[root@centos-s ~]# systemctl start named
[root@centos-s ~]# firewall-cmd --permanent --add-service=dns
[root@centos-s ~]# firewall-cmd --reload
```

步骤 2：在服务器上创建基于主机名的虚拟主机的主目录。

```
[root@centos-s ~]# mkdir /dir_name
[root@centos-s ~]# echo" This is the virtual host based on host name." > /dir_name/
index.html
[root@centos-s ~]# chcon -u system_u -t httpd_sys_content_t -R /dir_name
```

步骤 3：在服务器上修改配置文件，添加基于主机名的虚拟主机，测试配置文件的正确性。

```
[root@centos-s ~]# vi /etc/httpd/conf/httpd.conf
<VirtualHost *:80>
    DocumentRoot /var/www/html
    ServerName www.test.com
</VirtualHost>

<VirtualHost *:80>
    DocumentRoot /dir_name
```

```
    ServerName web.test.com
</VirtualHost>

<Directory" /dir_name " >
    AllowOverride None
    Require all granted
</Directory>
[root@centos-s ~]# apachectl configtest
```

步骤 4：在服务器上重新启动服务。

```
[root@centos-s ~]# systemctl restart httpd
```

步骤 5：在客户机上配置 DNS 服务器并访问基于主机名的虚拟主机，如图 10.12 和图 10.13 所示。

```
[root@centos-c ~]# vi /etc/resolv.conf
nameserver 192.168.0.251
[root@centos-c ~]# vi /etc/hosts
// 如果在服务器上不安装和配置 DNS 服务，则在客户机上可以直接编辑/etc/hosts 文件，添加如下
   域名和 IP 地址的对应关系的记录
192.168.0.251    www.test.com
192.168.0.251    web.test.com
[root@centos-c ~]# firefox http://www.test.com/
[root@centos-c ~]# firefox http://web.test.com/
```

Mozilla Firefox
test.com/
www.test.com
This is the default Web site.

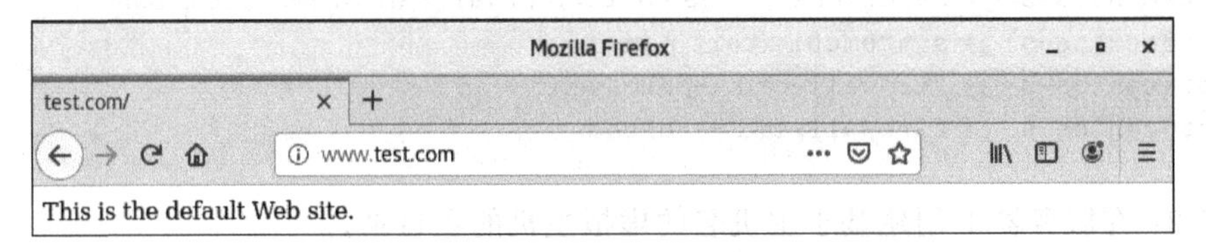

图 10.12　访问基于主机名的虚拟主机(1)

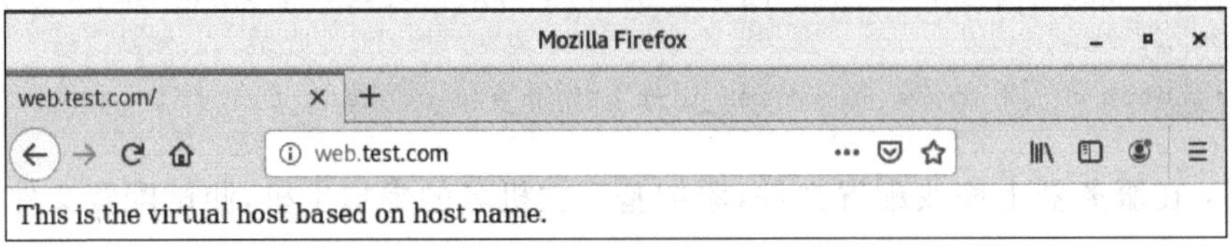

Mozilla Firefox
web.test.com/
web.test.com
This is the virtual host based on host name.

图 10.13　访问基于主机名的虚拟主机(2)

10.4　万维网配置流程

万维网配置流程见表 10.16。

表 10.16 万维网配置流程

序号	步　　骤	命　　令
1	安装软件包	yum install -y httpd
2	启动服务	systemctl start httpd
3	本机访问测试	firefox 127.0.0.1/本机地址
4	设置防火墙以放行服务	firewall-cmd --permanent --add-service=http firewall-cmd --reload
5	创建默认页	echo "默认页内容" > /var/www/html/index.html
6	修改配置文件	vi /etc/httpd/conf/httpd.conf
7	测试配置文件的正确性	apachectl configtest
8	客户机访问	firefox 服务器地址

第 11 章

文件传输协议

Chapter 11

本章主要学习文件传输协议的相关知识及其安装和配置、配置实例、故障排除等。

本章的学习目标如下。

(1) 文件传输协议相关知识：了解文件传输协议的工作原理和组成。

(2) 安装和配置 vsftpd：掌握 vsftpd 的安装、启动、配置文件、认证模式。

(3) 文件传输协议配置实例：掌握文件传输协议配置实例。

(4) 文件传输协议故障排除：掌握文件传输协议故障排除。

11.1 文件传输协议相关知识

文件传输协议(File Transfer Protocol,FTP)是网络中专门用于文件传输的 TCP/IP 协议集中的应用层协议,也是从互联网早期一直到目前为止应用较为普遍的重要服务之一。

11.1.1 文件传输协议工作过程

尽管 Internet 中的大部分文件传输工作都是通过 HTTP 完成的,但很多大型的公共网站还是提供了基于 FTP 的文件传输方式,这是因为 FTP 的效率更高,对权限控制更为严格,同时 FTP 已经拥有了非常广泛的客户端支持,几乎所有的系统平台(如 UNIX、Linux、Windows 等)都拥有丰富的 FTP 客户端软件。

FTP 使用 TCP 协议提供的服务,所使用的 TCP 端口有两个。

(1) 21 端口。即控制端口,用于传输 FTP 控制命令。

(2) 20 端口。即数据端口,用于传输数据。

一般情况下,FTP 所使用的端口通常是指控制端口,即 21 端口。

FTP 的工作过程如图 11.1 所示。

(1) 当 FTP 客户机发出请求时,客户机系统将动态分配一个 X 端口(X>1024)。

(2) 若 FTP 服务器在 21 端口监听到该请求,则在 FTP 客户机的 X 端口和 FTP 服务器的 21 端口之间建立起一个 FTP 控制连接会话。

(3) 当需要传输数据时,FTP 客户机系统再动态打开一个连接到 FTP 服务器的 20 端口的 X+1 端口,这样就可在这两个端口之间进行数据的传输。当数据传输完毕后,这两个端口会自动关闭。

(4) 当 FTP 客户机断开与 FTP 服务器的连接时,客户机上动态分配的 X 端口将自动关闭。

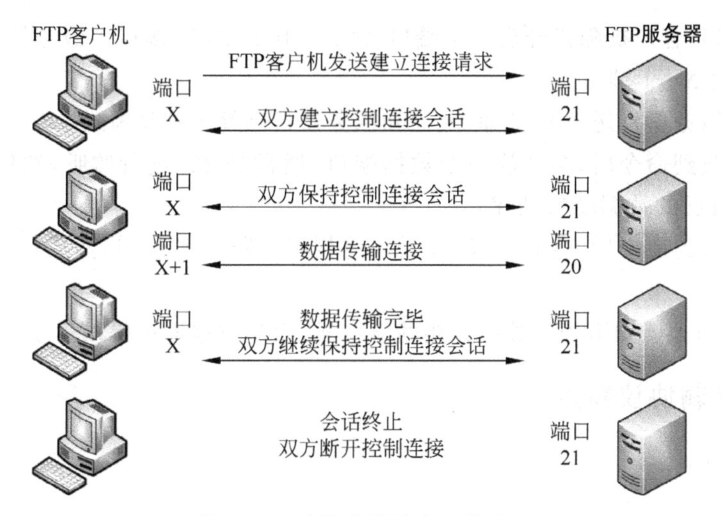

图 11.1 文件传输协议工作过程

11.1.2 文件传输协议工作模式

根据数据连接的建立方式，FTP 的数据传输可以分为 PORT（主动）模式和 Passive（被动）模式。

主动模式是 FTP 服务器向 FTP 客户机传输数据的默认模式。在主动模式中，FTP 客户机随机开启一个端口号大于 1024 的 X 端口向服务器的 21 端口发起控制连接请求，然后开放 X+1 端口进行监听；然后 FTP 服务器接受请求并建立控制连接会话。如果客户机在控制连接会话中发送数据连接请求，那么服务器在接收到命令后，会用其本地的 FTP 数据端口（通常是 20）来连接客户机指定的 X+1 端口进行数据传输。因此，由服务器主动发起并建立连接到客户机指定的端口的工作模式称为“主动”模式。

在被动模式下，客户机通过命令 PASV 获得服务器的数据端口，然后向服务器发起数据传送连接建立请求，从而建立数据连接。因此，服务器只是被动地监听在指定端口上的请求，所以称之为“被动”模式。被动模式的工作过程如图 11.2 所示。

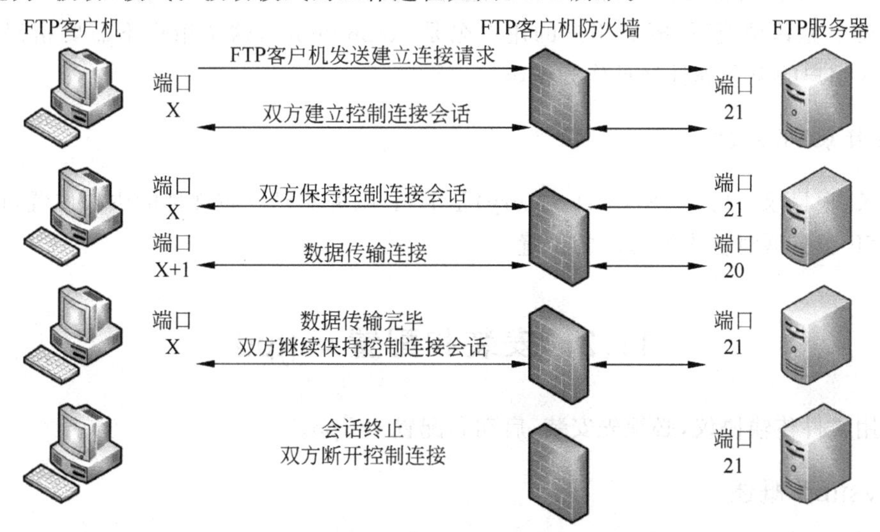

图 11.2 文件传输协议工作过程——被动模式

(1) 首先 FTP 客户机随机开启一个端口号大于 1024 的 X 端口向服务器的 21 端口发起连接,同时会开启 X+1 端口。

(2) 然后向服务器发送 PASV 命令,通知服务器自己处于被动模式。

(3) 服务器收到命令后,会开放一个数据端口(通常是 20)进行监听,然后用命令 PORT Y 通知客户机,自己的数据端口是 Y。

(4) 客户机收到命令后,会通过 X+1 端口连接服务器的 Y 端口,然后在两个端口之间进行数据传输。

这样就能使防火墙知道用于数据连接的端口号,而使数据连接得以建立。

11.1.3 文件传输协议特点

1. FTP 的优点

(1) 促进文件的共享。

(2) 向用户屏蔽不同主机中各种文件存储系统的细节,大多数最新的网页浏览器和文件管理器都能和 FTP 服务器建立连接,这使得在 FTP 上通过一个接口就可以操作远程文件,如同操作本地文件一样。

(3) 可靠和高效的传输数据。

2. FTP 的缺点

(1) 密码和文件内容都使用明文传输,保密性低。

(2) 因为客户机必需开放一个随机的端口以建立连接,客户机的防火墙很难过滤处于主动模式下的 FTP 流量,必须通过使用被动模式的 FTP 解决这个问题。

11.1.4 文件传输协议相关名词

1. 匿名用户

许多 FTP 服务器都提供匿名服务。在这种设置下,用户不需要用户名和密码就可以登录 FTP 服务器。默认情况下,匿名用户的用户名是 Anonymous,这个用户不需要密码,虽然通常要求输入用户的电子邮件地址作为密码。

2. 主目录/根目录

主目录/根目录(Home/Root Directory)是 FTP 服务器已发布文件的中心位置,也是用户登录到 FTP 服务器时首先所访问的位置。

11.2 安装和配置 vsftpd

要使用文件传输协议,必须先安装、启动和配置 vsftpd。

11.2.1 vsftpd 概述

vsftpd 是 very secure FTP daemon 的缩写,安全性是它的一个最大的特点。vsftpd 是一

个基于 UNIX 类操作系统上运行的服务器的名字，它可以运行在诸如 Linux、BSD、Solaris、HP-UNIX 等系统上面，是一个完全免费的、开放源代码的 FTP 服务器软件，支持很多其他的 FTP 服务器软件所不支持的特征，比如非常高的安全性需求、带宽限制、良好的可伸缩性、可创建虚拟用户、支持 IPv6、速率高等。

11.2.2 安装和启动 vsftpd

1. 安装、启动和设置自动启动 vsftpd

```
[root@centos-s ~]# yum install -y vsftpd
[root@centos-s ~]# systemctl start vsftpd
[root@centos-s ~]# systemctl enable vsftpd
```

2. 设置防火墙以放行 vsftpd

```
[root@centos-s ~]# firewall-cmd --permanent --add-service=ftp
[root@centos-s ~]# firewall-cmd --reload
```

11.2.3 vsftpd 配置文件

1. 配置文件

```
[root@centos-s ~]# vi /etc/vsftpd/vsftpd.conf
```

vsftpd 配置文件的字段和含义见表 11.1。

表 11.1 vsftpd 配置文件的字段和含义

字　段	含　义
anonymous_enable=YES/NO	是否允许匿名用户登录
local_enable=YES/NO	是否允许本地用户登录
write_enable=YES/NO	是否允许写入、删除和重命名文件和目录
local_umask=022	本地用户上载文件和创建目录的权限反掩码
anon_upload_enable=YES/NO	是否允许匿名用户上载文件
anon_mkdir_write_enable=YES/NO	是否允许匿名用户创建目录
dirmessage_enable=YES/NO	当远程用户进入特定目录时是否显示消息
xferlog_enable=YES/NO	是否启用上载/下载日志
connect_from_port_20=YES/NO	使用 20 端口连接
chown_uploads=YES/NO	是否修改匿名用户上载的文件的属主
chown_username=whoever	修改匿名用户上载的文件的属主为 whoever
xferlog_file=/var/log/xferlog	日志文件的路径
xferlog_std_format=YES/NO	是否启用日志文件的标准格式
idle_session_timeout=600	空闲会话的超时
data_connection_timeout=120	数据连接的超时

续表

字　段	含　义
nopriv_user=ftpsecure	指定系统的唯一的用户作为隔离和非特权的用户
async_abor_enable=YES/NO	是否允许使用 async ABOR 命令
ascii_download_enable=YES/NO	是否启用 ASCII 模式下载文件
ascii_upload_enable=YES/NO	是否启用 ASCII 模式上载文件
ftpd_banner=Welcome to blah FTP service	登录 FTP 服务器时显示的欢迎词
deny_email_enable=YES/NO	是否启用作为匿名用户密码的电子邮件地址禁止清单 banned_email_file
banned_email_file=/etc/vsftpd/banned_emails	禁止作为匿名用户密码的电子邮件地址
chroot_local_user=YES/NO	是否锁定本地用户的主目录
chroot_list_enable=YES/NO	是否启用锁定主目录的用户列表
chroot_list_file=/etc/vsftpd/chroot_list	锁定主目录的用户列表文件路径
ls_recurse_enable=YES/NO	是否允许使用命令 ls -R 以防止浪费服务器资源
listen=YES/NO	是否以独立运行的方式监听服务
listen_ipv6=YES/NO	是否启用支持 IPv6，与“listen=”不能同时为“YES”
pam_service_name=vsftpd	认证模块
userlist_enable=YES/NO	是否启用用户列表
tcp_wrappers=YES/NO	是否启用主机访问控制

vsftpd 配置文件额外可用的字段和含义见表 11.2。

表 11.2　vsftpd 配置文件额外可用的字段和含义

字　段	含　义
anon_root=/var/ftp	匿名用户的主目录
anon_max_rate=0	匿名用户的最大传输速率(字节/秒)，0 为不限制
anon_world_readable_only=YES/NO	匿名用户是否全局仅可读
no_anon_passwrod=YES/NO	匿名用户是否不用输入密码即可登录
secure_email_list_enable=YES/NO	匿名用户是否只有输入指定的电子邮件地址才能登录
anon_other_write_enable=YES/NO	是否允许匿名用户删除和重命名文件和目录
anon_umask=022	匿名用户上载文件和创建目录的权限反掩码
allow_writeable_chroot=YES/NO	是否允许锁定主目录写入。只要启用 chroot 就必须允许
download_enable=YES/NO	是否允许下载文件
guest_enable=YES/NO	是否将所有的非匿名用户登录时将视为游客，其名字将被映射为 guest_username 里所指定的名字
guest_username=vuser	当游客进入后，其将会被映射的名字，即虚拟用户登录 FTP 后被映射的本地用户名
listen_address=IP 地址	监听的 IP 地址
listen_port=21	监听的端口
local_root=/ftp/localuser	本地用户主目录，默认是本地用户的主目录
local_max_rate=0	本地用户最大传输速率(字节/秒)，0 为不限制
max_clients=0	最大客户机连接数，0 为不限制
max_per_ip=0	同一个 IP 地址的最大连接数，0 为不限制
userlist_deny=YES/NO	YES：拒绝文件列表中的用户访问 NO：仅允许文件列表中的用户访问

续表

字　段	含　义
user_config_dir=/ftp/config	用户独立配置文件路径
virtual_use_local_privs=YES/NO	虚拟用户和本地用户权限是否相同
chmod_enable=YES/NO	是否允许以本地用户登录的客户机可以通过命令 SITE CHMOD 来修改文件的权限
banner_file=	服务器显示在客户机登录之后的信息，该信息保存在"banner_file"指定的文本文件中
cmds_allowed=	在客户机上登录 vsftpd 服务器后，客户机可以执行的命令集合。如果设置了命令集合，则其他没有列在其中的命令都拒绝执行
dirlist_enable=YES/NO	是否允许用户列目录
message_file=	用于指定目录切换时显示的信息所在的文件，默认值为". message"
file_open_mode=0666	上传文件权限，默认值为 0666

2. 文件/etc/vsftpd/ftpusers

所有位于此文件内的用户都不能访问 vsftpd 服务。为了安全起见，这个文件中默认已经包括了 root、bin 和 daemon 等系统账号。

3. 目录/var/ftp

vsftpd 提供服务的主目录，包括一个子目录 pub。在默认配置下，所有的目录都是只读的，只有 root 用户有写权限。

11.2.4 vsftpd 认证模式

vsftpd 有 3 种认证模式用于登录到 FTP 服务器。

(1) 匿名用户模式。是一种最不安全的认证模式，任何人都可以无须密码验证而直接登录到 FTP 服务器。vsftpd 的匿名用户的默认根目录是/var/ftp，用户名是 anonymous 和 ftp (大小写均可)。

(2) 本地用户模式。是通过 Linux 本地的用户密码信息进行认证的模式，相较于匿名用户模式更安全，而且配置起来也很简单。但是如果泄露了用户信息，就有可能让入侵者完全控制整台服务器。

(3) 虚拟用户模式。是三种模式中最安全的认证模式，虚拟用户 FTP 服务是最安全的，需要建立独立的用户数据库用于用户身份认证。这些用户信息在服务器系统中实际上是不存在的，这样，即使泄露了用户信息，入侵者也无法登录服务器，从而有效降低了破坏范围和影响。虚拟用户模式其实就是将所有非匿名用户都映射为一个虚拟用户，从而统一限制其他用户的访问权限(guest_enable=YES 和 guest_username=虚拟用户名)。

为了使服务器能够使用数据库文件进行身份验证，需要调用 PAM(Pluggable Authentication Modules，可插入认证模块)配置文件。PAM 配置文件的路径为/etc/pam. d/vsftpd。

11.2.5 锁定主目录

所谓锁定主目录，即用户只能在主目录及其主目录范围内访问，而如果不锁定主目录即用户可以访问主目录以外的其他目录。

实现锁定主目录有 2 种实现方法。

(1) 除列表内的用户外，其他用户都被限定在固定目录内。即列表内用户自由，列表外用户受限制(chroot_local_user=YES)。

(2) 除列表内的用户外，其他用户都可自由转换目录。即列表内用户受限制，列表外用户自由(chroot_local_user=NO)。

为了安全，建议使用第一种。

11.3 文件传输协议配置实例

文件传输协议配置实例包括匿名用户 FTP 服务、本地用户 FTP 服务、虚拟用户 FTP 服务和用户独立配置文件 FTP 服务。

11.3.1 匿名用户 FTP 服务

匿名用户 FTP 服务的拓扑结构如图 11.3 所示。

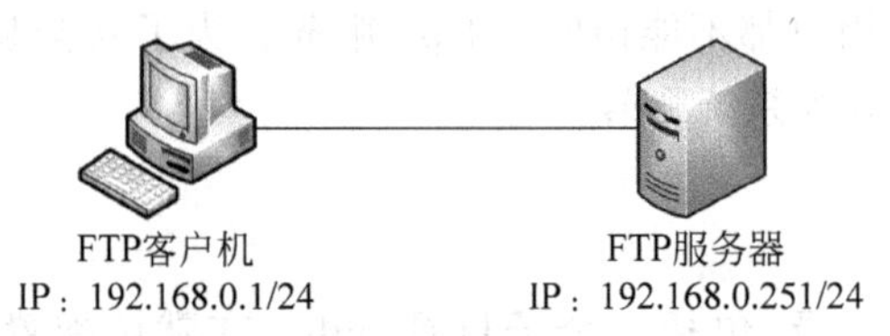

图 11.3 文件传输协议配置实例

各节点的网络配置见表 11.3。

表 11.3 各节点的网络配置

节　点	主　机　名	IP 地址和子网掩码
服务器	学号后两位姓名拼音首字母-s	192.168.X.251/24
客户机	学号后两位姓名拼音首字母-c	192.168.X.1/24

FTP 服务具体需求见表 11.4。

表 11.4 匿名用户 FTP 服务具体需求

匿名用户登录	允许
匿名用户根目录	/var/ftp
匿名用户上载文件	允许
匿名用户创建目录	允许
匿名用户删除和重命名文件和目录	允许
匿名用户上载文件和创建目录的权限反掩码	022
欢迎文件名	/var/ftp/welcome.txt
欢迎文件内容	Welcome to FTP Server
上载目录名	/var/ftp/incoming
上载目录权限	允许所有用户写入

步骤 1：按照节点网络配置表配置服务器和客户机的主机名、IP 地址和子网掩码，并测试配置的正确性。

步骤 2：在服务器上安装 FTP 服务端。

```
[root@centos-s ~]# yum install -y vsftpd
```

步骤 3：在服务器上根据服务需求表修改主配置文件，创建欢迎文件和上载目录，修改上载目录权限为允许所有用户写入。

```
[root@centos-s ~]# cp /etc/vsftpd/vsftpd.conf /etc/vsftpd/vsftpd.conf.bak
// 备份原始主配置文件
[root@centos-s ~]# vi /etc/vsftpd/vsftpd.conf
anonymous_enable=YES            // 允许匿名用户登录，默认设置
anon_root=/var/ftp              // 匿名用户根目录，默认设置
anon_upload_enable=YES          // 允许匿名用户上载文件
anon_mkdir_write_enable=YES     // 允许匿名用户创建目录
anon_other_write_enable=YES     // 允许匿名用户删除和重命名文件和目录
anon_umask=022                  // 匿名用户上载文件和创建目录的权限反掩码
[root@centos-s ~]# echo "Welcome to FTP Server." > /var/ftp/welcome.txt
[root@centos-s ~]# mkdir /var/ftp/incoming
[root@centos-s ~]# chmod a+w /var/ftp/incoming
```

步骤 4：在服务器上启动服务，设置防火墙放行服务流量，修改 SELinux 设置，启用 ftpd 完全访问权限。

```
[root@centos-s ~]# systemctl start vsftpd
[root@centos-s ~]# firewall-cmd --permanent --add-service=ftp
[root@centos-s ~]# firewall-cmd --reload
[root@centos-s ~]# setsebool -P ftpd_full_access 1
```

步骤 5：在客户机上安装 FTP 客户端，登录 FTP 服务器，测试下载文件、创建目录和上载文件。

```
[root@centos-c ~]# yum install -y ftp
[root@centos-c ~]# ftp 192.168.0.251
Connected to 192.168.0.251 (192.168.0.251).
220 (vsFTPd 3.0.2)
Name (192.168.0.251:root): anonymous
// 输入匿名用户的用户名 anonymous
331 Please specify the password.
Password:
// 输入匿名用户的密码，输入时不显示任何字符；可以不输入直接按 Enter 键
230 Login successful.
Remote system type is UNIX.
Using binary mode to transfer files.
ftp> ls
// 列出目录
227 Entering Passive Mode (192,168,0,251,90,157).
150 Here comes the directory listing.
```

```
drwxrwxrwx    2 0        0              6 Jun 02 07:24 incoming
drwxr-xr-x    2 0        0              6 Oct 30  2018 pub
-rw-r--r--    1 0        0             23 Jun 02 07:24 welcome.txt
226 Directory send OK.
ftp> get welcome.txt /root/welcome.txt
// 下载文件
local: /root/welcome.txt remote: welcome.txt
227 Entering Passive Mode (192,168,0,251,157,178).
150 Opening BINARY mode data connection for welcome.txt (23 bytes).
226 Transfer complete.
23 bytes received in 9.8e-05 secs (234.69 Kbytes/sec)
ftp> cd incoming
// 进入目录
250 Directory successfully changed.
ftp> mkdir newdir
// 创建目录
257 "/incoming/newdir" created
ftp> put /root/welcome.txt welcome.txt
// 上载文件
local: /root/welcome.txt remote: welcome.txt
227 Entering Passive Mode (192,168,0,251,255,208).
150 Ok to send data.
226 Transfer complete.
23 bytes sent in 0.000329 secs (69.91 Kbytes/sec)
ftp> ls
227 Entering Passive Mode (192,168,0,251,40,190).
150 Here comes the directory listing.
drwx------    2 14       50             6 Jun 02 07:27 newdir
-rw-------    1 14       50            23 Jun 02 07:28 welcome.txt
226 Directory send OK.
```

11.3.2 本地用户 FTP 服务

创建 2 个用于登录 FTP 的本地用户,具体需求见表 11.5。

表 11.5 用户需求表

用户名	学号后两位姓名拼音首字母+1/2
用户密码	自定义

创建用于本地用户 FTP 服务的根目录,具体需求见表 11.6。

表 11.6 根目录需求表

目录名	/ftp/localuser
目录内文件	学号后两位姓名+local.txt
目录内文件内容	This is a local user FTP server.
目录权限	原有权限保持不变,其他用户可以写入

FTP 服务具体需求见表 11.7。

表 11.7 本地用户 FTP 服务具体需求

匿名用户登录	禁 止
本地用户登录	允许
本地用户根目录	/ftp/localuser
启用写入	允许
本地用户锁定根目录	禁止
锁定根目录列表启用	允许
锁定根目录列表文件	/etc/vsftpd/chroot_list
锁定根目录允许写入	是
认证模块	vsftpd
锁定根目录列表	学号后两位姓名拼音首字母+1

步骤 1：创建 2 个用于登录 FTP 的本地用户。

```
[root@centos-s ~]# useradd user1
[root@centos-s ~]# useradd user2
[root@centos-s ~]# passwd user1
[root@centos-s ~]# passwd user2
```

步骤 2：创建用于本地用户 FTP 服务的根目录，创建欢迎文件，修改根目录权限。

```
[root@centos-s ~]# mkdir -p /ftp/localuser
[root@centos-s ~]# echo" This is a local user FTP server." > /ftp/localuser/local.txt
[root@centos-s ~]# chmod o+w /ftp/localuser
```

步骤 3：在服务器上根据服务需求表修改主配置文件，创建 chroot 列表文件，添加用户 1，重新启动服务。

```
[root@centos-s ~]# cp /etc/vsftpd/vsftpd.conf.bak /etc/vsftpd/vsftpd.conf
// 恢复原始主配置文件
[root@centos-s ~]# vi /etc/vsftpd/vsftpd.conf
anonymous_enable=NO                          // 禁止匿名用户登录
local_enable=YES                             // 允许本地用户登录，默认设置
local_root=/ftp/localuser
// 本地用户根目录，默认设置是本地用户的主目录
write_enable=YES                             // 启用写入，默认设置
#chroot_local_user=YES                       // 禁止本地用户锁定根目录，默认设置
chroot_list_enable=YES                       // 启用锁定根目录列表
chroot_list_file=/etc/vsftpd/chroot_list     // 锁定根目录列表文件
allow_writeable_chroot=YES                   // 锁定根目录允许写入
pam_service_name=vsftpd                      // 认证模块为 vsftpd，默认设置
[root@centos-s ~]# vi /etc/vsftpd/chroot_list
user1
[root@centos-s ~]# systemctl restart vsftpd
```

步骤 4：在客户机上分别以用户 1 和用户 2 访问服务并测试有无锁定用户根目录的区别。

(1) 用户 1。

```
[root@centos-c ~]# ftp 192.168.0.251
Connected to 192.168.0.251 ( 192.168.0.251) .
220 ( vsFTPd 3.0.2)
Name ( 192.168.0.251:root ) : user1
331 Please specify the password.
Password:
230 Login successful.
Remote system type is UNIX.
Using binary mode to transfer files.
ftp> ls
227 Entering Passive Mode ( 192,168,0,251,125,143) .
150 Here comes the directory listing.
-rw-r--r--    1 0       0           33 Jun 02 09:22 local.txt
226 Directory send OK.
ftp> pwd
257 " /"
// 用户 1 被锁定根目录,执行命令之后看到根目录
```

(2) 用户 2。

```
[root@centos-c ~]# ftp 192.168.0.251
Connected to 192.168.0.251 ( 192.168.0.251) .
220 ( vsFTPd 3.0.2)
Name ( 192.168.0.251:root ) : user2
331 Please specify the password.
Password:
230 Login successful.
Remote system type is UNIX.
Using binary mode to transfer files.
ftp> ls
227 Entering Passive Mode ( 192,168,0,251,241,145) .
150 Here comes the directory listing.
-rw-r--r--    1 0       0           33 Jun 02 09:22 local.txt
226 Directory send OK.
ftp> pwd
257 " /ftp/localuser "
// 用户 2 没被锁定根目录,执行命令之后看到根目录的物理路径
ftp> cd /ftp
250 Directory successfully changed.
// 可以进入根目录以外的目录
```

11.3.3 虚拟用户 FTP 服务

创建虚拟用户文本文件,具体需求见表 11.8。生成虚拟用户数据库文件并修改权限为 700。

表 11.8 创建虚拟用户文本文件具体需求

文件路径	/ftp/vuser.txt
用户名	学号后两位姓名拼音首字母+3
用户密码	自定义

创建虚拟用户对应的本地用户，具体需求见表 11.9。

表 11.9 创建虚拟用户对应的本地用户的具体需求

用户名	学号后两位姓名拼音首字母＋vuser
主目录	/ftp/vuser
Shell 类型	/sbin/nologin
目录权限	777
目录内文件	学号后两位姓名＋virtual.txt
目录内文件内容	This is a virtual user FTP server.

FTP 服务具体需求见表 11.10。

表 11.10 虚拟用户 FTP 服务具体需求

匿名用户登录	禁止
本地用户登录	允许
本地用户锁定根目录	允许
锁定根目录允许写入	是
游客启用	是
游客用户名	学号后两位姓名拼音首字母＋vuser
虚拟用户和本地用户权限相同	是

步骤 1：创建虚拟用户文本文件，生成虚拟用户数据库文件并修改其权限。

```
[root@centos-s ~]# vi /ftp/vuser.txt
user3           //虚拟用户的用户名
123456          //虚拟用户的密码
[root@centos-s ~]# db_load -T -t hash -f /ftp/vuser.txt /ftp/vuser.db
[root@centos-s ~]# chmod 700 /ftp/vuser.db
```

步骤 2：创建虚拟用户对应的本地用户，创建欢迎文件，并修改根目录权限。

```
[root@centos-s ~]# useradd -d /ftp/vuser -s /sbin/nologin vuser
[root@centos-s ~]# echo" This is a virtual user FTP server." > /ftp/vuser/virtual.txt
[root@centos-s ~]# chmod 777 /ftp/vuser
```

步骤 3：修改 FTP 服务对应的 PAM 配置文件，禁用本地用户认证，启用虚拟用户认证。

```
[root@centos-s ~]# vi /etc/pam.d/vsftpd
#%PAM-1.0
session    optional     pam_keyinit.so     force revoke
auth       required      pam_listfile.so item=user sense=deny file=/etc/vsftpd/
ftpusers onerr=succeed
#auth      required     pam_shells.so          //注释本行及以下两行，禁用本地用户认证
#auth      include      password-auth
#account   include      password-auth
```

```
session     required     pam_loginuid.so
session     include      password-auth
auth        required     pam_userdb.so  db=/ftp/vuser        //启用虚拟用户认证
account     required     pam_userdb.so  db=/ftp/vuser        //启用虚拟用户认证
```

步骤 4：在服务器上根据服务需求表修改主配置文件，重新启动服务。

```
[root@centos-s ~]# cp /etc/vsftpd/vsftpd.conf.bak /etc/vsftpd/vsftpd.conf
//恢复原始主配置文件
[root@centos-s ~]# vi /etc/vsftpd/vsftpd.conf
anonymous_enable=NO
chroot_local_user=YES
allow_writeable_chroot=YES
guest_enable=YES
//所有的非匿名用户登录时将被视为游客
//其名字将被映射为 guest_username 里所指定的名字
guest_username=vuser
//设置当游客进入后,其将会被映射的名字,即虚拟用户登录 FTP 后被映射的本地用户名
virtual_use_local_privs=YES
//虚拟用户和本地用户权限相同
[root@centos-s ~]# systemctl restart vsftpd
```

步骤 5：在客户机上访问 FTP 服务。

```
[root@centos-c ~]# ftp 192.168.0.251
Connected to 192.168.0.251(192.168.0.251).
220(vsFTPd 3.0.2)
Name(192.168.0.251:root): user3
331 Please specify the password.
Password:
230 Login successful.
Remote system type is UNIX.
Using binary mode to transfer files.
ftp> ls
227 Entering Passive Mode(192,168,0,251,43,5).
150 Here comes the directory listing.
-rw-r--r--    1 0         0           35 Jun 02 16:08 virtual.txt
226 Directory send OK.
```

11.3.4 用户独立配置文件 FTP 服务

如果要为不同用户设置不同的访问权限，可以通过独立配置文件满足需求。

创建虚拟用户文本文件，具体需求见表 11.11。生成虚拟用户数据库文件并修改权限为 700。

表 11.11 创建虚拟用户文本文件的具体需求

文件路径	/ftp/vuser.txt
用户名 1/2	学号后两位姓名拼音首字母＋guest/vip
用户密码	自定义

创建虚拟用户对应的本地用户，具体需求见表 11.12。

表 11.12 创建虚拟用户对应的本地用户的具体需求

用户名 1/2	ftpguest/ftpvip
主目录 1	/ftp/guest
主目录 2	/ftp/vip
Shell 类型	/sbin/nologin
目录 1/2 权限	其他用户只有读/读写权限
目录 1/2 内文件	学号后两位姓名+guest/vip.txt
目录 1 内文件内容	This is a guest user directory.
目录 2 内文件内容	This is a vip user directory.

FTP 服务具体需求见表 11.13～表 11.15。

表 11.13 虚拟用户 FTP 服务主配置需求表

匿名用户登录	禁止
本地用户锁定根目录	允许
锁定根目录允许写入	是
用户独立配置文件目录	/ftp/config
最大客户端数	10
每个 IP 地址最大连接数	2

表 11.14 用户 guest 配置需求表

游客启用	是
游客用户名	学号后两位姓名拼音首字母+guest
全局仅可读	允许
最大传输速率	10Kbps

表 11.15 用户 vip 配置需求表

游客启用	是
游客用户名	学号后两位姓名拼音首字母+vip
全局仅可读	禁止
匿名用户上载文件	允许
匿名用户创建目录	允许
最大传输速率	100Kbps

步骤 1：创建虚拟用户文本文件，生成虚拟用户数据库文件并修改其权限。

```
[root@centos-s ~]# vi /ftp/vuser.txt
guest
```

```
123456
vip
123456
[root@centos-s ~]# db_load -T -t hash -f /ftp/vuser.txt /ftp/vuser.db
[root@centos-s ~]# chmod 700 /ftp/vuser.db
```

步骤 2：创建虚拟用户对应的本地用户，创建欢迎文件，修改根目录权限。

```
[root@centos-s ~]# useradd -d /ftp/guest -s /sbin/nologin ftpguest
[root@centos-s ~]# useradd -d /ftp/vip -s /sbin/nologin ftpvip
[root@centos-s ~]# echo " This is a guest user directory." > /ftp/guest/ftpguest.txt
[root@centos-s ~]# echo " This is a vip user directory." > /ftp/vip/ftpvip.txt
[root@centos-s ~]# chmod o=r /ftp/guest
[root@centos-s ~]# chmod o=rw /ftp/vip
```

步骤 3：修改 FTP 服务对应的 PAM 配置文件，禁用本地用户认证，启用虚拟用户认证。

```
[root@centos-s ~]# vi /etc/pam.d/vsftpd
#%PAM-1.0
session    optional    pam_keyinit.so    force revoke
auth       required    pam_listfile.so item=user sense=deny file=/etc/vsftpd/
ftpusers onerr=succeed
#auth      required    pam_shells.so
#auth      include     password-auth
#account   include     password-auth
session    required    pam_loginuid.so
session    include     password-auth
auth       required    pam_userdb.so   db=/ftp/vuser
account    required    pam_userdb.so   db=/ftp/vuser
```

步骤 4：在服务器上根据服务需求表修改主配置文件，创建用户独立配置文件，重新启动服务。

```
[root@centos-s ~]# cp /etc/vsftpd/vsftpd.conf.bak /etc/vsftpd/vsftpd.conf
//恢复原始主配置文件
[root@centos-s ~]# vi /etc/vsftpd/vsftpd.conf
anonymous_enable=NO
chroot_local_user=YES
allow_writeable_chroot=YES
user_config_dir=/ftp/config             //用户独立配置文件目录
max_clients=10                          //最大客户端数
max_per_ip=2                            //每个 IP 地址最大连接数
[root@centos-s ~]# mkdir /ftp/config
[root@centos-s ~]# vi /ftp/config/guest
//用户 guest 配置文件
guest_enable=YES
guest_username=ftpguest
anon_world_readable_only=YES            //全局仅可读
anon_max_rate=10240                     //最大传输速率
```

```
[root@centos-s ~]# vi /ftp/config/vip
//用户 vip 配置文件
guest_enable=YES
guest_username=ftpvip
anon_world_readable_only=NO
anon_upload_enable=YES
anon_mkdir_write_enable=YES
anon_max_rate=102400
[root@centos-s ~]# systemctl restart vsftpd
```

步骤 5：在客户机上分别以用户 guest 和 vip 访问服务并测试其访问权限的区别。

（1）用户 guest。

```
[root@centos-c ~]# ftp 192.168.0.251
Connected to 192.168.0.251(192.168.0.251).
220(vsFTPd 3.0.2)
Name(192.168.0.251:root): guest
331 Please specify the password.
Password:
230 Login successful.
Remote system type is UNIX.
Using binary mode to transfer files.
ftp> get ftpguest.txt
local: ftpguest.txt remote: ftpguest.txt
227 Entering Passive Mode(192,168,0,251,156,194).
150 Opening BINARY mode data connection for ftpguest.txt(32 bytes).
226 Transfer complete.
32 bytes received in 0.000236 secs(135.59 Kbytes/sec)
ftp> put ftpguest.txt
local: ftpguest.txt remote: ftpguest.txt
227 Entering Passive Mode(192,168,0,251,149,10).
550 Permission denied.
//用户没有写入权限
```

（2）用户 vip。

```
[root@centos-c ~]# ftp 192.168.0.251
Connected to 192.168.0.251(192.168.0.251).
220(vsFTPd 3.0.2)
Name(192.168.0.251:root): vip
331 Please specify the password.
Password:
230 Login successful.
Remote system type is UNIX.
Using binary mode to transfer files.
ftp> get ftpvip.txt
local: ftpvip.txt remote: ftpvip.txt
227 Entering Passive Mode(192,168,0,251,158,245).
150 Opening BINARY mode data connection for ftpvip.txt(30 bytes).
226 Transfer complete.
```

```
30 bytes received in 0.00133 secs ( 22.52 Kbytes/sec )
ftp> put ftpvip.txt vip.txt
local: ftpvip.txt remote: vip.txt
227 Entering Passive Mode ( 192,168,0,251,75,138) .
150 Ok to send data.
226 Transfer complete.
//用户有写入权限
30 bytes sent in 0.0002 secs ( 150.00 Kbytes/sec )
ftp> delete vip.txt
550 Permission denied.
//用户没有删除权限
```

11.4 文件传输协议配置流程

文件传输协议配置流程见表 11.16。

表 11.16 文件传输协议配置流程

序号	步　骤	命　令
1	安装软件包	yum install -yvsftpd
2	创建虚拟用户	vi 虚拟用户.txt db_load -T -t hash -f 虚拟用户.txt 虚拟用户.db chmod 700 虚拟用户.db
3	创建虚拟用户对应的本地用户	useradd -d 虚拟用户主目录 -s /sbin/nologin 虚拟用户名
4	修改根目录权限	chmod 777 虚拟用户主目录
5	修改 PAM 文件	vi /etc/pam.d/vsftpd
6	修改配置文件	vi /etc/vsftpd/vsftpd.conf
7	启动服务	systemctl start vsftpd
8	设置防火墙以放行服务	firewall-cmd --permanent --add-service=http firewall-cmd --reload
9	设置 SELinux	etsebool -P ftpd_full_access 1
10	在客户机上访问	yum install -y ftp ftp 服务器地址

11.5 文件传输协议故障排除

1. 登录失败

(1) 密码错误

保证登录密码的正确性,如果 FTP 服务器更新了密码设置,则使用新密码重新登录。

(2) PAM 验证模块

当输入密码无误,但仍然无法登录 FTP 服务器时,很有可能是 PAM 模块中 vsftpd 的配置文件设置错误造成的。PAM 的配置比较复杂,其中字段 auth 主要是接受用户名和密码,进而对该用户的密码进行认证，字段 account 主要是检查用户是否被允许登录系统，是否已经过期，是否有时间段的限制等。

(3) 用户目录权限

该错误一般在本地用户登录时发生，如果管理员在设置该用户主目录权限时，忘记添加执行权限(x)，那么就会收到该错误信息。本地用户需要拥有目录的执行权限才能够浏览目录信息，否则拒绝登录。虚拟用户即使不具备目录的执行权限也可以登录 FTP 服务器，但会有其他错误提示。为了保证 FTP 用户的正常访问，必须开启目录的执行权限。

2. 出现提示“500 OOPS：vsftpd：refusing to run with writable root inside chroot()”

从版本 2.3.5 之后，vsftpd 增强了安全检查，如果用户被限定在了其主目录下，则该用户的主目录不能再具有写权限了。如果检查发现还有写权限，就会提示错误信息“500 OOPS：vsftpd：refusing to run with writable root inside chroot()”。

要修复这个错误，可以用命令“chmod a-w 用户主目录”关闭用户主目录的写权限，不过这样就无法写入了；还有一种方法，就是可以在 vsftpd 的配置文件中增加下列项。

```
allow_writeable_chroot=YES
```

第 12 章

电 子 邮 件

Chapter 12

本章主要学习电子邮件的相关知识及其安装和配置、配置实例、故障排除。

本章的学习目标如下。

(1) 电子邮件相关知识：了解电子邮件的协议、工作原理和组成。

(2) 安装和配置 Postfix 和 Dovecot：掌握 Postfix 和 Dovecot 的安装、启动、配置文件。

(3) 电子邮件配置实例：掌握电子邮件配置实例。

(4) 电子邮件故障排除：掌握电子邮件故障排除。

12.1　电子邮件相关知识

电子邮件(Electronic Mail,E-mail)服务是 Internet 应用中最基本也是最重要的服务之一。

12.1.1　电子邮件概述

使用电子邮件必须首先拥有一个电子邮箱,它是由电子邮件服务提供者为其用户建立在邮件服务器磁盘上专用于电子邮件的存储区,并由邮件服务器进行管理,而用户则使用电子邮件客户端在自己的电子邮箱里收发电子邮件。互联网上的每个电子邮箱都有一个唯一的地址,即电子邮箱地址。电子邮箱地址由两部分组成。

```
username@domain.com
```

其中,domain. com 标识用户的电子邮箱属于哪个域,即该用户使用哪个电子邮件服务商；而 username 是用户的电子邮箱在某个域上的标识(即用户名)；两者之间用“@”(at)分隔,表示这个电子邮箱是属于某个域中。

与常用的网络通信方式不同,电子邮件系统采用缓冲池(Spooling)技术处理传递的延迟。用户发送邮件时,邮件服务器将完整的邮件信息存放到缓冲区队列中,系统后台进程会在适当的时候将队列中的邮件发送出去。

与传统邮件相比,电子邮件服务的优点在于传递迅速,如果采用传统的方式发送邮件,发一封特快专递也需要至少一天的时间,而发一封电子邮件给远程用户,通常来说,对方几秒钟之内就能收到；另外,跟最常用的日常通信手段——电话系统相比,电子邮件在速度上虽然不占优势,但它不要求通信双方同时在场,因为电子邮件采用存储转发的方式发送邮件,发送邮件时并不需要收件人处于在线状态,收件人可以根据实际需要随时上网从邮件服务器上收取邮件,方便了信息的交流。

12.1.2 电子邮件协议

常用的与电子邮件相关的协议有 SMTP、POP3 和 IMAP4。

1. SMTP

SMTP(Simple Mail Transfer Protocol,简单邮件传输协议)协议工作在 TCP 的 25 端口。它是通过一组用于由源地址到目的地址传送邮件的规则,控制邮件的中转方式,帮助每个节点在发送或中转邮件时找到下一个节点。通过 SMTP 指定的服务器,就可以把电子邮件发送到收件人的邮件服务器上了。

2. POP3

POP3(Post Office Protocol 3,邮局协议版本 3)协议工作在 TCP 的 110 端口。它规定怎样连接到 Internet 的邮件服务器和下载电子邮件,它允许从邮件服务器上把邮件存储到本地主机,同时删除保存在邮件服务器上的邮件。

3. IMAP4

IMAP4(Internet Message Access Protocol 4,Internet 信息访问协议版本 4)协议工作在 TCP 的 143 端口。它是用于从本地服务器上访问电子邮件的协议。用户的电子邮件由邮件服务器负责接收保存,用户可以通过浏览邮件头来决定是否要下载此邮件。利用该协议用户也可以在邮件服务器上创建或更改文件夹或邮箱,删除邮件或检索邮件的特定部分。

12.1.3 电子邮件工作过程

邮件服务器分为发送邮件服务器和接收邮件服务器。发送邮件服务器使用的协议一般是 SMTP 协议;接收邮件服务器使用的协议一般是 POP3 协议、IMAP4 协议、HTTP 协议。

电子邮件服务必须拥有一个完全合格域名,能够被正常解析,并且具有电子邮件服务所需的 MX 记录。

电子邮件的工作原理与传统邮件有相似之处。

(1) 当发件人发送电子邮件时,电子邮件客户端会将该电子邮件“打包”,送到发送邮件服务器。这就相当于我们将邮件投入邮筒后,邮递员把邮件从邮筒中取出来并按照地区分类。

(2) 发送邮件服务器根据电子邮件中注明的收件人地址,按照当前网上传输的情况,寻找一条不拥挤的路径,将邮件传到下一个发送邮件服务器;接着,这个发送邮件服务器也如法炮制,将邮件往下一个发送邮件服务器传送。这相当于邮局之间的转信。

(3) 电子邮件被送到收件人电子邮件服务商的接收邮件服务器上,保存在该用户对应的电子邮箱中。用户客户端通过与接收邮件服务器的连接从其电子邮箱中读取自己的电子邮件。这相当于邮件已经被投递到了用户的个人信箱中,用户拿钥匙打开信箱就可以读取邮件了。

一个典型的电子邮件服务的工作过程如图 12.1 所示。

(1) Alice 使用邮件用户代理(Mail User Agent,MUA)撰写了一封电子邮件,并在收件人的地址栏中输入 Bob 的电子邮箱地址,然后单击“发送”按钮。

Alice 使用的 MUA 将信息格式化为邮件格式,并使用 SMTP 协议将邮件发送到本地邮

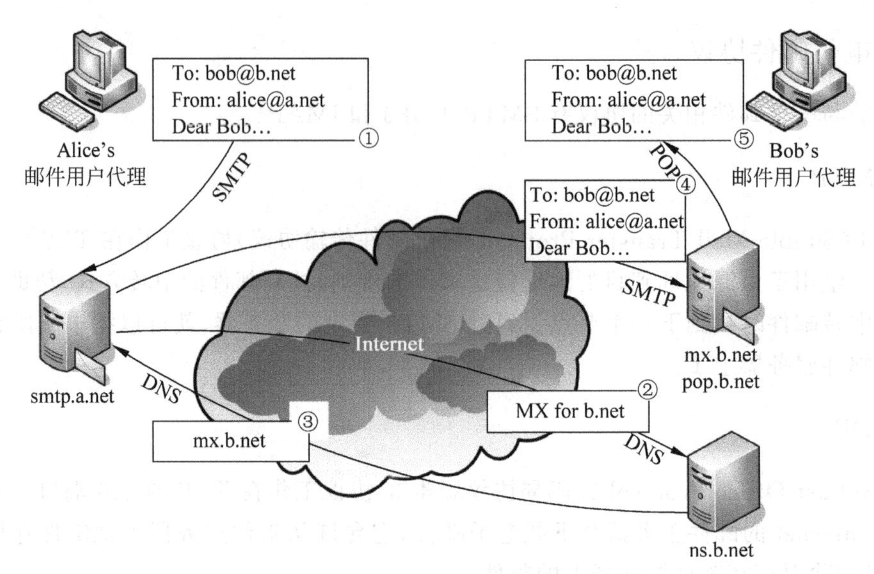

图 12.1 电子邮件服务的工作过程

件提交代理(Mail Submission Agent,MSA)。在本例中,MSA 就是由 Alice 的 ISP 运行的 smtp. a. net。

(2) MSA 查询由 SMTP 协议提供的目的地址(而非来自邮件头部),在本例中是 bob@b. net。MSA 根据 DNS 的 MX 记录解析该域名,即该目的地址所在的域名。

(3) b. net 的 DNS 服务器 ns. b. net 回复包含属于那个域列出的任何邮件交换服务器的 MX 纪录——在本例中是 mx. b. net——由 Bob 的 ISP 运行的邮件传输代理(Message Transfer Agent,MTA)服务器。

(4) smtp. a. net 使用 SMTP 协议发送邮件到 mx. b. net。

在邮件到达最后的邮件投递代理(Message Delivery Agent,MDA)之前,该服务器可能需要将其转发给其他的 MTA。

MDA 将邮件投递到用户 Bob 的邮箱。

(5) Bob 在他的 MUA 中单击“收取邮件”按钮,MUA 将通过 POP3 或者 IMAP4 协议收取邮件。

12.1.4 电子邮件头部信息

RFC 822 定义了电子邮件的标准格式,将一封电子邮件分成头部(Head)和正文(Body)两部分。电子邮件头部信息包含了多个字段,具体含义见表 12.1。

表 12.1 电子邮件头部信息

字　段	含　义
From	发件人地址
To	收件人地址
Cc(CarbonCopy)	抄送,即将邮件同时发送给列表中的所有人,并且任一收件人都知道该邮件同时还发给哪些收件人
Bcc(Blind CarbonCopy)	密件抄送,即将邮件同时发送给列表中的所有人,并且任一收件人都不知道该邮件同时还发给哪些收件人

续表

字　段	含　义
Subject	邮件主题
Date	发送邮件日期时间
Reply To	回复地址
X-Charset	使用的字符集,通常为 ASCII
X-Mailer	发送 E-mail 所使用的软件
X-Sender	发送方地址的副本

12.1.5 电子邮件中继

邮件服务器在接收到邮件以后,会根据邮件的目的地址判断该邮件是发送至本域还是域外,然后分别进行不同的操作。

1. 本域

当服务器检测到邮件发往本域内邮箱时,如 user1@test.com 发送至 user2@test.com,处理方法比较简单,会直接将邮件发往指定的邮箱。

2. 中继

所谓中继,是指要求用户的服务器向其他服务器传递邮件的一种请求。一个服务器处理的邮件只有两类,一类是外发的邮件,另一类是接收的邮件,前者是本域用户通过服务器要向域外转发的邮件,后者是发给本域用户的。

一个服务器如果处理过路的邮件,就是既不是该服务器的用户发送的,也不是发给该服务器的用户的,而是一个外部用户发给另一个外部用户的,这一行为被称为第三方中继。

开放中继(Open Relay)即不受限制的组织外中继,即无验证的用户也可提交中继请求。

由服务器提交的开放中继不是从客户端直接提交的。例如服务器 A(域 A)通过服务器 B(域 B)中转邮件到服务器 C(域 C),这时在服务器 B 上看到的连接请求来源于服务器 A(而不是客户),而邮件既不是服务器 B 所在域用户提交的,也不是发往域 B 的,这就属于第三方中继。垃圾邮件的群发软件就是利用了这个特点。

3. 验证机制

如果关闭了开放中继(而不是中继),那么必须是该组织成员通过验证后才可以提交中继请求,也就是说,域用户要发邮件到域外,一定要经过验证。验证机制要求用户在发送邮件时,必须提交用户名及密码,只有当服务器验证该用户属于该域合法用户后,才允许转发邮件。

12.2 安装和配置 Postfix 和 Dovecot

Linux 的电子邮件服务分为发送电子邮件服务和接收电子邮件服务。

12.2.1 Postfix 概述、安装和启动

Postfix 是一个 Linux 下基于 SMTP 协议用于发送电子邮件的服务器。

(1) 安装 BIND 和 Postfix。

```
[root@centos-s ~]# yum install -y bind
[root@centos-s ~]# yum install -y postfix
```

(2) 打开 SELinux 有关的布尔值并启动和设置自动启动服务。

```
[root@centos-s ~]# setsebool -P allow_postfix_local_write_mail_spool on
[root@centos-s ~]# systemctl start named
[root@centos-s ~]# systemctl start postfix
[root@centos-s ~]# systemctl enable named
[root@centos-s ~]# systemctl enable postfix
```

(3) 设置防火墙以放行 Postfix。

```
[root@centos-s ~]# firewall-cmd --permanent --add-service=dns
[root@centos-s ~]# firewall-cmd --permanent --add-service=smtp
[root@centos-s ~]# firewall-cmd --reload
```

12.2.2 Postfix 配置文件

1. 主配置文件

Postfix 主配置文件(/etc/postfix/main.cf)内共有 679 行左右的内容,主要的字段和含义见表 12.2。

表 12.2 Postfix 主配置文件主要的字段和含义

字 段	含 义
myhostname	邮局系统的主机名
mydomain	邮局系统的域名
myorigin	从本机发出邮件的域名名称
inet_interfaces	监听的网卡接口
mydestination	可接收邮件的主机名或域名
mynetworks	设置可转发哪些主机的邮件
relay_domains	设置可转发哪些域的邮件

在 Postfix 主配置文件中,至少需要修改以下 5 处。

(1) 在第 76 行定义一个名为 myhostname 的变量,用来保存服务器的主机名称。还要记住以下的参数需要调用它。

```
myhostname = mail.test.com
```

(2) 在第 83 行定义一个名为 mydomain 的变量,用来保存邮件域的名称。后面也要调用这个变量。

```
mydomain = test.com
```

(3) 在第 99 行调用前面的 mydomain 变量，用来定义发出邮件的域。调用变量的好处是避免重复写入信息，以及便于日后统一修改。

```
myorigin = $ mydomain
```

(4) 在第 116 行定义网卡监听地址。可以指定要使用服务器的哪些 IP 地址对外提供电子邮件服务；也可以直接写成 all，代表所有 IP 地址都能提供电子邮件服务。

```
inet_interfaces = all
```

(5) 在第 164 行定义可接收邮件的主机名或域名列表。这里可以直接调用前面定义好的 myhostname 和 mydomain 变量（如果不想调用变量，也可以直接调用变量中的值）。

```
mydestination = $ myhostname, $ mydomain, localhost
```

2. 别名和群发

别名就是给用户起的另外一个名字。别名常用的场合，例如当 root 用户无法收发邮件时，如果有发给 root 用户的邮件，就必须为 root 用户建立别名；另外群发也需要用到别名。

如果要使用别名，首先需要建立文件/etc/aliases，然后编辑文件内容，一般使用如下格式。

```
alias: recipient[,recipient,…]
```

其中，alias 为邮件地址中的用户名（别名）；recipient 是实际接收该邮件的用户。例如：

```
[root@centos-s ~]# vi /etc/aliases
mail1:          user1
mail2:          user2
mailgroup:      user1,user2
```

最后，在设置过 aliases 文件后，还要使用命令 newaliases 生成数据库 aliases.db。

```
[root@centos-s ~]# newaliases
```

3. 邮件中继

文件/etc/postfix/access 用于控制邮件中继和邮件的进出管理。例如，限制某个域的客户端拒绝转发邮件，也可以限制某个网段的客户端转发邮件。文件/etc/postfix/access 的内容会以列表形式体现出来。其格式如下：

```
对象 处理方式
```

默认的设置表示来自本地的客户端允许使用 Mail 服务器收发邮件。通过修改文件/etc/postfix/access，可以设置邮件服务器对 E-mail 的转发行为，但是配置后必须使用 postmap 建立新的数据库 access.db。

例如：允许网段 192.168.0.0/24 和域 test.com 自由发送邮件，但拒绝主机 tmp.test.com 和 192.168.0.111。

```
[root@centos-s ~]# vi /etc/postfix/access
192.168.0         OK
.test.com         OK
192.168.0.111     REJECT
tmp.test.com      REJECT
```

还需要在主配置文件/etc/postfix/main.cf 中增加以下内容。

```
smtpd_client_restrictions = check_client_access hash:/etc/postfix/access
```

最后使用 postmap 生成新的数据库 access.db。

```
[root@centos-s ~]# postmap hash:/etc/postfix/access
```

4. 用户邮件目录

Postfix 在目录/var/spool/mail 中为每个用户分别建立单独的文件用于存放邮件，这些文件的名字和用户名是相同的。

```
[root@centos-s ~]# ls /var/spool/mail
rpc  test
```

5. 邮箱容量

(1) 设置用户邮件的大小限制。编辑主配置文件/etc/postfix/main.cf，限制发送的邮件大小最大为 5MB。

```
message_size_limit = 5242880
```

(2) 通过磁盘配额限制用户邮箱空间。邮件所在目录/var 的所在分区默认未自动开启磁盘配额功能"usrquota，grpquota"。

usrquota 为用户的配额参数，grpquota 为组群的配额参数。

```
[root@centos-s ~]# mount | grep var
/dev/sda6 on /var type xfs (rw,relatime,seclabel,attr2,inode64,noquota)
[root@centos-s ~]# quotaon -p /var
quotaon: Mountpoint (or device) /var not found or has no quota enabled.
```

将配额参数加入/etc/fstab 文件。

```
[root@centos-s ~]# vi /etc/fstab
...
UUID=59882e7e-7125-4238-9287-6302a9d1015c /var   xfs   defaults,usrquota,grpquota
0 0
...
```

保存退出,重新启动系统,使系统按照新的参数挂载文件系统。

```
[root@centos-s ~]# mount | grep var
/dev/sda6 on /var type xfs ( rw, relatime, seclabel, attr2, inode64, usrquota, grpquota )
[root@centos-s ~]# quotaon -p /var
group quota on /var ( /dev/sda6) is on
user quota on /var ( /dev/sda6) is on
```

命令 edquota 用于设置磁盘配额,语法格式如下:

```
edquota -u 用户名
edquota -g 组名
```

为用户 test 配置磁盘配额限制,执行 edquota 命令,打开用户配额编辑文件,如下所示。

```
[root@centos-s ~]# edquota -u test
Disk quotas for user test ( uid 1000) :
  Filesystem                  blocks    soft    hard    inodes    soft    hard
  /dev/sda6                        0       0       0         1       0       0
```

磁盘配额字段的含义见表 12.3。

表 12.3 磁盘配额字段的含义

字　段	含　义
Filesystem	文件系统的名称
blocks	用户当前使用的块数(磁盘空间),单位为 KB
soft	可以使用的最大磁盘空间。可以在一段时期内超过软限制规定
hard	可以使用的磁盘空间的绝对最大值。达到了该限制后,操作系统将不再为用户或组分配磁盘空间
inodes	用户当前使用的 inode 节点数量(文件数)
soft	可以使用的最大文件数。可以在一段时期内超过软限制规定
hard	可以使用的文件数的绝对最大值。达到了该限制后,用户或组将不能再建立文件

这里将磁盘空间的硬限制设置为 100MB。

```
[root@centos-s ~]# edquota -u test
Disk quotas for user test ( uid 1000) :
  Filesystem                  blocks    soft      hard    inodes    soft    hard
  /dev/sda6                        0       0    100000         1       0       0
```

6. 邮件队列

邮件服务器配置成功后,就能够为用户提供 E-mail 的发送服务了,但如果接收这些邮件的服务器出现问题,或者因为其他原因导致邮件无法安全地到达目的地,而发送的 SMTP 服务器又没有保存邮件,这封邮件就可能会丢失。Postfix 采用了邮件队列来保存这些发送不成功的邮件,而且,服务器会每隔一段时间重新发送这些邮件。例如通过命令 mailq 来查看邮件队列的内容。

```
[root@centos-s ~]# mailq
-Queue ID- --Size-- ----Arrival Time---- -Sender/Recipient-------
10EC842F12F      202 Wed Jun 17 10:30:36  user1@test.com
(Host or domain name not found. Name service error for name=mail.com type=MX: Host
not found, try again)
                                         user@mail.com

-- 0 Kbytes in 1 Request.
```

其中,Queue ID：邮件的队列编号。

Size：邮件的大小。

Arrival Time：邮件进入目录/var/spool/mqueue的时间。

Sender/Recipient：发件人和收件人的邮件地址。

12.2.3 Dovecot概述、安装和启动

Dovecot是一个Linux下基于POP3和IMAP协议用于接收电子邮件的服务器。

(1) 安装Dovecot。

```
[root@centos-s ~]# yum install -y dovecot
```

(2) 启动和设置自动启动服务。

```
[root@centos-s ~]# systemctl start dovecot
[root@centos-s ~]# systemctl enable dovecot
```

(3) 设置防火墙以放行Dovecot。

```
[root@centos-s ~]# firewall-cmd --permanent --add-service=pop3
[root@centos-s ~]# firewall-cmd --permanent --add-service=imap
[root@centos-s ~]# firewall-cmd --reload
```

12.2.4 Dovecot配置文件

1. 主配置文件

Dovecot配置文件(/etc/dovecot/dovecot.conf)需要做如下修改。

(1) 在第24行把Dovecot支持的电子邮件协议修改为imap、pop3和lmtp。

```
protocols = imap pop3 lmtp
```

(2) 在第48行设置允许登录的网段。如果想允许所有地址都能登录,可做如下修改。

```
login_trusted_networks = 0.0.0.0/0
```

2. 子配置文件

在子配置文件(/etc/dovecot/conf.d/10-mail.conf)第24行定义将接收到的邮件存放的

路径。

```
mail_location = mbox:~/mail:INBOX=/var/mail/%u
```

3. 建立邮件存放目录

创建用户完成后，必须建立该用户的邮件存放目录。

```
[root@centos-s ~]# mkdir -p /home/user/mail/.imap/INBOX
```

12.3 电子邮件配置实例

电子邮件配置实例包括默认电子邮件服务和发送邮件身份验证。

12.3.1 默认电子邮件服务

默认电子邮件服务的拓扑结构如图 12.2 所示。

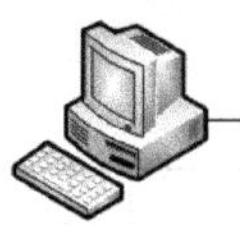

图 12.2 默认电子邮件服务的拓扑结构

各节点的网络配置见表 12.4。

表 12.4 各节点的网络配置

节　　点	主　机　名	IP 地址和子网掩码
电子邮件服务器	centos-s	192.168.X.251/24
Linux 客户机	centos-c	192.168.X.1/24
Windows 客户机		192.168.X.2/24

服务器 DNS 服务具体需求见表 12.5～表 12.7。

表 12.5 DNS 服务的需求表——主配置文件

正向解析区域名	test.com
反向解析区域名	0.168.192.in-addr.arpa

表 12.6 DNS 服务的需求表——正向区域文件

资源记录类型	域　　名	IP 地址
NS 记录	dns.test.com	
A 记录	dns.test.com	192.168.0.251
MX 记录	mail.test.com	

续表

资源记录类型	域　　名	IP 地址
A 记录	mail. test. com	192.168.0.251
A 记录	smtp. test. com	192.168.0.251
A 记录	pop3. test. com	192.168.0.251
A 记录	imap. test. com	192.168.0.251

表 12.7　DNS 服务的需求表——反向区域文件

资源记录类型	域　　名	IP 地址
NS 记录	dns. test. com	
指针记录	dns. test. com	192.168.0.251
MX 记录	mail. test. com	
指针记录	mail. test. com	192.168.0.251
指针记录	smtp. test. com	192.168.0.251
指针记录	pop3. test. com	192.168.0.251
指针记录	imap. test. com	192.168.0.251

服务器 POP 服务具体需求见表 12.8。

表 12.8　POP 服务需求表

用　户	用户名	密　码	邮 件 目 录
用户 1	user1	自定义	～/mail/. imap/INBOX
用户 2	user2	自定义	～/mail/. imap/INBOX

步骤 1：按照节点网络配置表配置服务器和客户机的主机名、IP 地址和子网掩码，并测试配置的正确性。

步骤 2：在服务器上安装 DNS 服务，配置服务，启动服务，并设置防火墙以放行服务；在客户机上配置要访问的 DNS 服务器，并使用命令 nslookup 验证服务。

(1) 服务器。

```
[root@centos-s ~]# yum install -y bind
[root@centos-s ~]# vi /etc/named.conf
options{
        listen-on port 53{ any; };          // 127.0.0.1 改为 any
        allow-query    { any; };            // localhost 改为 any
        ...                                 // 中间省略
        dnssec-validation no;               // yes 改为 no
};

zone"test.com" IN{
        type master;
        file"test.com.zone";
        allow-update{ none; };
};
```

```
zone "0.168.192.in-addr.arpa" IN{
        type master;
        file "0.168.192.in-addr.arpa.zone";
        allow-update{ none; };
};
[root@centos-s ~]# named-checkconf /etc/named.conf
[root@centos-s ~]# cp -p /var/named/named.localhost /var/named/test.com.zone
[root@centos-s ~]# vi /var/named/test.com.zone
$ TTL 1D
@       IN SOA  @root.test.com.(
                                        0       ; serial
                                        1D      ; refresh
                                        1H      ; retry
                                        1W      ; expire
                                        3H )    ; minimum
@               IN      NS              dns.test.com.
dns             IN      A               192.168.0.251
@               IN      MX      10      mail.test.com.
mail            IN      A               192.168.0.251
smtp            IN      A               192.168.0.251
pop3            IN      A               192.168.0.251
imap            IN      A               192.168.0.251
[root@centos-s ~]# named-checkzone test.com /var/named/test.com.zone
[root@centos-s ~]# cp -p /var/named/test.com.zone /var/named/0.168.192.in-addr.
arpa.zone
[root@centos-s ~]# vi /var/named/0.168.192.in-addr.arpa.zone
$ TTL 1D
@       IN SOA  @root.test.com.(
                                        0       ; serial
                                        1D      ; refresh
                                        1H      ; retry
                                        1W      ; expire
                                        3H )    ; minimum
@               IN      NS              dns.test.com.
251             IN      PTR             dns.test.com.
@               IN      MX      10      mail.test.com.
251             IN      PTR             mail.test.com.
251             IN      PTR             smtp.test.com.
251             IN      PTR             pop3.test.com.
251             IN      PTR             imap.test.com.
[root@centos-s ~]# named-checkzone 0.168.192.in-addr.arpa /var/named/0.168.192.in
-addr.arpa.zone
[root@centos-s ~]# systemctl start named
[root@centos-s ~]# firewall-cmd --permanent --add-service=dns
[root@centos-s ~]# firewall-cmd --reload
```

(2) Linux客户机。

```
[root@centos-c ~]# vi /etc/resolv.conf
nameserver 192.168.0.251
```

```
[root@centos-c ~]# nslookup
> set type=mx
> test.com
Server:    192.168.0.251
Address:   192.168.0.251#53

test.com  mail exchanger = 10 mail.test.com.
```

（3）Windows 客户机。

```
C:\>nslookup
Default Server:  dns.test.com
Address:  192.168.0.251

> set type=mx
> test.com
Server:  dns.test.com
Address:  192.168.0.251

test.com        MX preference = 10, mail exchanger = mail.test.com
test.com        nameserver = dns.test.com
mail.test.com   internet address = 192.168.0.251
dns.test.com    internet address = 192.168.0.251
```

步骤 3：在服务器上安装 SMTP 服务，配置服务，设置 SELinux 安全上下文，重新启动服务，并设置防火墙以放行服务。

```
[root@centos-s ~]# yum install -y postfix
[root@centos-s ~]# vi /etc/postfix/main.cf
     76 myhostname = mail.test.com
     83 mydomain = test.com
     99 myorigin = $ mydomain
    116 inet_interfaces = all
    164 mydestination = $ myhostname, $ mydomain, localhost
[root@centos-s ~]# setsebool -P allow_postfix_local_write_mail_spool on
[root@centos-s ~]# systemctl restart postfix
[root@centos-s ~]# firewall-cmd --permanent --add-service=smtp
[root@centos-s ~]# firewall-cmd --reload
```

步骤 4：在服务器上安装 POP 服务，配置服务，创建用户和对应的邮件目录，启动服务，并设置防火墙以放行服务。

```
[root@centos-s ~]# yum install -y dovecot
[root@centos-s ~]# vi /etc/dovecot/dovecot.conf
     24 protocols = imap pop3 lmtp
     48 login_trusted_networks = 0.0.0.0/0
[root@centos-s ~]# vi /etc/dovecot/conf.d/10-mail.conf
     25 mail_location = mbox:~/mail:INBOX=/var/mail/%u
[root@centos-s ~]# useradd user1
```

```
[root@centos-s ~]# useradd user2
[root@centos-s ~]# passwd user1
[root@centos-s ~]# passwd user2
[root@centos-s ~]# mkdir -p /home/user1/mail/.imap/INBOX
[root@centos-s ~]# mkdir -p /home/user2/mail/.imap/INBOX
[root@centos-s ~]# systemctl start dovecot
[root@centos-s ~]# firewall-cmd --permanent --add-service=pop3
[root@centos-s ~]# firewall-cmd --permanent --add-service=imap
[root@centos-s ~]# firewall-cmd --reload
```

步骤5：在Linux客户机上安装Telnet客户端，通过Telnet以用户1登录邮件服务器，发送邮件给用户2，再通过Telnet以用户2登录邮件服务器，接收邮件。

在Linux客户机上安装Telnet客户端。

```
[root@centos-c ~]# yum install -y telnet
```

通过Telnet以用户1登录邮件服务器，发送邮件给用户2。

```
[root@centos-c ~]# telnet mail.test.com 25
// 使用命令 telnet 连接邮件服务器的 25 端口
Trying 192.168.0.251...
Connected to mail.test.com.
Escape character is '^]'.
220 mail.test.com ESMTP Postfix
mail from: user1@test.com          // 使用命令 mail from 输入发件人的邮件地址
250 2.1.0 Ok
rcpt to: user2@test.com            // 使用命令 rcpt to 输入收件人的邮件地址
250 2.1.5 Ok
data                               // 使用命令 data 开始撰写邮件内容
354 End data with <CR><LF>.<CR><LF>
// 提示以另起一行的"."结束撰写邮件并发送邮件
The first mail from user1 to user2.
.                                  // 输入"."结束撰写邮件并发送邮件
250 2.0.0 Ok: queued as BF87740007C
quit                               // 退出 Telnet
221 2.0.0 Bye
Connection closed by foreign host.
```

通过Telnet以用户2登录邮件服务器，接收邮件。

```
[root@centos-c ~]# telnet mail.test.com 110
Trying 192.168.0.251...
Connected to mail.test.com.
Escape character is '^]'.
+OK [XCLIENT] Dovecot ready.
user user2          // 使用命令 user 输入用户的用户名: user2
+OK
pass 123456         // 使用命令 pass 输入用户的密码: 123456
+OK Logged in.
```

```
list             // 使用命令 list 获取用户电子邮箱的邮件列表
+OK 1 messages:
1 295
.
retr 1           // 使用命令 retr 收取编号为 1 的邮件
+OK 295 octets
Return-Path: <user1@test.com>
X-Original-To: user2@test.com
Delivered-To: user2@test.com
Received: from unknown (unknown [192.168.0.1])
    by mail.test.com (Postfix) with SMTP id BF87740007C
    for <user2@test.com>; Wed, 17 Jun 2020 10:00:53 +0800 (CST)

The first mail from user1 to user2.
.
quit
+OK Logging out.
Connection closed by foreign host.
```

Telnet 子命令的语法格式和含义见表 12.9。

表 12.9 Telnet 子命令的语法格式和含义

子命令	语法格式	含 义
stat	stat	显示邮箱状态
list	list [n],其中 n 可选,邮件编号	列出邮件列表
uidl	uidl [n],同上	
retr	retr n,其中 n 必选,邮件编号	收取邮件
dele	dele n,同上	删除邮件
top	top n m,其中 n 和 m 必选,n 为邮件编号,m 为行数	
noop	noop	
quit	quit	

输入 Telnet 子命令后,服务器回显一个代码。常见的代码和含义见表 12.10。

表 12.10 服务器回显代码和含义

代码	含 义
220	SMTP 服务器开始提供服务
250	命令指定完毕,回应正确
354	可以开始输入邮件内容,并以"."结束
500	SMTP 语法错误,无法执行指令
501	指令参数或引述的语法错误
502	不支持该指令

步骤 6:在 Linux 客户机上安装电子邮件客户端 Evolution 收发邮件。

```
[root@centos-c ~]# yum install -y evolution
```

步骤 7:在 Windows 客户机上使用自带的电子邮件客户端收发邮件。

12.3.2 发送邮件身份验证

为了避免邮件服务器成为广告与垃圾邮件的中转站，对转发邮件的客户端进行身份验证是非常必要的。SMTP 身份验证机制是通过软件包 Cyrus-SASL 来实现的。

步骤 1：在服务器上安装软件包 cyrus-sasl；查看支持的密码验证方法；编辑文件/etc/sysconfig/saslauthd，修改密码验证机制为 shadow；设置 SELinux 允许程序 saslauthd 读取文件/etc/shadow；启动服务 saslauthd，测试 saslauthd 验证功能；编辑文件/etc/sasl2/smtpd.conf，使 Cyrus-SASL 支持 SMTP 身份验证机制。

```
[root@centos-s ~]# yum install -y cyrus-sasl
[root@centos-s ~]# saslauthd -v
// 查看支持的密码验证方法
saslauthd 2.1.26
authentication mechanisms: getpwent kerberos5 pam rimap shadow ldap httpform
[root@centos-s ~]# vi /etc/sysconfig/saslauthd
MECH=shadow
// 将密码验证机制修改为 shadow
[root@centos-s ~]# ps aux | grep saslauthd
// 查看进程 saslauthd 是否已经运行
root      6267  0.0  0.0 112712   964 pts/0    S+   18:31   0:00 grep --color=
auto saslauthd
[root@centos-s ~]# setsebool -P allow_saslauthd_read_shadow on
// 开启 SELinux 允许程序 saslauthd 读取文件/etc/shadow
[root@centos-s ~]# systemctl start saslauthd
[root@centos-s ~]# testsaslauthd -u user1 -p '123456'
// 测试 saslauthd 验证功能
0: OK "Success."
// saslauthd 验证功能已启用
[root@centos-s ~]# vi /etc/sasl2/smtpd.conf
log_level: 3
// 设置日志记录级别
saslauthd_path: /run/saslauthd/mux
// 设置 cyrus-sasl 的路径
```

步骤 2：在服务器上编辑文件/etc/postfix/main.cf，使 Postfix 支持 SMTP 身份验证，重新加载服务 Postfix。

```
[root@centos-s ~]# vi /etc/postfix/main.cf
smtpd_sasl_auth_enable = yes
// 启用 SASL 作为 SMTP 身份验证
smtpd_sasl_security_options = noanonymous
// 禁止匿名登录方式
broken_sasl_auth_clients = yes
// 兼容早期非标准的 SMTP 身份验证协议(如 OE4.x)
smtpd_recipient_restrictions = permit_sasl_authenticated, reject_unauth
_destination
// 验证允许，没有验证拒绝；基于收件人地址的过滤规则
// 允许通过 SASL 验证的用户向外发送邮件，拒绝不是发往默认转发和默认接收的连接
[root@centos-s ~]# systemctl reload postfix
```

步骤 3：在 Linux 客户机上通过 Telnet 以用户 1 无身份验证登录邮件服务器，发送邮件给域外用户。

```
[root@centos-c ~]# telnet mail.test.com 25
Trying 192.168.0.251...
Connected to mail.test.com.
Escape character is '^]'.
220 mail.test.com ESMTP Postfix
mail from: user1@test.com
250 2.1.0 Ok
rcpt to: user@mail.com
554 5.7.1 <user@mail.com>: Relay access denied
// 没有验证,拒绝中继访问
```

步骤 4：在 Linux 客户机上使用命令 printf 计算用户名和密码的 Base64 编码，通过 Telnet 以用户 1 有身份验证登录邮件服务器，发送邮件给域外用户。

```
[root@centos-c ~]# printf "user1" | openssl base64
dXNlcjE=                                  // user1 的 Base64 编码
[root@centos-c ~]# printf "123456" | openssl base64
MTIzNDU2                                  // 123456 的 Base64 编码
[root@centos-c ~]# telnet mail.test.com 25
Trying 192.168.0.251...
Connected to mail.test.com.
Escape character is '^]'.
220 mail.test.com ESMTP Postfix
auth login                                // SMTP 身份验证登录
334 VXNlcm5hbWU6                          // VXNlcm5hbWU6 是 "Username:" 的 Base64 编码
dXNlcjE=                                  // 输入用户名 user1 对应的 Base64 编码
334 UGFzc3dvcmQ6                          // VXNlcm5hbWU6 是 "Password:" 的 Base64 编码
MTIzNDU2                                  // 输入密码 123456 对应的 Base64 编码
235 2.7.0 Authentication successful       // 通过身份验证
mail from: user1@test.com
250 2.1.0 Ok
rcpt to: user@mail.com
250 2.1.5 Ok
data
354 End data with <CR><LF>.<CR><LF>
This is a SMTP authentication mail.
.
250 2.0.0 Ok: queued as 2870940007F       // 经过身份验证后发信成功
quit
221 2.0.0 Bye
Connection closed by foreign host.
```

步骤 5：在 Linux 客户机上使用电子邮件客户端 Evolution 分别以无/有身份验证发送邮件给域外用户。

步骤 6：在 Windows 客户机上使用自带的电子邮件客户端分别以无/有身份验证发送邮件给域外用户。

电子邮件客户端无身份验证发送邮件给域外用户失败，如图 12.3 所示。电子邮件客户端启用身份验证，如图 12.4 所示。

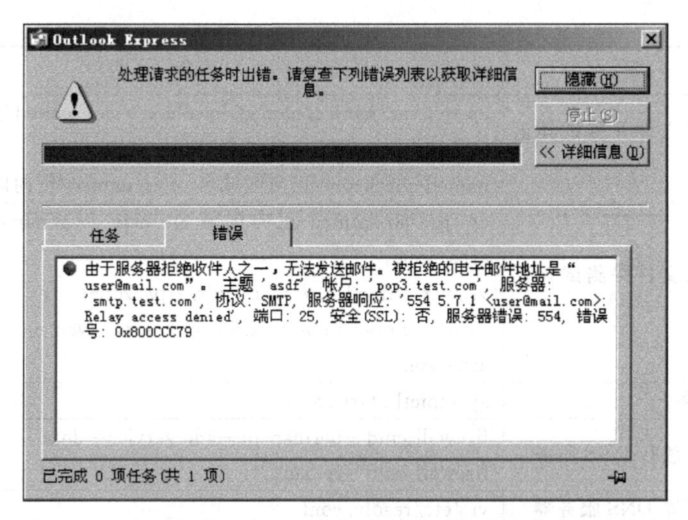

图 12.3　电子邮件客户端无身份验证发送邮件给域外用户失败

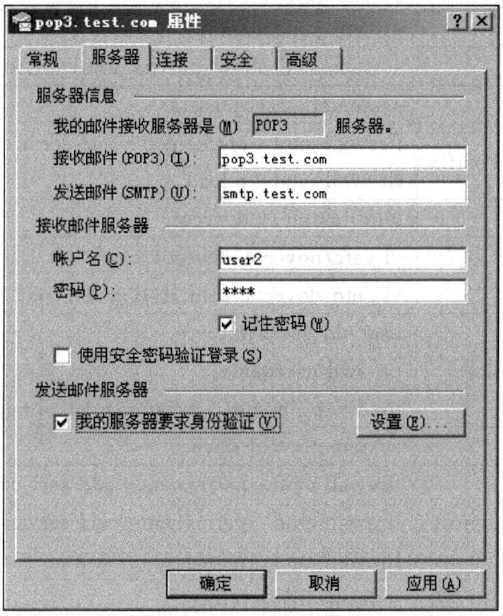

图 12.4　电子邮件客户端启用身份验证

12.4　电子邮件配置流程

电子邮件配置流程见表 12.11。

表 12.11　电子邮件配置流程

序号	步　骤	命　令
1	安装软件包 BIND	yum install -ybind
2	修改主配置文件并测试其正确性	vi /etc/named.conf; named-checkconf

续表

序号	步　骤	命　令
3	创建正向区域文件并测试其正确性	cp -p /var/named/named.localhost /var/named/正向区域名.zone; vi /var/named/正向区域名.zone; named-checkzone 正向区域名 /var/named/正向区域名.zone
4	创建反向区域文件并测试其正确性	cp -p /var/named/正向区域名.zone /var/named/z.y.x.in-addr.arpa.zone; vi /var/named/z.y.x.in-addr.arpa.zone; named-checkzone z.y.x.in-addr.arpa /var/named/z.y.x.in-addr.arpa.zone
5	启动 DNS 服务	systemctl start named
6	设置防火墙以放行 DNS 服务	firewall-cmd --permanent --add-service=dns; firewall-cmd --reload
7	在客户机上配置 DNS 服务器	vi /etc/resolv.conf
8	在客户机上测试 DNS 服务	nslookup
9	安装软件包 Postfix	yum install -y postfix
10	配置服务 Postfix	vi /etc/postfix/main.cf
11	设置 SELinux	setsebool -P allow_postfix_local_write_mail_spool on
12	启动服务 Postfix	systemctl start postfix
13	设置防火墙以放行服务 Postfix	firewall-cmd --permanent --add-service=smtp; firewall-cmd --reload
14	安装软件包 Dovecot	yum install -y dovecot
15	配置服务 dovecot	vi /etc/dovecot/dovecot.conf; vi /etc/dovecot/conf.d/10-mail.conf
16	创建用户和对应的邮件目录	useradd username; passwd username; mkdir -p /home/username/mail/.imap/INBOX
17	启动服务 dovecot	systemctl start dovecot

18	设置防火墙以放行服务 dovecot	firewall-cmd --permanent --add-service=pop3;
		firewall-cmd --permanent --add-service=imap;
		firewall-cmd --reload

19	在客户机上安装 Telnet 客户端	yum install -y telnet
20	在客户机上测试	telnet 邮件服务地址 25; telnet 邮件服务地址 110

12.5　电子邮件故障排除

Postfix 配置复杂，而且与 DNS 服务关联，一旦某一环节出现问题，就可能导致邮件服务器故障。

1. 邮件服务器定位失败

客户机发送邮件时，如果收到无法找到邮件服务器的信息，表明客户机没有连接到邮件服务器。这很有可能是因为 DNS 解析失败造成的。如果出现该问题，可以在 DNS 服务器和客户机两端分别进行排查。

(1) DNS服务器

打开DNS服务器的文件named.conf，检查邮件服务器的区域配置是否完整，并查看其对应的区域文件MX记录。

(2) 客户机

检查客户机配置的DNS服务器地址是否正确、可用，使用命令host尝试解析邮件服务器的域名。

2. 身份验证失败

对于开启身份验证的服务器，服务saslauthd如果出现问题未正常运行，会导致身份验证失败。在收发邮件时若频繁提示输入用户名及密码，应检查服务saslauthd是否开启。

3. 邮箱容量限制

客户机发送邮件时如果收到信息为Disk quota exceeded系统退信，则表明接收方的邮箱已经达到磁盘配额限制。这时，接收方必须删除垃圾邮件，或者由管理员增加配额，才可以正常接收电子邮件。

参 考 文 献

[1] 鸟哥.鸟哥的Linux私房菜服务器架设篇第三版[M].北京：机械工业出版社，2012.
[2] 杨云，马立新.网络服务器搭建、配置与管理——Linux版[M].3版.北京：人民邮电出版社，2019.
[3] 於岳.Linux实用教程[M].3版.北京：人民邮电出版社，2017.
[4] The CentOS Project https://www.centos.org/.
[5] 中国IT实验室(ChinaITLab.com).